물질 문명의 명암

화학자의 시각에서 바라본

물질 문명의 명암

장우동 지음

자유아카데미

머리말

인류는 다양한 재료를 활용하여 도구를 만들어 왔다. 도구를 사용하면서부터 인류의 지능이 발달하기 시작하였고 언어를 구사할 수 있게 되었다. 언어의 사용과 문자의 개발은 곧 문명의 발달로 이어졌으며, 다양한 발명품들이 개발되면서 인간의 생활은 점차 윤택하게 변화하였다. 이러한 문명의 생성과 발달 과정에서 인류는 수많은 변화를 경험하게 된다.

이 책에서는 문명이 성장하는 과정에서 이루어진 다양한 변화들을 화학자의 시각에서 바라보고자 하였다. 문명의 성장과 함께 다양한 물질들이 개발되거나 활용되었으며, 이러한 물질들은 인류 사회에 엄청난 변화를 일으켰다. 고대의 인류가 생존을 위해 치열한 경쟁을 해 왔다면, 문명화된 현대의 인류 사회에서는 집단의 이익을 위해 종종 전쟁을 일으키기도 하였다. 전쟁에서 적에게 더 큰 피해를 주는 방법들을 고안하기 위해 노력하기도 하였고, 종교적인 이유로 과학기술이 부정되기도 하였으며, 때로는 부의 축적을 위한 노력이 과학기술 발전의 원동력이 되기도 하였다. 산업혁명 이후에 인류 문명의 성장은 급속도로 가속화되었으며 현재 우리는 정보화 사회라는 거대한 변화의 물결 속에서 생활하고 있다.

문명의 성장은 종교, 사상, 학문, 정치의 성장을 안겨 주었고 과학기술의 발전을 이룩할 수 있게 해 주었다. 하지만, 문명의 성장에 따른 변화가 인류의 생활을 항상 편리하게 해 주지는 않으며, 인류가 개발해 온 다양한 물질들이 항상 올바른 방향으로 사용된 것도 아니다. 예를 들어 플라스틱의 사용은 인간의 생활을 윤택하게 해 주는 반면, 환경에 대한 부담을 가중하는 원인이 되었으며, 비료의 원료로 사용되는 암모니아는 폭약의 원료로도 활용되고 있다. 또한, 전 세계 각국에서는 원자력발전소의 핵분열을 통해 얻어지는 에너지를 활용하고 있지만, 예기치 못한 사고로 인류가 방사능에 대한 위험성에 노출될 수도 있다.

이 책에서는 문명의 성장 과정에서 등장하는 각종 재료 또는 물질이 인류 역사에 어떠한 영향을 주었는가를 소개하고 있다. 인류 문명의 성장에 크게 이바지한 재료 또는 물질과 함께 이들의 잘못된 사용이 인간에 어떠한 피해를 줄 수 있는가를 포함해서 보여주고자 하였다. 깊은 전문성을 요구하지는 않지만, 물질에 대한 기본적인 이해를 돕기 위해 일부 화학 지식이 포함되어 있음에 대해서는 비전공자들에게 미리 양해를 구하고자 한다.

끝으로, 출간 후 나올 수 있는 수정사항 등은 자유아카데미 홈페이지(www.freeaca.com) 자료실에 제공할 예정이니 참고하기를 바라며, 이 책이 출간되도록 도와주신 모든 분들께 감사의 말을 전한다.

2022년 2월

장우동

차례

머리말 • 5

1장 문명과 물질

문명의 태도 • 12
문명의 성장 • 17

2장 물질에 대한 이해

물질의 본질 • 24
원자의 구조에 대한 이해 • 29
화학결합 • 37
분자 화합물과 분자 간의 힘 • 42
물질과 재료 • 45

3장 태양계와 지구

태양과 지구 • 52
빛과 에너지 • 54
지구의 구조 • 56
지각과 토양 • 58

4장 생명의 근원이 되는 물

물의 특징 • 62
물과 생명 • 65
물과 환경 • 68

5장 대기와 환경

대기와 생명 • 80
산업화에 따른 대기오염 • 84
오존층 • 93
화석연료의 사용과 지구온난화 • 96

6장 금속 물질의 활용

금속의 발견과 이용 • 106
도금 • 112
나침반의 발명 • 114
금속활자의 개발과 인쇄술 • 116
금속 촉매 • 119
중금속에 의한 환경오염 • 123
금속을 이용한 전지 • 134
희토류 금속의 활용 • 140

7장 무기물질의 활용

세라믹 • 146
유리 • 150
시멘트 • 156
실리콘과 반도체 • 160
유리를 녹이는 불화 수소 • 165
암모니아의 합성과 합성 비료의 탄생 • 172
화약 • 178
석면 • 186

8장 유기물질의 활용

목재와 수지 • 192
종이 • 197
천연섬유 • 200
반합성 수지의 등장 • 204
고무와 고무가황법 • 208
합성수지 • 215
환경호르몬 • 227
화학무기 • 231

의약품의 발달 • 234
계면활성제 • 246
농약의 등장 • 253
안료와 염료 • 256
액정과 유기발광소자 • 265

9장 핵물질과 방사선

핵반응과 방사성 붕괴 • 276
방사능의 위험성 • 281
자연방사선 • 285
방사선의 활용 • 291
핵무기의 개발 • 296
원자력과 환경 • 303

참고문헌 • 310
찾아보기 • 312

1장

문명과 물질

문명의 태동

문명의 성장

인류 문명의 출발점은 도구의 사용으로 볼 수 있다. 인류는 도구를 사용하며 공동 생활을 영위하였고, 집단적인 농경 생활을 통해 물질적인 풍요로움을 얻을 수 있었다. 또한, 과학 기술의 발전으로 물질의 특성을 이해하게 되었으며, 도구의 제작에 사용되는 물질도 천연물에서 다양한 합성물로 발전해 왔다. 이 장에서는 인류 문명의 초기 역사를 짚어보고 물질의 중요성에 대해 간단하게 언급하고 있다.

문명의 태동

인류의 조상들은 직립보행을 하면서 두 손이 자유로워졌으며 이에 따라 도구를 활용할 수 있게 되었다(그림 1.1). 도구의 활용을 통해 인류의 지능은 점차 발달하였고 불을 사용할 수 있게 되었다. 또한, 언어를 이용한 의사소통이 가능하게 되었으며 집단적 거주가 이루어지게 되었다. 구석기 시대의 조상들은 집단을 이루어 동굴이나 바위 그늘 등에서 거주하였으며 수렵과 채집을 바탕으로 생활을 영위하였다. 이 당시에는 자연에서 얻을 수 있는 물질들을 이용하여 도구를 만들었다. 예를 들어, 자연 상태의 돌을 깨뜨리거나 떼어서 만든 뗀석기를 사용하거나 짐승의 뼈나 뿔을 도구로 사용하였

그림 1.1
인류의 진화에 따른 직립 보행과 도구의 사용
자료: Shutterstock

그림 1.2
구석기 시대의 뗀석기
자료: Shutterstock, 국립중앙박물관

다. 이 시기 인류는 식량과 물질이 부족하였기 때문에 사냥과 채집을 위해 이동하면서 동굴이나 바위 그늘과 같은 곳에서 생활하였다(그림 1.2).

신석기 시대에 이르러 인류는 돌을 갈아서 날카롭게 가공한 형태의 간석기를 개발하였으며 흙을 빚어 구운 토기들을 사용하기 시작하였다(그림 1.3). 또한, 가축을 기르거나 곡물을 생산하는 농경 생활을 통해 안정적인 식량의 확보가 가능해지면서 정착 생활을 시작하게 되었다. 인류는 안정적인 농경 생활을 위해 비옥한 땅이 있는 큰 강 유역에 움집을 짓고 모여 살았으며 홍수로 인한 강의 범람에 대비하여 둑을 쌓고, 저수지를 만드는 등 관개 농업을 실시하여 농업 생산력을 높였다. 농업 생산력의 향상과 함께 여분의 농산물이 얻어지면서 원시 농경 생활에서 벗어나 다양한 부족이 통합된 형태의 도시화가 진행되었다.

청동기가 등장하게 되면서 부족 간의 정복 활동이 활발하게 이루어졌으며, 전쟁 과정에서 지배계급과 피지배계급으로 계급사회가 만들어졌고, 부와 권력을 가진 지배자를 중심으로 통치 조직이 정비되어 국가가 생겨났다. 이 과정에서 직업의 전문화가 이루어졌으며 여러 계층의 사람들이 생산한 다양한 물건들의 활발한 교류가 이루어지게 되었다. 지배자는 피지배계급의 노동력을 동원하여 다양한 건축물이나 조형물들을 만들어 내기도

그림 1.3
신석기 시대의 간석기와 토기
자료: Shutterstock, 국립중앙박물관

하였다.

선사시대의 역사적인 흐름은 현재 상태에서 기록으로 남아 있지 않기 때문에 이러한 생활양식의 변화는 선사시대 유적지에서 발견되는 다양한 벽화, 도구 등으로부터 확인하면서 인류의 이동 과정에 대해서도 유추할 수 있게 되었다. 석기, 청동기, 철기시대로 대표되는 선사시대를 지나면서 인류는 문자를 개발하여 기록으로 남길 수 있게 되었고, 기록을 통해 전달되는 다양한 정보는 연속성을 유지함으로써 문명의 발달로 이어지게 되었다.

문명은 여러 가지로 정의할 수 있지만, 문명의 시작으로 인식하고 있는 부분의 가장 중요한 요소는 바로 문자의 사용이며, 이는 곧 과학과 예술, 정치, 사회, 경제 제도가 발전된 모습을 보인다는 것을 나타낸다. 흔히, 세계 4대 고대 문명으로 메소포타미아, 이집트, 황하, 인더스 문명을 예로 들게 된다(그림 1.4). 이들 고대 문명은 모두 큰 강을 중심으로 나타나고 있으며 상형문자를 시작으로 문자체계가 형성되고 있다는 공통점을 가진다(그림 1.5). 고대 문명이 형성되는 과정에서 농업 생산성의 향상을 통한 안정적인 식량의 확보는 가장 중요한 요소 중 하나이다. 따라서 모든 고대 문명의 발상지는 큰 강을 끼고 있는 평야 지대로 비교적 온난한 기후조건을 갖춘 곳에 있다. 비옥한 땅에서 생산된 다양한 농업 생산품과 각종 가공품의 교류를 위해 기록이 필요하게 되면서 문자를 활용하게 되었고, 거대도시로 점차 발달하게 되어 체계적인 성장을 거듭하게 되었다.

메소포타미아 문명은 기원전 3500년 경에 티그리스강과 유프라테스강 유역에서 수메르인에 의해서 건설되었다. 이 문명은 태음력과 60진법을 사용하였으며 점성술이 발달하였고, 점토판에 쐐기문자를 이용한 기록들이 발견되었으며 청동을 이용한 도구들을 사용하였다. 기원전 18세기경 바빌로니아 왕국의 함무라비 왕에 의해 메소포타미아 지역이 통일되었으며 효과적인 통치를 위해 함무라비 법전을 편찬하여 이를 돌기둥에 새겼다. 하지만 바빌로니아 왕국은 기원전 16세기쯤에 철기를 가진 세력에 의해 멸망하게 된다.

그림 1.4
4대 문명의 발상지와 유적
자료: Shutterstock

그림 1.5
고대 문명에서 발견되는 각종 고대 문자들(왼쪽부터 황하, 이집트, 메소포타미아, 인더스의 문자)
자료: Shutterstock

이집트 문명은 나일강 유역에서 발전하였으며 최고의 신으로 여기는 태양신을 비롯한 다양한 신들을 섬겼고 사후세계를 중시하여 미라를 만들었다. 또한, 피라미드, 스핑크스 등의 다양한 거대 석조 유적을 남겼으며 태양력과 10진법을 사용하였다. 고대 이집트인은 상형문자를 사용하여 다양한 기록들을 남겼는데, 이러한 상형문자는 오랜 기간의 변형을 거쳐 현재 많은 문화권에서 사용되고 있는 알파벳의 기원이 되었다.

인더스 문명은 기원전 2500년경 인더스강 유역에서 발전하였으며, 대표적으로 하라파, 모헨조다로와 같은 계획도시 유적들이 발견되었다. 이 문명은 청동기와 상형문자를 사용하였으며 동물과 문자가 새겨진 인장 등이 발견되었다. 메소포타미아 문명 지역과 활발한 교류를 한 것으로 보이지만, 기원전 15세기경에 아리아인의 남하하기 이전에 쇠퇴하였다. 이 이유에 대해서는 아직도 명확하지는 않지만, 급격한 기후 변화가 원인으로 지목되고 있다. 이후 아리아인이 인더스강 유역으로 진출하면서 지배계급이 되었으며, 기원전 10세기경에 갠지스강 유역으로 진출하여 원주민을 지배하는 과정에서 특권을 유지하기 위해 카스트 제도를 만들었다.

황하 문명은 기원전 2500년경 황하강 유역에서 발달한 것으로 알려져 있으며 청동기와 태음력을 사용하였고, 거북의 등껍질이나 소뼈 등에 기록한 갑골문자가 발견되었다. 기원전 11세기 무렵에 주 왕조가 봉건제를 확립하여 넓은 영토를 거느리게 되었으나 기원전 8세기경에 쇠퇴하여 춘추 전국시대로 돌입하게 된다.

이처럼 고대 문명들은 청동기 문화를 중심으로 발전하면서 수준 높은 기술이 활용된 다양한 유적들을 남겼으며, 철기 문명으로 발전하거나 또 다른 세력에 의해서 정복되는 과정을 거치게 되었다. 고대 문명의 문화 수준은 침략 전쟁이나 기후적인 변화 등의 요인에 따라 상당히 많은 부분이 소실되거나 변형되면서 중세시대로 이어지게 된다. 상형문자를 이용한 기록들이 남아 있기는 하지만, 그 기록들은 완벽하지 않으며 일부 기록들은 해석이 되지 않고 있어서 완벽한 역사시대로 인식하기에는 어려운 면이 있다.

문명의 성장

문명이 성장하는 과정은 다양한 도구의 활용과 밀접한 연관성을 가진다. 구석기, 신석기, 청동기, 철기와 같이 각종 도구를 생산하고 활용하는 과정에서 문명은 점점 더 성장 속도를 더해가며 새로운 신물질이 등장할 때마다 인류의 역사는 획기적인 발전을 이루게 되었다. 초기의 인류는 목재, 동물의 뼈, 가죽 등의 천연물만을 원료로 하여 모든 도구를 만들었다. 이후 문명의 발달과 함께 새로운 신물질을 발견하게 되는 단계를 거쳐 현재에는 새로운 신물질을 창출하는 단계에까지 이르렀다. 뗀석기를 사용하던 구석기 시대에는 수렵과 채집을 목적으로 하는 도구를 주로 만들어야 했지만, 신석기 시대에 이르러서는 농사를 짓기 위한 각종 도구와 곡물을 조리하기 위한 도구들이 요구되었다. 이 과정에서 간석기와 흙을 빚어 구운 토기를 활용하였다. 또한, 정착 생활을 위해 흙과 나무를 이용하여 움집을 짓기 시작하였는데, 집을 짓기 위해 사용한 재료들도 점점 발전하면서 고대 문명의 흔적에는 진흙 벽돌을 이용한 도시 건축물들도 다양하게 발견된다. 이집트의 피라미드와 같은 거대 구조물들은 거대한 암석을 이용하여 만들어지기도 하였다. 이후 고대 그리스로 이어지면서 석회가 사용되기 시작하였고, 콘크리트와 같은 재료가 로마제국에 이르러 등장하였다.

고대 문명은 청동기를 기반으로 발전을 하게 되는데, 청동은 구리와 주석의 합금으로 순수한 구리에 비해 매우 단단한 성질을 가진다. 청동으로 만들어진 각종 도구는 가공하기 어려웠던 재료들의 가공을 쉽게 해주었을 뿐만 아니라 강력한 무기를 만들 수 있는 소재로도 활용되었다. 청동기를 활용한 정복 활동이 이루어졌으며 지배계급과 피지배계급이 형성되는 계기가 되었고, 지배계급은 피지배계급의 노동력을 이용하여 생산성의 향상을 얻을 수가 있었다(그림 1.6).

고대 역사에서 철기의 등장은 더욱 강력한 세력의 탄생을 의미한다. 철은 지구상에서 가장 풍부한 원소 중의 하나이지만 철이 사용되기 시작한 것은 구리가 사용된 시점보다 훨씬 늦은 시기이다. 그만큼 구리보다 철의 가공이 어렵기 때문이다. 철은 구리보다 훨씬 뛰어난 강도를 가지므로 철기를 가진 세력은 청동기를 가진 세력을 압도하여 새로운 지배 계층으로 등장할 수 있었다. 또한, 철광석이 구리보다 풍부했기 때문에 각종 철제 농기구들을 만들어 농업 생산성이 크게 향상할 수 있었다(그림 1.7).

이처럼 고대 문명의 형성과정에서 다양한 물질들이 활용되었으며 농업 생산성 향상과 노동력의 확보를 통해 얻은 풍요로움은 물질 문명을 이루는

그림 1.6
청동기시대의 유적
자료: 국립중앙박물관

그림 1.7
철기시대의 유적
자료: 국립중앙박물관

기초가 되었다. 또한, 직업의 세분화가 이루어지면서 물물교환 중심의 경제구조가 확립되었고, 다양한 가공품들이 화폐의 역할을 담당하면서 부의 축적이 가능해졌다. 부의 축적은 다양한 물질들의 안정적인 확보를 담보하는 것으로, 인류 사회는 물질을 확보하기 위한 경쟁을 넘어 부의 축적을 위한 경쟁의 시대로 접어들게 된다. 하지만 당시 기술력으로는 농업 생산성의 향상에 한계가 있었으며, 경제적 발전은 고대 문명사회에서 중세시대로 넘어가면서 더 이상의 발전을 이룰 수 없는 단계에 이르렀다. 이로 인해 서구의 중세시대는 물질적인 발전보다는 종교적 가치를 더 중요히 여기게 되었으며 자급자족 중심의 경제로 회귀하게 되었다.

물질적인 성장과 과학 기술의 발전이 정체된 상태로 수 세기가 지나면서 인구증가에 따른 빈부격차는 극심하게 증가하였고, 인류는 물질의 부족에 시달리게 되었다. 특히, 근대 국가들이 확립되면서 물질의 부족 문제는 국가 간의 경쟁으로 이어지게 되었으며, 식민지 개척으로까지 확대되었다. 이러한 물질적 부족에 따른 성장의 한계는 산업혁명을 맞이하면서 또 한 번의 커다란 진보를 이루었다. 각종 물질의 생산이 기계화되면서 노동 의존성이 획기적으로 낮아진 것이다. 특히, 천연물에만 국한되어 왔던 에너지 자원의 한계를 화석연료의 사용으로 극복함에 따라 물질의 대량 생산이 가능해졌다. 하지만 이러한 노동 의존성의 획기적 개선과 화석연료의 사용을 통한 대량 생산이 가능해졌음에도 불구하고, 국가 간의 경쟁은 점점 더 치열해졌다. 국제적 환경의 변화에 따라 강대국이 되지 않으면 종속적인 지위로 도태되는 것을 의미하기 때문에 각국은 앞다투어 자원 확보에 열을 올려 서로를 견제하였다. 결국은 자원 확보를 위한 전쟁으로 발전하면서 전 세계가 위험한 상황에 빠지기도 하였다.

이러한 일련의 과정을 통해서 물질 문명이라는 개념이 등장하게 되었다. 물질 문명은 물질의 생산과 소비를 기준으로 문명을 정의하는 것으로 물질적 가치 기준의 중요성을 극단적으로 강조하고 있으므로 인류의 삶에 대한 가치마저도 물질적 기준으로 판단하게 되며 인간의 물질화라는 오류를 낳게 되는 궁극적인 원인이 된다. 모든 인간은 물질적 풍요로움을 누리기 위해 노력한다. 즉, 풍요로운 삶을 얻기 위해 노동을 제공하며 그 대가로 물질적 가치를 얻게 된다. 하지만 이러한 물질적 가치의 추구에 있어서 인간의 존엄이나 미래 가치가 훼손되는 예는 없어야 한다. 즉, 인류 가치에 대한 최소한의 기본권이 유지되어야 하며, 지구환경과 생태계 보전을 통해 지속 가능한 가치 창출이 가능하도록 하여야 한다. 물질 문명은 인간이 추구하고 있는 물질적 풍요로움을 반영하고 있으므로 현대사회를 움직이고 있는 기본적인 원동력으로 볼 수 있지만, 지속 가능한 인류의 미래를 위해서는 가장 경계해야 할 대상이 되는 것이다. 물질 문명의 성장을 통해서 인류는 엄청난 경제적 발전을 이룩할 수 있었지만, 물질적 풍요로움의 이면에 환경파괴와 기후재앙이라는 엄청난 결과를 낳기도 하였다. 특히, 환경오염이나 지구온난화와 같은 문제는 가까운 미래의 인류 존립에 대한 엄청난 위협을 줄 수 있으므로 물질의 풍요로움과 함께 미래 가치를 고려한 발전이 추구되어야 한다.

2장

물질에 대한 이해

물질의 본질
원자의 구조에 대한 이해
화학결합
분자 화합물과 분자 간의 힘
물질과 재료

물질을 구성하는 가장 작은 단위는 무엇일까? 이 질문은 인류가 가진 가장 원초적인 호기심에서 비롯되었으며, 인류의 역사를 통틀어 꾸준히 고민해 온 내용이다. 그러나 물질을 구성하고 있는 원자나 분자에 대한 개념이 정립된 것은 비교적 최근의 일이며, 물질을 구성하는 단위에 대한 이해를 통해 인류는 비약적인 발전을 이룩하였다. 물질과 관련된 다양한 자연현상과 물질의 특성을 이해하기 위해서는 물질을 구성하는 기본 단위에 대한 기본적인 정보를 파악하고 있어야 한다. 이 장에서는 물질을 구성하고 있는 기본 단위인 원자와 분자의 개념과 이들이 발견되는 과정에서의 역사적 사실에 대해서 살펴보고, 화학결합과 물질의 특성에 대해서 다루고 있다.

물질의 본질

과학의 시작은 자연현상에 대한 본질적인 궁금증에서 출발한다. 대표적으로 물질의 본질에 대한 궁금증은 자연과학에서 가장 원초적인 질문 중 하나이며 이를 해결하기 위해 많은 사람이 노력해 왔다. 고대 그리스의 철학자 데모크리토스(Democritus)는 물질을 쪼개어 나가다 보면 더 쪼개지지 않는 최소의 입자가 존재한다고 믿었으며 이를 원자라고 표현하였다. 또한, 엠페도클레스(Empedocles)는 모든 물질은 흙, 공기, 불, 물의 네 가지 기본 원소로 구성되어 있다는 4원소설을 주장하였고, 아리스토텔레스(Aristotleles)는 4원소와 함께 습함, 건조함, 차가움, 뜨거움의 4가지 성질을 제안하였으며 모든 물질은 서로 상극이 아닌 두 가지의 성질을 가진다고 생각하였다(그림 2.1). 이는 동양철학에서 음양오행설로 우주 만물을 설명하고자 했던 것과 비슷하다고 볼 수 있다.

이러한 생각들은 미시세계에 대한 검증이 불가능하였기 때문에 과학적

고찰을 통해 원자의 개념이 확립되기 전까지 2천여 년 동안 지배적인 물질관으로 정립되어 있었다. 이러한 물질관을 바탕으로 중세 유럽의 연금술사들은 물질을 변환시키는 것이 가능하다고 생각하였으며 여러 가지 물질을 섞어 금을 만들고자 노력하였다. 지금의 과학적 지식으로 보았을 때는 금이 아닌 물질을 금으로 만드는 것은 불가능한 일이지만, 이러한 연금술사들의 노력은 근대 화학의 기초를 만들어 가는 과정으로도 이해할 수 있다. 현재 우리가 사용하고 있는 'Chemistry'라는 용어도 연금술을 의미하는 'Alchemie'에서 유래되었다.

고대 그리스 로마 시대에는 주로 수학, 기하학, 천문학 분야를 중심으로 과학 기술의 발전이 이루어졌으나, 중세 봉건주의 시대에는 신학을 제외한 학문이 억제되었으며 과학적 발전은 정체된 시기였다. 침체해 있던 과학의 발전은 르네상스 시대에 이르러 다시금 부활하게 된다. 특히, 구텐베르크(Gutenberg, 1398~1468)의 인쇄술이 발명되면서 과학적 지식이 빠르게 확산

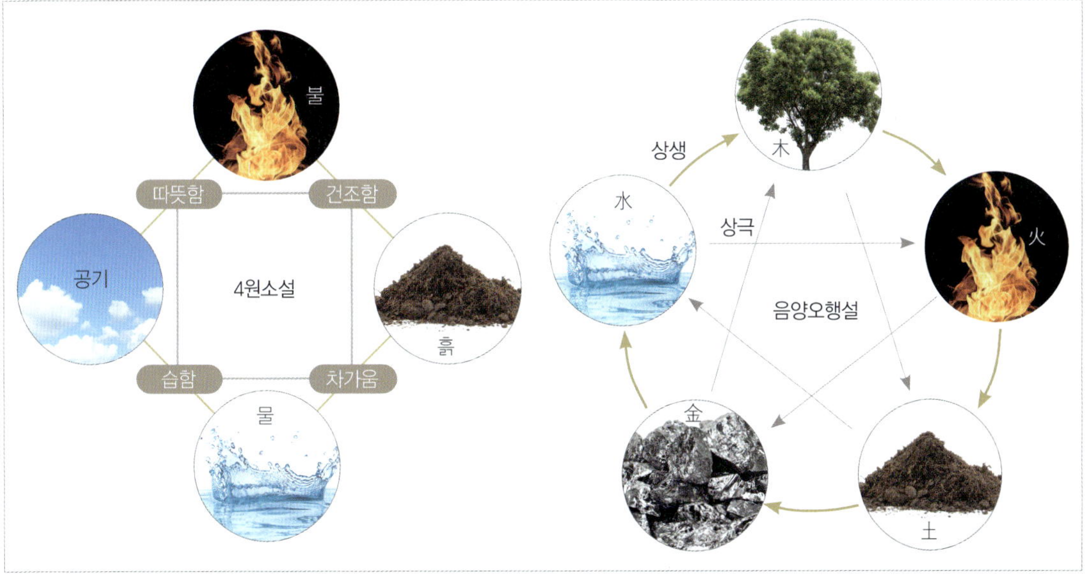

그림 2.1
아리스토텔레스의 4원소설과 동양철학의 음양오행설
자료: Shutterstock

될 수 있었으며, 이는 곧 종교개혁 등의 급격한 사회변화를 이끌게 되었다. 또한, 조선술과 항해술이 발달하면서 신대륙이 발견되어 식민지의 개척으로 이어졌고 토목건축 기술 역시 빠르게 발전하였다. 그동안 신학적인 관점에서 바라보던 세계관이 자연주의적 관점으로 빠르게 전환되면서 문화예술적인 관점에서도 빠르게 부흥이 이루어졌다. 특히, 물리학과 천문학에서 급격한 발전이 이루어졌으며, 지구 중심의 우주관이 아닌 태양 중심의 우주관으로 변화하게 되었다. 단, 화학적 관점에의 물질에 대한 이해는 수학, 물리학, 천문학의 발전에 비해서 다소 늦게 출발하였다. 이는 미시세계에 대한 관측이 불가능했던 한계 때문인데, 17세기에 이르러서야 물질을 이루는 기본적인 입자에 대한 고찰이 이루어지기 시작하였다.

영국의 학자 보일(Robert Boyle, 1627~1691)은 기체의 특성에 관해 연구하여 기체의 부피는 압력에 반비례한다는 사실을 발견하였다. 또한, 소리는 공기가 없으면 전달되지 않는다는 사실도 발견하였다. 그는 기체의 성질에 대한 실험을 진행하면서 물질은 운동하는 입자로 이루어져 있다는 원자론을 제시하였다. 하지만 플로지스톤 이론이 등장하면서 이 이론이 18세기 중반까지 지배적인 학설이 되었다. 플로지스톤 설이란, 가연성 물질에 존재하는 입자인 플로지스톤이 연소과정에서 소모되는데, 이 플로지스톤이 완전히 소모되면 연소과정이 끝난다는 이론이다(그림 2.2). 플로지스톤

그림 2.2
플로지스톤 설. 물질의 연소과정은 물질과 결합되어 있는 플로지스톤이 공기 중으로 날아가는 현상이라는 이론이다.
자료: Shutterstock

이론은 당시의 종교적 개념에 부합하면서 4원소설을 부정하지 않았기 때문에 대중의 인기를 끌었다. 하지만 플로지스톤 설은 라부아지에(Antoine-Laurent de Lavoisier, 1743~1794)의 실험에 의해 부정되었다(그림 2.3). 라부아지에는 화학반응 전후의 반응물의 총질량과 생성물의 총질량은 변하지 않는다는 질량 보존의 법칙을 발표하였으며 물질의 연소와 산화는 모두 물질과 산소의 결합임을 밝혔다.

라부아지에는 보일이 제시한 원소에 대해 다시 정의하면서 이미 발견된 기체 중에 산소, 질소, 수소 등을 원소로 제시하였다. 또한, 원소와 화합물의 개념을 제시하고 화합물의 명명법 기초를 마련하였다. 프랑스의 학자 프루스트(Joseph Louis Proust, 1754~1826)는 두 가지 원소가 화합물을 형성할 때, 각 원소의 조성비는 일정하게 유지된다는 일정 성분비의 법칙을 제시하였다. 이후 돌턴(John Dalton, 1766~1844)은 물질의 구성성분에 대해 질

그림 2.3
라부아지에의 실험. 그는 물을 분해하여 수소를 얻었으며 수소와 산소를 반응시켜 물을 얻는 실험을 진행하였다.

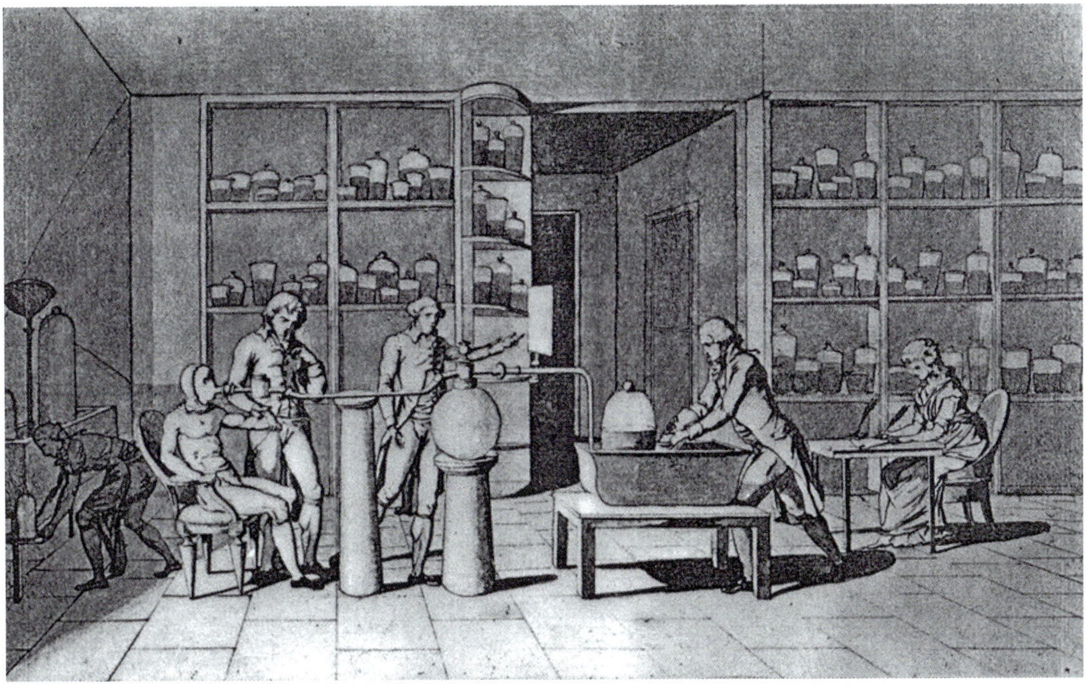

그림 2.4
돌턴과 돌턴이 제시하였던 원소 기호들

량 보존의 법칙과 일정 성분비의 법칙이 모순되지 않도록 설명하기 위해 모든 물질이 원자로 구성되어 있다는 원자설을 발표하였다. 또한, 원자기호를 도입하여 원자의 결합으로 이루어지는 분자의 모델을 제시하였다(그림 2.4). 러시아의 학자 멘델레예프(Dmitri Mendeleev, 1834~1907)는 1869년에 당시까지 발견된 원소들의 특성을 체계적으로 정리하여 주기율표를 제시하였다(그림 2.5). 멘델레예프가 제시한 주기율표에는 아직 발견되지 않은 원소들이 포함되어 있었으며 이들의 화학적, 물리적 성질을 예측하여 제시하였다. 멘델레예프가 첫 주기율표를 발표할 당시 모든 과학자가 이를 인정하지는 않았지만, 이후에 발견된 원소들의 성질이 멘델레예프의 예측과 일치되었으며 여러 차례의 수정을 거쳐 현재의 주기율표가 완성되었다. 물질을 구성하는 가장 기본적인 성분이 원소이며 각 원소의 최소 단위가 원자라는 사실이 인정된 것이다.

Reihen	Gruppe I. — R^2O	Gruppe II. — RO	Gruppe III. — R^2O^3	Gruppe IV. RH^4 RO^2	Gruppe V. RH^3 R^2O^5	Gruppe VI. RH^2 RO^3	Gruppe VII. RH R^2O^7	Gruppe VIII. — RO^4
1	H=1							
2	Li=7	Be=9,4	B=11	C=12	N=14	O=16	F=19	
3	Na=23	Mg=24	Al=27,3	Si=28	P=31	S=32	Cl=35,5	
4	K=39	Ca=40	—=44	Ti=48	V=51	Cr=52	Mn=55	Fe=56, Co=59, Ni=59, Cu=63.
5	(Cu=63)	Zn=65	—=68	—=72	As=75	Se=78	Br=80	
6	Rb=85	Sr=87	?Yt=88	Zr=90	Nb=94	Mo=96	—=100	Ru=104, Rh=104, Pd=106, Ag=108.
7	(Ag=108)	Cd=112	In=113	Sn=118	Sb=122	Te=125	J=127	
8	Cs=133	Ba=137	?Di=138	?Ce=140	—	—	—	— — — —
9	(—)	—	—	—	—	—	—	
10	—	—	?Er=178	?La=180	Ta=182	W=184	—	Os=195, Ir=197, Pt=198, Au=199.
11	(Au=199)	Hg=200	Tl=204	Pb=207	Bi=208	—	—	
12	—	—	—	Th=231	—	U=240	—	— — — —

그림 2.5
주기율표를 제안한 멘델레예프

원자의 구조에 대한 이해

현대인은 원자가 원자핵과 전자로 구성되어 있다는 사실을 대부분 잘 알고 있다. 하지만 이러한 사실이 명확히 밝혀진 것은 불과 100여 년 전의 일이다. 최초로 원자론은 발표한 돌턴은 원자를 더는 쪼갤 수 없는 입자로 생각하였다. 하지만 여러 가지 현상들은 물질이 전기적 성질을 띠고 있음을 나타내고 있었는데, 1800년에 이탈리아 화학자 볼타(Alessandro Volta, 1745~1827)에 의해 화학전지가 개발되었다(그림 2.6). 볼타가 발명한 화학전지는 여러 가지 물질의 분리에 활용되었는데, 영국의 데이비(Humphry Davy, 1778~1829)는 용융된 수산화 칼륨과 수산화 나트륨으로부터 각각 금속 칼륨과 금속 나트륨을 분리하는 데 성공하

그림 2.6
볼타가 발명한 화학전지
자료: Wikimedia, Luigi Chiesa

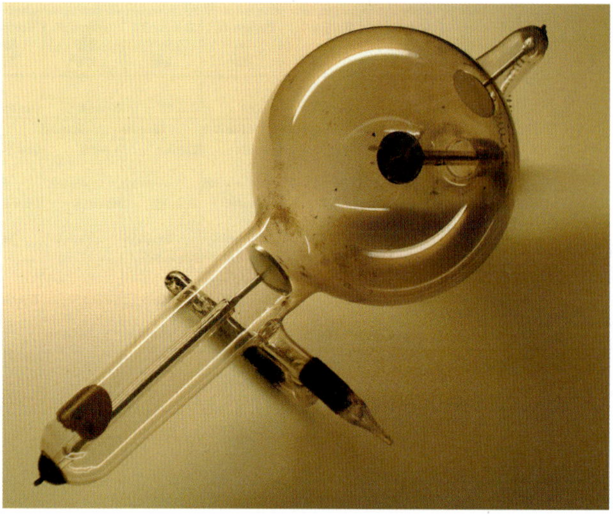

그림 2.7
크룩스가 개발한 음극선관
자료: Wikimedia

였다. 이후 마그네슘, 스트론튬, 바륨, 칼슘 등의 금속이 전기화학적 방법을 통해 분리되었다.

패러데이(Michael Faraday, 1791~1867)는 전기분해(electrolysis), 양이온(cation), 음이온(anion), 전극(electrode), 음극(anode), 양극(cathode) 등의 전기화학과 관련된 용어를 정립하였다. 전해질 내의 이온들이 음극 또는 양극으로 이동하게 된다는 사실들은 원자들이 전기적 성질을 띠고 있다는 사실을 나타낸다. 영국의 화학자 크룩스(William Crookes, 1832~1919)는 진공관 내에 전극을 넣고 높은 전압을 걸었을 때 전류가 흐를 수 있다는 사실을 발견하였는데, 음극에서 양극으로 향하면서 황화 아연으로 코팅된 스크린에 부딪히면 초록색 형광을 띠는 흐름이 관찰되어 이를 음극선이라 하였다.

1895년 독일의 과학자 뢴트겐(Wilhelm Conrad Röntgen, 1845~1923)은 음극선을 금속판에 쏘는 실험을 진행하다가 우연히 X선(X-ray)을 발견하였다. 음극선관에서 검은 종이를 뚫고 지나가는 강한 빛이 나와 멀리 떨어진 위치에 있는 감광지를 인화시키는 것을 확인하였고, 이를 통해 음극선관과

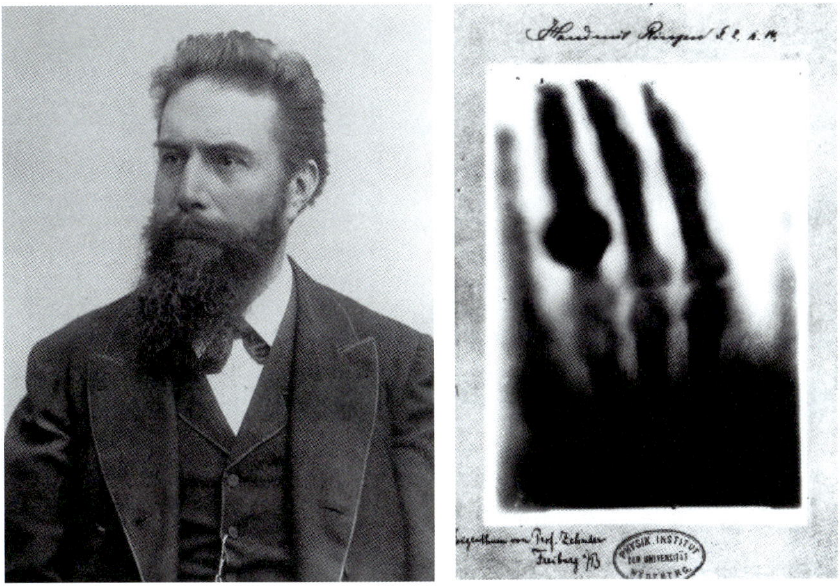

그림 2.8
X선을 발견한 뢴트겐과 최초의 X선 사진

감광지 사이에 손을 넣어 뼈의 사진을 촬영할 수 있었다(그림 2.8). 이후 X선은 의료용 진단기기로 발전하게 되었으며 많은 사람의 생명을 구하게 된다. 뢴트겐은 X선의 발견으로 최초로 노벨물리학상을 받은 학자가 되었다. 뢴트겐이 X선을 발견하기 이전에도 이미 X선으로 인해 발생하는 다양한 현상들을 여러 학자가 목격하였지만, 음극선의 성질에만 집중하였기 때문에 X선에 대해서는 연구성과를 내지 못했다고 한다. 비슷한 시기에 프랑스의 과학자 베크렐(Antoine Henri Becquerel, 1852~1908)은 형광에 대한 실험을 수행하던 중, 우라늄으로부터 방출되는 방사선을 발견하였다. 당시 베크렐의 조교였던 마리 퀴리(Marie Curie, 1867~1934)는 방사선과 방사능에 관한 연구를 더욱 발전시켰으며, 1903년에 베크렐과 퀴리 부부가 함께 노벨물리학상을 받게 되었다.

1897년 영국의 톰슨(Joseph John Thomson, 1856~1940)은 음극선이 음전하를 띤 입자의 흐름이라는 사실을 발견하였다. 톰슨은 음극선이 양극판에

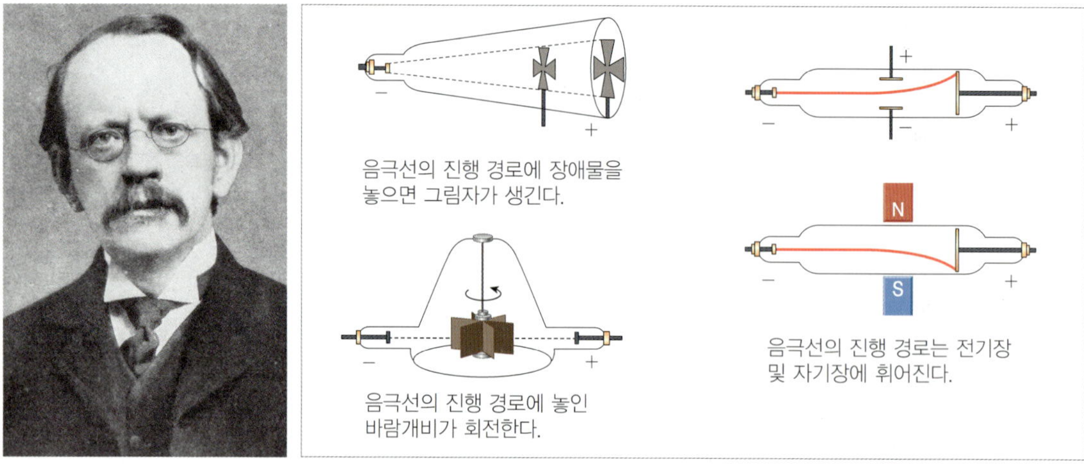

그림 2.9
톰슨의 음극선관 실험

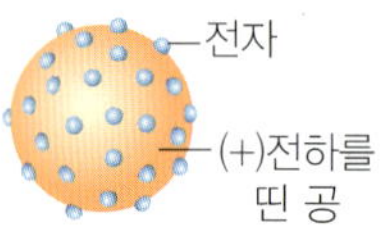

톰슨의 원자모형

끌리고 음극판에 반발하는 성질을 가지며 전기장의 세기에 따라 음극선이 휘어지는 정도가 달라진다는 것을 확인하여 질량과 전하의 비율을 계산하였다. 톰슨은 음극선관을 이용한 실험을 통해 전자가 원자에서 유래한다는 가설을 세웠으며 양으로 대전 되어 있는 입자 내부에 음으로 대전 되어 있는 전자가 분포하고 있는 원자모형을 제안하였다(그림 2.9). 이후 톰슨이 제안한 원자모형은 여러 학자의 실험 결과와 합쳐지면서 현대적인 원자모형으로 점차 발전하게 된다. 현대적인 원자모형에서는 양전하를 띤 원자핵의 주변에 전자가 위치하며 전자는 오비탈이라고 하는 모양과 부피가 정해진 공간 내에서 발견될 수 있는 확률로 표현하게 된다. 즉, 원자핵의 주변에 음전하를 띤 전자구름의 형태로 표현하고 있다.

방사능이 발견된 이후, 러더퍼드(Ernest Rutherford, 1871~1937)는 우라늄과 같은 원소에서 방출되는 방사선을 분석하는 연구를 시작하였으며, 강한 자기장이나 전기장에서 휘어지는 성질을 통해 방사선이 전하를 띠는 입자선임을 확인하였다. 러더퍼드는 양전하를 띤 입자선을 알파선으로 음전하를 띤 입자선을 베타선이라 명명하였다. 알파입자는 수소 원자의 4배에 해당하는 질량을 갖는다는 것이 확인되었고, 베타선은 음전하를 띠고 있는 전자선으로 확인되었다. 러더퍼드에 의해 알파선과 베타선이 확인된 이후 프랑스의 빌라드(Paul Ulrich Villard, 1860~1934)에 의해 방사선에는 X선보다 강한 투과력을 가진 고주파의 전자기파가 포함되어 있다는 사실이 확인되었고 러더퍼드는 이를 감마선이라 이름 지었다. 알파입자는 전하량과 질량으로부터 헬륨이 전자를 모두 잃은 상태의 이온임을 알 수 있다. 이후 러더퍼드는 얇게 펴진 금박에 알파입자를 쪼이는 실험을 통해 원자핵이 존재한다는 사실을 밝혀낸다. 대부분의 알파입자는 금박을 투과하였으나 일부 알파입자는 튕겨 나오거나 휘어져 산란하는 모습을 나타내었다. 그는 이 실험으로 금박 내에 양전하를 띠며 큰 질량을 갖는 입자가 존재한다는 사실을 증명하였으며, 이를 통해 원자의 내부 구조를 예측하였다(그림 2.10). 러더퍼드가 제안한 원자의 구조는 양전하를 띤 원자핵이 중심에 위치하며 음전하를 띤 전자가 원자핵의 주변에 위치하는 형태의 원자모형이다. 이 원자모형은 과학적인 실험의 결과로 얻어진 것으로 화학 및 물리학 분야에서 매우 중요한 발견으로 여겨진다. 또한, 러더퍼드는 헬륨의 원자핵의 전하량은 양성자의 2배이지만 질량은 4배라는 사실을 통해 원자핵을 구성하는 중성의 입자가 존재한다는 사실을 예측하였다. 이후 1932년에 영국의 과학자 채드윅(James Chadwick, 1891~1974)에 의해서 중성자가 발견되었다.

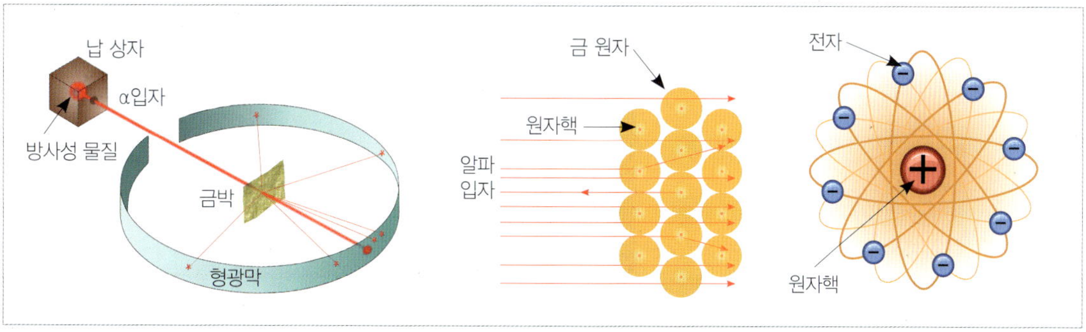

그림 2.10
러더퍼드의 알파입자 산란실험과 원자모형
자료: Shutterstock

물질을 구성하는 원자의 구조에 관한 연구는 점차 전자의 배치에 초점이 맞추어지게 되었다. 몇몇 종류의 금속 이온을 포함하는 화합물을 불꽃 속에 넣었을 때, 금속마다 고유한 색상의 불꽃을 형성한다는 것은 매우 흥미로운 현상이다. 특정한 원소가 포함된 방전관에서 나온 빛을 프리즘에 통과시키면 특정 색상의 좁은 선들이 나타나게 되는데, 이를 선스펙트럼이라고 한다. 반면, 고온의 백열전구로부터 나오는 백색광을 프리즘에 통과시키면 무지개와 같이 연속된 스펙트럼이 얻어진다. 수소의 선스펙트럼은 4개의 선으로 나타나지만, 다른 원자의 경우에는 더 복잡한 선스펙트럼을 나타내기도 한다(그림 2.11). 덴마크의 과학자 닐스 보어(Niels Henrik David Bohr, 1885~1962)는 수소의 선스펙트럼을 설명하기 위해서 새로운 형태의 원자모형을 제안하였고, 이를 통해 양자역학(quantum mechanics)의 기초를

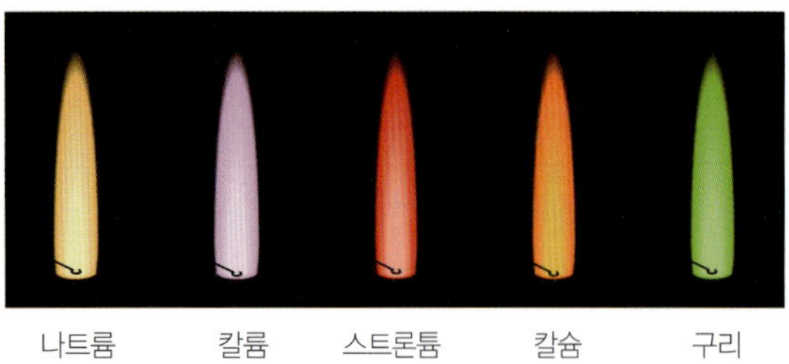

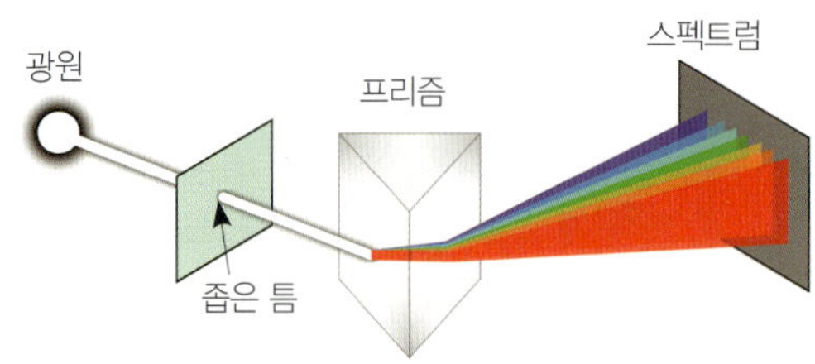

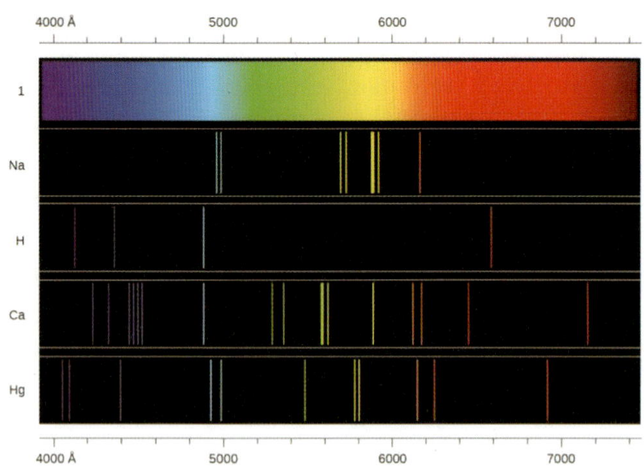

그림 2.11
원소의 불꽃 반응과 선스펙트럼

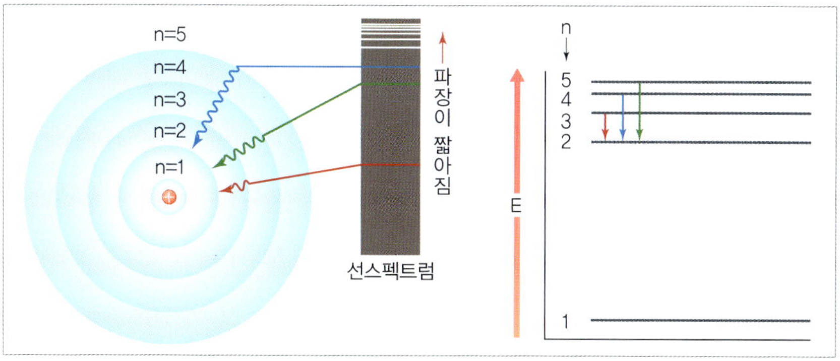

그림 2.12
보어와 보어의 원자모형

확립하게 되었다.

보어의 원자모형은 케플러의 법칙에 기반을 두고 있는데, 음전하를 띤 전자가 양전하를 띤 원자핵의 주변을 회전하고 있는 태양계의 행성과 같은 구조를 하고 있다. 원자핵 주위의 전자는 특정한 에너지를 가진 몇 개의 원형 궤도를 빠르게 원운동하고 있으며, 전자가 다른 궤도로 이동할 때 에너지를 흡수하거나 방출하게 된다. 각각의 궤도는 일정한 에너지 값을 가지는데, 원자가 가장 낮은 에너지 값을 갖는 상태를 바닥 상태라고 하고 외부에서 공급된 에너지에 의해 전자가 더 높은 에너지 값을 갖는 궤도로 이동된 상태를 들뜬 상태라고 하였다(그림 2.12). 양자역학은 미시세계에서의 불연속적인 물리적 특성을 다루는 학문으로 전자가 가질 수 있는 에너지의 상태는 양자화되어 있으므로 일정한 크기의 에너지를 흡수하거나 방출하게 된다. 보어의 원자모형은 수소 원자의 선스펙트럼을 설명할 수는 있었지만, 에너지의 불연속성을 설명하는 것에는 한계가 있었다.

앞서 톰슨의 실험으로 전자는 입자의 특성을 가진다는 사실이 밝혀졌지만, 프랑스 물리학자 드 브로이(Louis de Broglie, 1892~1987)는 전자가 입자와 파동의 성질을 동시에 가진다고 주장하였으며, 이는 실험적으로도 증명되었다(그림 2.13). 드 브로이의 물질파 이론은 모든 물질이 입자와 파동의

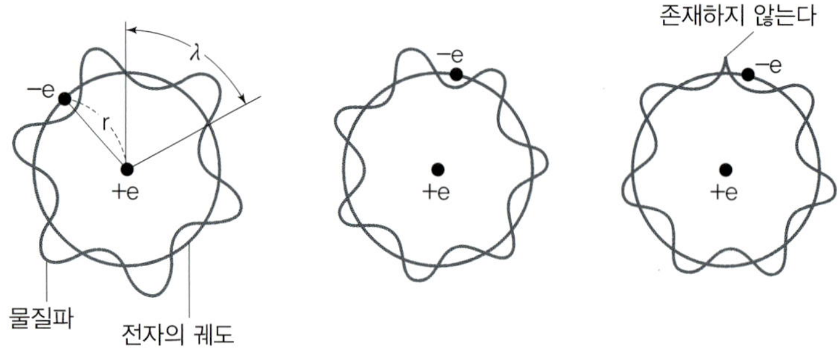

$\frac{2\pi r}{\lambda} = 6$ $\frac{2\pi r}{\lambda} = 7$ $\frac{2\pi r}{\lambda} = 6.5$

그림 2.13
드 브로이의 물질파 이론에 따른 전자의 궤도

성질을 동시에 가지는 것으로 설명된다. 이후 오스트리아의 물리학자 슈뢰딩거(Erwin Schrödinger, 1889~1961)에 의해 전자의 성질에 관해 기술할 수 있는 방정식이 도입되었으며 현대적인 원자모형으로 발전하게 되었다. 현대의 원자모형에서는 전자가 특정한 위치에 존재할 수 있는 확률을 네 가지 양자수로 표현하며 전자가 존재할 수 있는 확률분포를 오비탈이라고 한다(그림 2.14). 즉, 현대적 원자모형에서는 양성자와 중성자로 이루어진 원자핵이 있으며, 원자핵 주변에 전자가 분포할 수 있는 오비탈들이 있어서 내부에 전자가 확률적인 분포를 하는 형태를 띠고 있고, 전자의 위치나 운동량을 명확히 파악하는 것은 불가능하다. 한 개의 오비탈에는 서로 반대되는 스핀을 가진 최대 두 개의 전자가 채워지며 전자는 쌍을 이루고 있는 상태에서 안정하다. 양성자의 숫자에 의해서 원소의 종류가 결정되지만, 한 가지 원소에서도 원자를 구성하는 중성자의 숫자는 달라질 수 있다. 예를 들어, 수소 원자의 경우 양성자와 전자를 각각 하나씩 가지지만, 원자핵에 중성자를 1개 포함하는 경우에는 중수소가 되고, 중성자를 2개 포함하는 경우에는 삼중수소가 된다. 원자의 질량은 양성자와 중성자의 질량의 합으로 같은 양성자의 숫자를 가지면서 중성자의 숫자가 다른 경우를 동위원소라 한다.

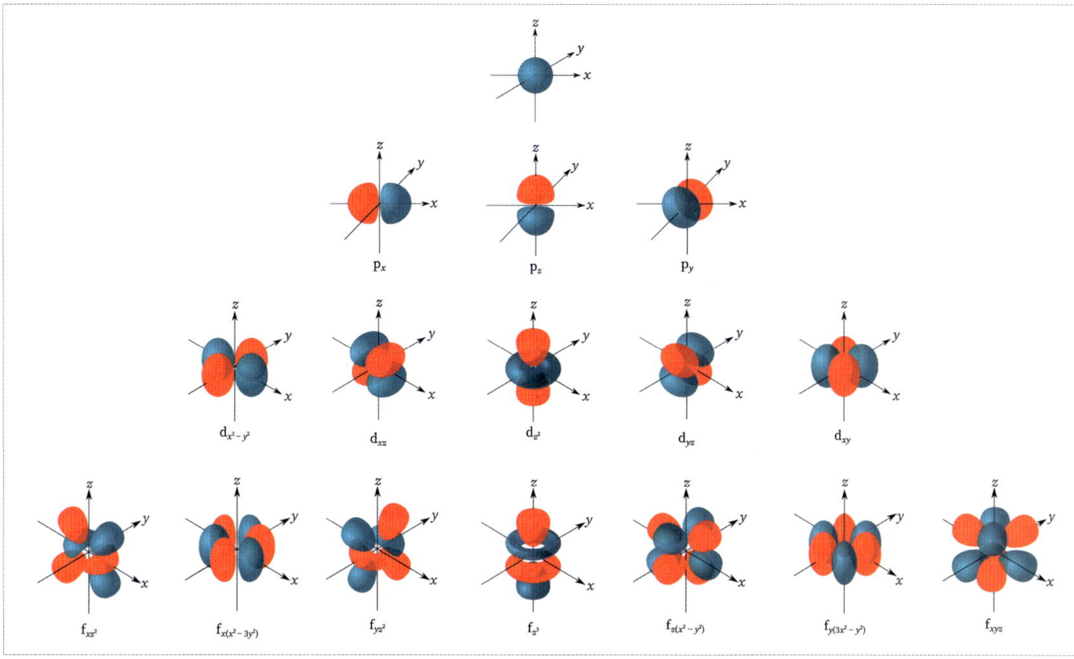

그림 2.14
양자수에 따른 오비탈의 모형

화학결합

멘델레예프의 주기율표는 원소들의 질량과 특성의 상관관계를 순차적으로 배열하였다. 주기율표가 최초로 제안될 당시에는 원자 질량을 중심으로 설명하고자 하였지만, 원자의 구조가 밝혀지면서 원자를 구성하고 있는 양성자의 숫자가 원소의 특성과 관련이 있음이 명확해졌다. 중성의 원자는 양성자와 같은 숫자의 전자를 가지며 원자핵을 중심으로 위치한 오비탈에 위치한다. 각 오비탈은 일정한 에너지 값을 가지는데, 이를 양자화되어 있다고 표현한다. 가장 바깥쪽에 있는 오비탈의 전자들을 원자가 전자라고 하며 원자가 전자가 8개일 때 원자는 가장 안정한 상태가 된다. 이를 옥텟 규칙이라고 부른다. 비활성 가스라고 불리는 18족 원소들은 8개의 원자가 전

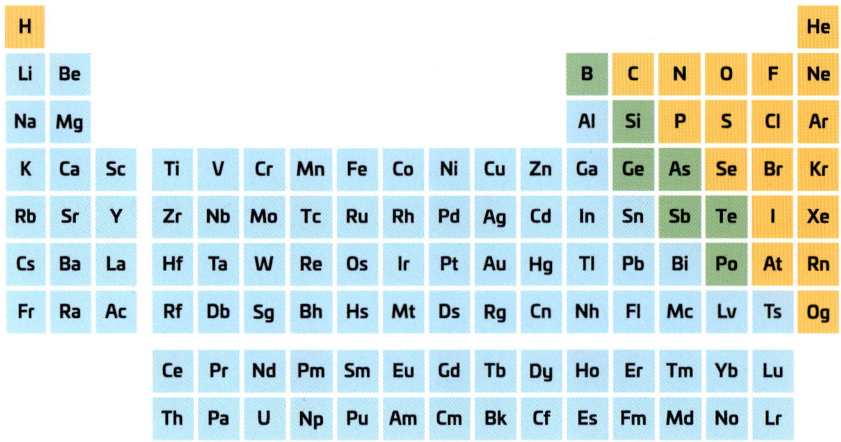

그림 2.15
현대의 주기율표
자료: Shutterstock

자를 만족하기 때문에 원자 상태에서 가장 안정한 원소들이다. 헬륨(He), 네온(Ne), 아르곤(Ar), 크립톤(Kr), 제논(Xe) 등이 비활성 기체에 해당하며 이들 원소는 몇몇 특수한 경우를 제외하고 다른 원자들과 반응하여 화합물을 형성하지 않는다. 그 외의 원자들은 화학결합을 형성하여 8개의 원자가 전자를 채우려고 한다(그림 2.15).

화학결합의 형태는 크게 공유결합, 이온결합, 금속결합으로 나누어지는데, 공유결합은 이웃하는 원자 간의 원자가 전자를 공유하면서 8개의 전자를 만족한 형태를 만드는 것이다. 예를 들어, 탄소는 4개의 원자가 전자를 가지는데, 4개의 원자가 전자를 이웃하는 원자와 공유하면서 8개의 원자가 전자를 채우는 형태이다. 공유결합으로 이루어진 물질을 분자 화합물이라고 하며, 물질로서 고유한 성질을 유지하는 가장 작은 단위를 분자라고 하고 이를 화학기호로 나타낸 것을 분자식이라고 한다. 예를 들어, 물 분자는 산소 원자 한 개와 수소 원자 두 개가 공유결합으로 연결된 구조를 가지며 분자식은 H_2O가 된다(그림 2.16). 이산화 탄소는 산소 원자 두 개가 탄소 원자 한 개와 공유결합을 이루고 있으며 분자식은 CO_2가 된다. 이산화 탄소의 경우 탄소 원자와 산소 원자는 각각 2개의 전자를 공유하는 형태로 이

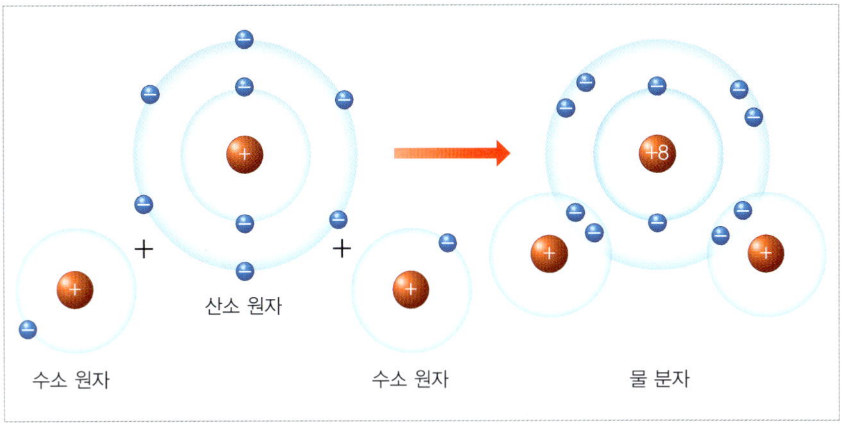

그림 2.16
공유결합에 대한 모식적 표현

중결합을 하고 있다.

일부 원자들은 최외각 전자를 잃거나 외부로부터 전자를 얻어서 8개의 원자가 전자를 이루기도 한다. 원자가전자를 잃게 되면 양이온이 되며 전자를 얻게 되면 음이온이 된다. 양이온과 음이온은 전하를 띠고 있어서 정전기적 인력이 강하게 작용한다. 예를 들어, 염소(Cl)는 7개의 원자가 전자를 가지며 나트륨(Na)은 1개의 원자가 전자를 가진다. 따라서 염소는 외부로부터 1개의 전자를 받아들여 8개의 원자가 전자를 가진 염화 이온(Cl^-)으로 바뀌며, 나트륨은 1개의 전자를 잃어버리면서 나트륨 이온(Na^+)으로 바뀌게 된다. 이처럼 음이온과 양이온이 정전기적 인력으로 강하게 연결된 물질을 이온 화합물이라고 한다(그림 2.17). 염화 이온과 나트륨 이온은 6면체 모양의 고체 결정 화합물인 염화 나트륨을 형성한다. 염화 나트륨의 결정 구조는 염화 이온과 나트륨 이온이 교대로 배열되어 있으며 서로 정전기적 인력으로 강하게 연결되어 있다. 이러한 결합의 형태를 이온결합이라고 한다. 염화 이온과 나트륨 이온 사이의 이온결합 세기는 매우 강하지만 염화 나트륨은 물에 매우 잘 녹는 특징을 가진다. 이는 물 분자가 매우 큰 극성을 가지며 염화 이온 또는 나트륨 이온과 강하게 상호작용을 하기 때

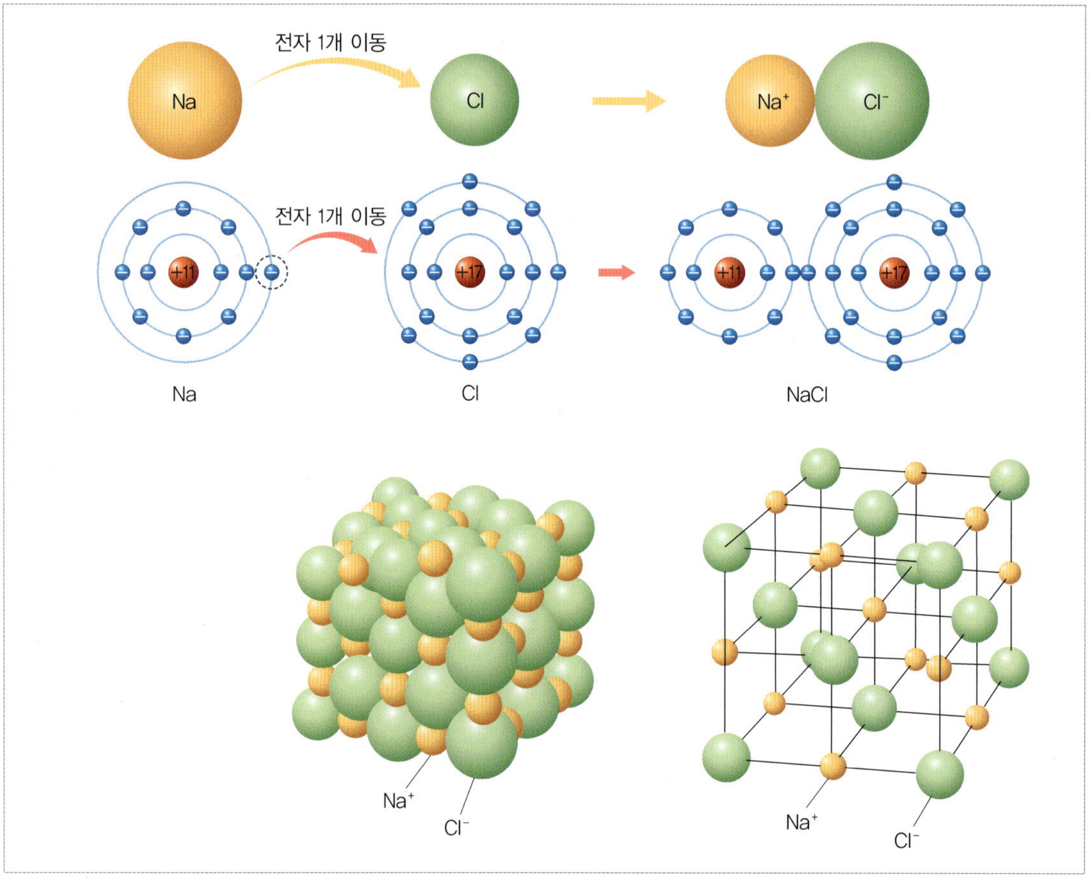

그림 2.17
이온결합에 대한 모식적 표현

문이다. 이온결합을 통해 형성되어 있는 물질은 분자 화합물과 같이 취급하기는 어려우며 최소 단위를 나타낼 때도 화학식이라는 표현을 사용한다. 염화 나트륨의 화학식은 NaCl이 된다. 이온결합을 통해서 형성되는 이온화합물의 대부분은 양이온과 음이온의 규칙적인 배열구조를 가지므로 구조가 조금만 변형되어도 같은 전하를 띤 이온 간의 반발력이 작용하게 된다. 따라서 이온결합은 강한 결합력을 가짐에도 불구하고 외부충격 때문에 쉽게 깨어질 수 있는 특징을 가진다.

금속은 연성과 전성을 갖고 특유의 광택을 지니며 열과 전기에 대한 전

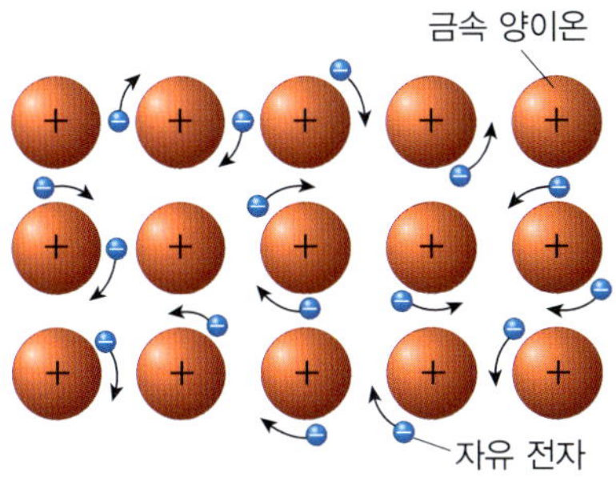

그림 2.18
금속결합에 대한 모식적 표현

도성이 뛰어난 특징을 가진 물질을 가리킨다. 주기율표상의 3/4에 해당하는 원소들은 금속으로 분류되어 주기율표의 왼쪽에 위치하며, 같은 족에서 아래쪽으로 갈수록 금속의 특성이 강해진다. 이는 주기율표의 왼쪽에 위치할수록 최외각전자의 숫자가 줄어들고, 아래쪽으로 갈수록 원자핵과 최외각전자의 거리가 멀어지기 때문에 전자가 떨어져 나가기 쉽기 때문이다.

원자핵의 속박에서 벗어난 전자들은 구름처럼 비교적 자유롭게 원자들의 사이를 이동할 수 있게 된다. 따라서 금속은 원자핵들의 배열 사이를 비교적 자유롭게 이동할 수 있는 전자들이 분포하는 형태를 띠며 이러한 특징으로 인해 뛰어난 전도성을 가지게 된다. 이러한 금속 원자 사이의 결합을 금속결합이라고 한다. 금속결합을 양전하를 띤 원자핵과 음전하를 띤 전자들 사이의 인력으로 서로 연결되어 있어서 서로 다른 금속을 섞었을 때도 대부분 균일하게 섞이는 현상을 보인다(그림 2.18). 서로 다른 금속이 균일하게 섞인 상태를 합금이라고 하며 우리가 사용하고 있는 금속 재료는 대부분 합금의 형태이다.

분자 화합물과 분자 간의 힘

같은 주기의 원자들에서 주기율표의 오른쪽으로 갈수록 원자핵이 가지는 양전하는 점점 커진다. 이에 따라 원자핵이 주변의 전자를 끌어당기는 힘 또한 커진다. 반면, 주기율표의 아래쪽으로 갈수록 전자가 개수가 많아지며 최외각전자에 전달되는 원자핵으로부터의 인력은 줄어들게 된다. 이때 원자핵이 전자를 끌어당기는 힘의 정도를 전기음성도(electronegativity)라 한다(그림 2.19).

전기음성도의 차이가 매우 큰 원자가 서로 만나게 되면, 전기음성도가 작은 원자는 전자를 잃고 전기음성도가 큰 원자는 전자를 얻어 각각 이온을 만들고 서로 간에 이온결합을 형성하게 된다. 이온결합으로 이루어진 이온 화합물은 양이온과 음이온 사이의 정전기적 인력으로 결합하고 있다(그림 2.17). 전기음성도의 차이가 작은 경우에는 공유결합을 통해 분자 화합물을 형성한다. 분자 화합물의 경우, 분자를 이루는 원자핵과 주변의 전자들 사이에 인력이 작용하며 이웃하는 전자들 사이에는 반발력이 작용한

그림 2.19
전기음성도의 세기를 나타낸 주기율표

높음
낮음

H 2.1																	He
Li 1.0	Be 1.6											B 2.0	C 2.5	N 3.0	O 3.5	F 4.0	Ne
Na 0.9	Mg 1.2											Al 1.5	Si 1.8	P 2.1	S 2.5	Cl 3.0	Ar
K 0.8	Ca 1.0	Sc 1.3	Ti 1.5	V 1.6	Cr 1.6	Mn 1.5	Fe 1.8	Co 1.9	Ni 1.9	Cu 1.9	Zn 1.6	Ga 1.6	Ge 1.8	As 2.0	Se 2.4	Br 2.8	Kr
Rb 0.8	Sr 1.0	Y 1.2	Zr 1.4	Nb 1.6	Mo 1.8	Tc 1.9	Ru 2.2	Rh 2.2	Pd 2.2	Ag 1.9	Cd 1.7	In 1.7	Sn 1.8	Sb 1.9	Te 2.1	I 2.5	Xe
Cs 0.7	Ba 0.9	La 1.0	Hf 1.3	Ta 1.5	W 1.7	Re 1.9	Os 2.2	Ir 2.2	Pt 2.2	Au 2.4	Hg 1.9	Tl 1.8	Pb 1.9	Bi 1.9	Po 2.0	At 2.1	Rn

다. 또한, 양전하를 띤 원자핵들도 서로 반발력을 가지므로 공유결합은 원자핵 사이에 일정한 거리를 유지하게 된다. 공유결합과 비교하면 이온결합력은 훨씬 더 강력한 인력이 작용하지만, 일부 이온 화합물들은 물과 같은 극성 용매에 해리될 수 있는 특징을 가진다. 이는 이온이 극성 분자에 둘러싸여 안정화될 수 있기 때문이다. 하지만 모든 이온 화합물들이 물에 녹는 것은 아니다. 극성 분자에 둘러싸여 안정화될 수 있는 정도보다 강한 이온결합을 갖는 물질은 물에 녹지 않게 된다. 예를 들어, 흔히 석고로 알려진 황산 칼슘과 같은 물질은 물에 녹지 않는데, 황산 이온(SO_4^{2-})과 칼슘 이온(Ca^{2+}) 모두 2가의 이온으로 정전기적 인력이 매우 강하게 작용할 수 있기 때문이다. 대부분 광물이 다양한 종류의 이온이 혼합된 형태의 이온결합을 하고 있다고 볼 수 있다. 이온결합을 이루고 있는 물질은 단순히 양이온과 음이온이 쌍을 이루고 있는 것이 아니며 교대로 배열된 형태를 띠므로 대부분 단단한 고체를 형성한다.

반면, 분자 화합물의 경우 공유결합으로 서로 연결된 분자구조 내에서는 그 형태를 일정하게 유지하고 있지만, 분자 간에 작용하는 힘은 원자 간의 결합력과 비교하면 매우 작다고 할 수 있다. 일반적으로 분자 화합물 사이에 작용하는 힘은 크게 반데르발스 힘(van der Waals force, 분산력), 쌍극자 힘, 수소결합으로 구분하게 된다. 전기음성도가 서로 다른 원자가 공유결합을 하게 되면 결합에 참여하는 전자쌍은 전기음성도가 큰 원자 쪽으로 치우치게 된다. 이 경우 분자는 극성을 가지게 되며 이러한 극성을 쌍극자라고 하고, 쌍극자 간에 존재하는 정전기적 인력을 쌍극자 힘이라 부른다(그림 2.20).

분자를 구성하는 원자들 간의 전기음성도 차이가 거의 없는 경우 또는 대칭적인 구조를 가진 경우에 분자는 무극성 분자가 된다. 예를 들어, 이산화 탄소의 경우 전기음성도가 큰 산소 원자 2개가 탄소 원자 1개와 결합

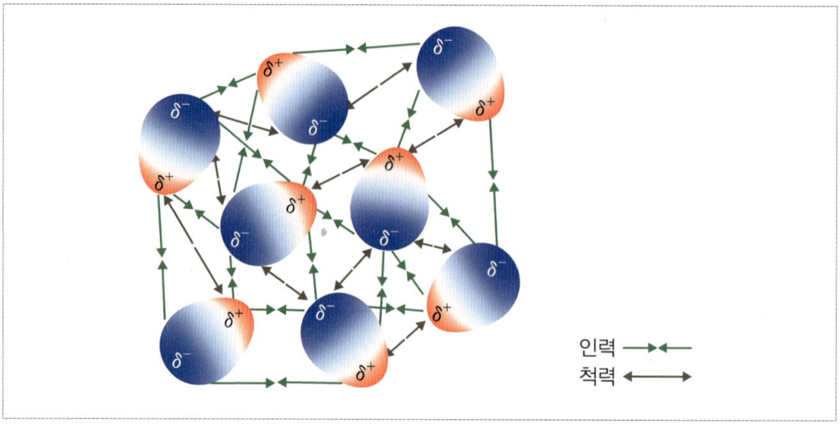

그림 2.20
쌍극자-쌍극자 상호작용

하고 있지만, 산소 원자는 양쪽으로 대칭적으로 존재하므로 무극성 분자가 된다. 탄소와 수소 원자들만으로 구성된 탄화수소의 경우 탄소 원자와 수소 원자의 전기음성도 차이가 크지 않아서 극성을 띠지 않는다. 무극성 분자의 경우 분자를 구성하는 전자구름이 순간적인 한쪽으로 치우칠 수 있으며, 이러한 현상에 의해 분자는 부분적인 전하를 띨 수 있다. 이러한 부분적인 전하는 이웃하는 분자에게 영향을 주게 되며 이웃하는 분자와 약하게 상호작용을 할 수 있게 된다. 이러한 분자 간의 약한 상호작용력을 반데르발스 힘이라고 하며 분산력이라고도 한다. 반데르발스 힘은 쌍극자 힘보다 매우 약한 상호작용력이지만 모든 분자 사이에 존재하는 힘이다(그림 2.21).

분자 간에 작용하는 힘 중에 가장 강한 힘은 수소결합이다. 수소결합은 전기음성도가 큰 N, O, F와 같은 원자에 수소가 결합하고 있을 때 나타나는 현상으로 N, O, F의 비공유 전자쌍이 수소 원자를 강하게 끌어당기는

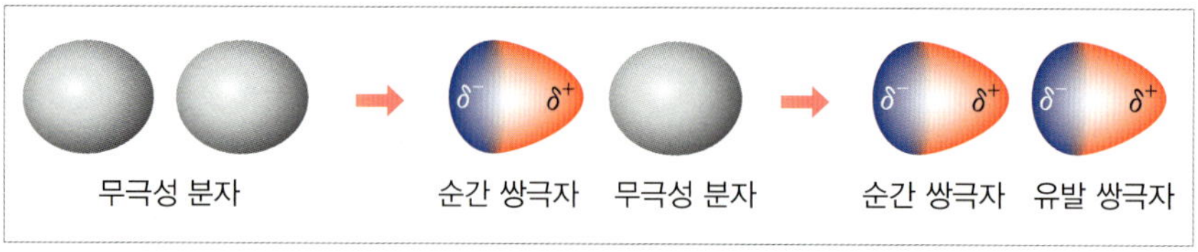

그림 2.21
반데르발스 힘

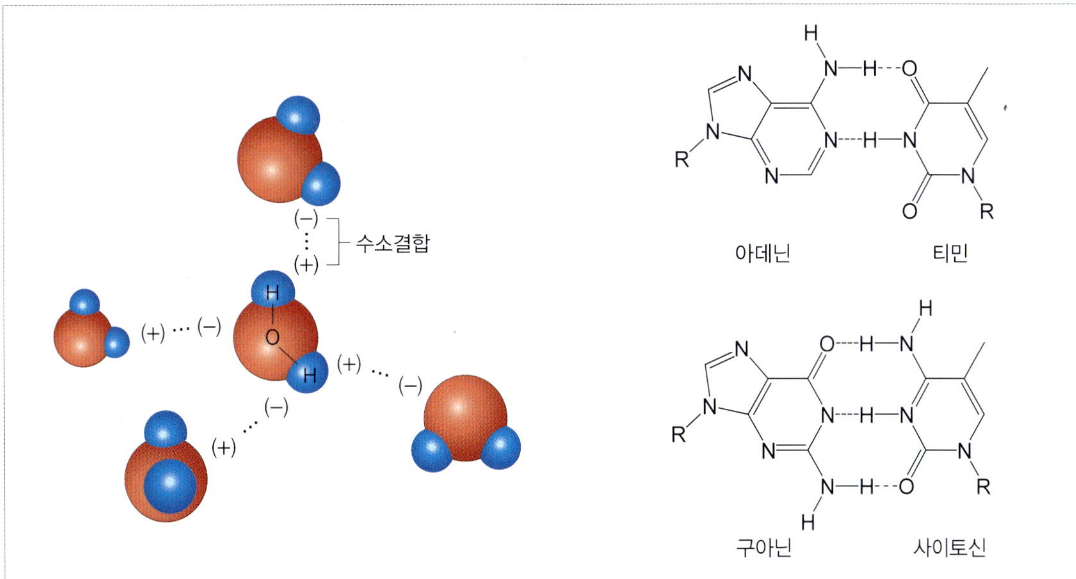

그림 2.22
수소결합

현상이다(그림 2.22). 수소결합은 특수한 형태의 쌍극자 상호작용으로 볼 수 있으며 DNA의 2중 나선 구조나 단백질의 접힘 구조를 이루는 원동력이 된다. 분자 화합물은 분자 간에 작용하는 힘의 세기에 따라서 고체, 액체, 기체의 3상을 이루게 된다. 분자 간의 상호작용이 매우 큰 물질은 녹는점과 끓는점이 높아지게 된다. 비슷한 분자량을 갖는 물질의 경우 수소결합을 형성하는 물질, 쌍극자 힘이 존재하는 물질, 분산력만 작용하는 물질의 순서대로 녹는점과 끓는점이 낮다.

물질과 재료

도구를 만드는 데 사용하는 물질을 크게 유기 재료, 무기 재료, 금속 재료로 구분한다(그림 2.23). 각각의 소재는 강도와 가공성 면에서 큰 차이가 있으

그림 2.23
무기 소재, 금속 소재, 유기 소재
자료: Shutterstock

표 2.1 금속, 무기, 유기 소재들의 기본적인 특징

구분	금속 소재	무기 소재	유기 소재
강도	뛰어난 기계적 강도	뛰어난 내마모성, 깨지기 쉬움	상대적으로 낮음
기계적 가공성	높은 연성과 전성	낮은 가공성	뛰어남
화학적 가공성	낮음	매우 낮음	뛰어남
전도성	높은 전기 및 열전도성	뛰어난 절연성	다양한 절연성, 전도성
내부식성	낮음	매우 뛰어남	뛰어남
무게	매우 무거움	무거움	가벼움

며 응용성 면에서도 매우 차이가 크다. 〈표 2.1〉은 금속·무기·유기물질을 기반으로 만들어진 소재의 기본적인 특징에 대해서 간단하게 정리한 것이다.

유기 화합물은 탄소를 기본골격으로 수소, 산소, 질소 등이 포함되어 전체적으로 공유결합을 통해 연결된 물질이다. 유기라는 용어는 생명 유기체에서 유래되었으며 영어로는 'organic'이라는 용어를 사용한다. 초기 화학

그림 2.24
유기 소재의 발전
자료: Shutterstock

자들은 유기 분자들이 생명 현상을 통해서만 합성된다고 생각하였다. 하지만 프리드리히 뵐러(Friedrich Wöhler, 1800~1882)가 사이안산 암모늄에서 요소를 합성하면서 처음으로 유기물이 합성될 수 있다는 것이 증명되었다. 이후 유기 화합물에 대한 개념은 현재의 개념으로 바뀌게 되었다. 유기물을 기반으로 한 고전적인 재료로는 목재나 섬유 등의 천연재료들이다. 과학 기술의 발전과 함께 합성섬유, 합성수지, 합성고무와 같은 다양한 형태의 유기 화합물 기반의 소재들이 개발되고 있으며, 우리의 생활 속에 응용이 되고 있다(그림 2.24).

유기 화합물과 대조되는 개념은 무기 화합물이다. 기본적으로 탄소를 중심으로 만들어진 유기 화합물을 제외한 모든 물질은 무기 화합물로 구분하며 각종 도구를 만드는 데 사용되는 물질을 무기 재료라고 한다. 단, 무기 화합물 중에서 금속만으로 구성된 경우에는 이를 별도로 취급하여 금속 재료로 구분한다. 엄밀한 의미에서 금속 또한 무기물에 해당하지만, 일반적인 무기 재료와 금속 재료는 그 성질에 있어서 큰 차이를 나타내기 때문에

그림 2.25

무기 소재의 발전

자료: Shutterstock, 국립 중앙박물관

편의상 별도로 구분하고 있다. 일반적으로 무기 재료로 표현되고 있는 물질은 유리, 세라믹, 시멘트와 같은 재료들이다. 이들 물질은 탄소를 포함하고 있지 않으며, 대부분 이온 화합물이 서로 섞여 강하게 결합하여 있는 형태이다. 고대 인류가 사용한 석기들도 엄밀한 의미에서 무기 재료로 구분할 수 있을 것이다(그림 2.25).

금속 재료는 금속으로 분류되는 원소들이 단독 또는 혼합된 형태로 존재하는 물질들이다. 금속은 금속결합을 통해 서로 쉽게 섞이기 때문에 다양한 혼합조성을 만들 수 있다. 금속이 서로 섞여 있을 때 나타나는 물성의 변화는 조성비에 따라 크게 변화하기 때문에 각각의 조성에 대해서 물성을

그림 2.26
금속 소재의 발전
자료: Shutterstock, 국립중앙박물관

일일이 확인해 봐야 전체적인 특성을 이해할 수 있다. 따라서 고성능·고기능성의 금속 재료를 확보하기 위해 금속공학이라는 학문이 크게 발전할 수 있었다. 하지만 금속을 균일하게 혼합하기 위해서는 고온의 용광로와 같은 환경이 필요하며 어려운 실험을 반복해서 수행해야 한다. 현재는 원자의 구조에 대한 이해도가 증가하면서 합금의 성질에 대해서 시뮬레이션을 통해 어느 정도 예측이 가능하게 되었으며, 서로 섞여 있는 금속의 조성비를 조절하기 위해 실행하는 실험의 횟수를 획기적으로 줄일 수 있게 되었다.

3장

태양계와 지구

태양과 지구
빛과 에너지
지구의 구조
지각과 토양

인류가 삶을 영위하고 있는 지구는 태양계에 속한 행성 중의 하나이다(그림 3.1). 지구는 광활한 우주의 극히 미세한 영역에 불과하지만, 현재까지 우리는 지구를 제외한 외계에서 생명체의 흔적을 발견하지 못하고 있다. 지구는 풍부한 물로 덮여 있으며 무수히 많은 생명체가 지표면의 물과 지각에 의존하여 살아가고 있다. 이 장에서는 우리가 사는 지구의 구조와 지각에 대해서 간단하게 살펴보고자 한다.

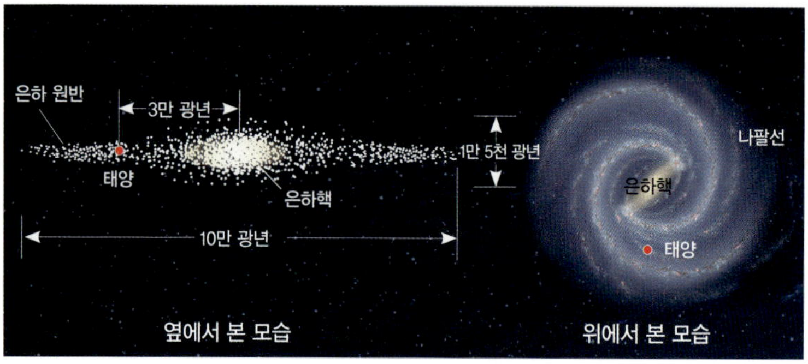

그림 3.1
은하계와 태양계
자료: www.eso.org_public_images

태양과 지구

우주는 수많은 은하로 구성이 되어 있으며 각각의 은하에는 헤아릴 수 없이 많은 별이 존재한다. 수많은 은하 중에서 태양계를 포함한 은하계를 '우리 은하(Milky Way)'라고 한다. 우리 은하는 지름이 약 10만 광년에 이르는 막대 나선형 은하로 무수히 많은 별이 모여 있다. 별은 스스로 빛을 내는 천체를 이르며 태양도 별에 해당한다. 태양과 그 주변을 회전하는 여러 천체를 태양계라고 한다. 지구는 태양을 중심으로 회전하는 여러 행성 중의 하나이다. 태양계를 주변을 회전하고 있는 행성은 모두 8개로 지구는 태양에서부터 3번째에 위치하는 행성이다(그림 3.2). 태양은 스스로 빛을 내며 태양을 구성하고 있는 수소가스가 핵융합 반응을 일으키며 지속해서 에너

그림 3.2
태양계와 행성
자료: Shutterstock

지를 만들어 내고 있다. 태양과 지구는 중력의 작용으로 서로 끌어당기고 있지만, 공전에 의한 원심력이 작용하여 힘의 균형을 이루고 있다. 태양의 주변을 회전하고 있는 다른 천체들 대부분도 원심력과 중력이 균형을 이루어 태양과 일정한 간격을 유지하고 있다.

태양에서 지구까지의 거리는 약 1억 5천만 킬로미터(km)이며 태양의 빛이 지구까지 도달하기까지 걸리는 시간은 약 8분에 이른다. 즉, 우리가 보고 있는 태양은 약 8분 전의 태양인 것이다. 태양을 구성하는 성분 대부분은 수소로 이루어져 있으며, 중심부에서는 높은 압력과 온도로 플라스마 상태를 유지하면서 지속적인 핵융합 반응이 진행된다. 이 과정에서 수소는 헬륨으로 변환되면서 엄청난 양의 에너지를 발산하게 된다. 지구는 태양과 일정한 거리를 유지하고 있으므로 너무 뜨겁지도 너무 차갑지도 않은 적절한 온도를 유지하여 생명체가 생존할 수 있는 최적의 조건을 유지하고 있다. 태양은 지구에 끊임없이 에너지를 공급하고 있으며 지구상의 생명체는 태양에너지에 의존하여 살아가고 있다. 태양에서 지구로 도달하는 태양복

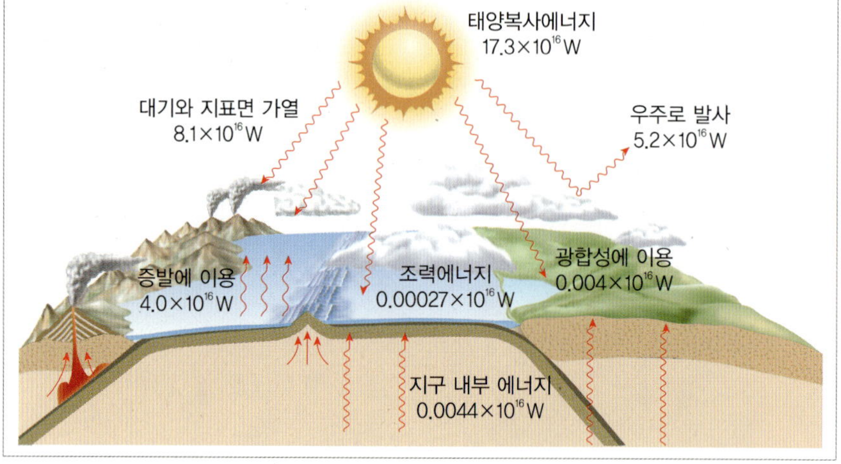

그림 3.3
태양에너지와 지구

사에너지의 총량은 17.3×10^{16} W 정도이며 이 중 약 30%가 우주로 반사되고, 나머지는 대기와 지표 및 바다로 흡수된다. 물에 흡수된 태양에너지는 수증기의 증발과 대류를 일으키며 물의 순환과 바람을 만들게 된다. 또한, 태양에너지 일부는 광합성에 활용되어 화학에너지로 저장되며 생명 현상의 근원이 된다(그림 3.3).

빛과 에너지

태양에서 지구로 도달하는 빛은 백색에 가까운 색상을 나타낸다. 하지만 태양광을 프리즘에 통과시키면 무지개와 같이 다양한 색상이 섞여 있다는 사실을 확인할 수 있다. 빛은 입자로서의 특징을 가짐과 동시에 전기장과 자기장이 직교하면서 진동하고 있는 파동의 특성을 가지므로 전자기파라고도 불린다. 빛을 구성하는 입자를 광자라고 하며 광자는 양자화된 에너지값을 가진다. 에너지의 크기는 진동수에 비례하며 파장에 반비례한다.

사람의 눈으로 볼 수 있는 영역의 빛을 가시광선이라고 하며 400~700 nm 정도의 파장을 가진다. 가시광선 영역의 빛은 400~700 nm 정도인데, 400 nm에 가까워지면 보라색을 띠며 700 nm에 가까워지면 빨간색을 띤다. 태양광에는 400 nm보다 짧은 파장의 빛과 700 nm보다 긴 파장의 빛도 포함이 되어 있지만, 우리 눈으로는 확인할 수 없다. 가시광선보다 긴 파장의 빛을 적외선이라고 하며 가시광선보다 파장이 짧은 빛을 자외선이라고 한다. 앞서 2장에서 다루었던 X선과 감마선도 전자기파의 일종이다. 전자기파는 [그림 3.4]와 같이 파장에 따라서 분류할 수 있다. 각각의 전자기파가 가진 에너지값도 달라지기 때문에 전자기파가 물질 사이에 일어나는 상호작용도 크게 달라진다. 가장 긴 파장을 가진 빛에 해당하는 전파는 라디오나 TV의 송수신에 사용된다. 이보다 짧은 파장의 마이크로파는 물질

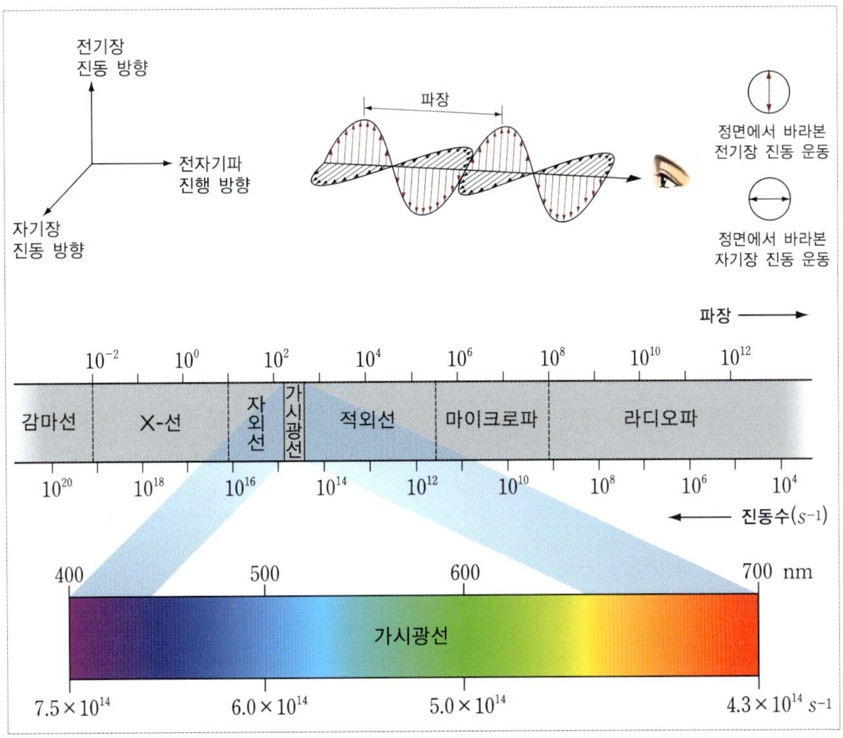

그림 3.4
전자기파의 진동 방향과 종류

의 회전과 병진운동을 촉진할 수 있는 파장에 해당하며 실생활에서는 전자레인지에 사용되고 있다. 이는 마이크로파에 의해 극성을 가진 물 분자가 빠르게 진동 및 마찰하면서 열을 내는 원리이다. 적외선은 분자가 이루고 있는 화학결합의 진동을 증폭시킬 수 있는 정도의 에너지를 가진다. 그래서 적외선을 쬐면 따뜻해지는 것처럼 느껴진다. 가시광선과 자외선 영역의 빛은 바닥 상태의 원자를 들뜬 상태로 만들어 줄 수 있는 에너지를 가진다. 우리가 눈으로 사물을 인식하는 것도 가시광선 영역의 빛이 바닥 상태의 원자를 들뜬 상태로 만들기 때문인데, 들뜬 상태의 전자는 전기적 신호를 생성해서 시신경을 통해 대뇌로 전달되는 과정을 거친다. 우리의 눈에는 빛의 3원색에 해당하는 빨간색, 초록색, 파란색의 서로 다른 파장을 인식할 수 있는 시신경 세포가 있으며, 세 가지 파장의 빛의 세기에 따라 서로 다른 색으로 인지할 수 있게 된다.

분자의 결합에너지를 넘어서는 에너지를 갖는 빛이 물질에 조사되면 화학결합이 파괴될 수 있다. 짧은 파장의 자외선은 유기 분자들의 화학결합을 파괴할 수 있는 수준의 큰 에너지를 가진다. 따라서 자외선은 대부분 생명체에는 매우 해로운 빛이다. 자외선보다 짧은 파장의 X선이나 감마선의 경우 엄청나게 큰 에너지를 가지는데, 강한 투과도를 가지고 생체조직을 파괴할 수 있으므로 이들의 광원에 노출되는 것은 매우 위험하다.

지구의 구조

지구는 반지름이 약 6,400 km인 구형의 천체로 기체 성분들이 중력에 의해 붙잡혀 적절한 두께의 대기를 이룰 수 있는 크기를 가진다(그림 3.5). 지구의 표면은 대기층에 의해서 일정한 온도를 유지할 수 있고, 액체 상태의 물이 존재함으로써 생명체가 살아갈 수 있는 최적의 환경을 제공하고 있다. 지구는 바깥쪽에서부터 지각, 맨틀, 외핵, 내핵으로 구성되어 있다. 지각과 맨틀은 비교적 가벼운 규산염 광물들로 이루어져 있으며, 중심부의 핵은 철과 니켈 등의 무거운 원소로 이루어져 있다. 지표면에서 내부로 갈수록 온도는 증가하게 된다. 대륙지각 일부분과 맨틀의 최상부는 단단한 암석으로 이루어져 있어서 암석권이라고 부르며, 암석권 아래쪽의 상부 맨틀은 부분적으로 용융되어 유동성을 가지는데, 이를 연약권이라고 한다. 연약권은 대류를 일으키면서 지각판을 이동시킨다. 지각판이 이동하면서 서로 충돌하는 경계면에서는 지진과 화산활동이 빈번하게 일어나는데, 지진과 화산활동은 인명과 재산 피해를 동반하기도 하지만 대기 및 해양환경에도 영향을 주며 생태계에 매우 큰 변화를 유발하기도 한다. 지구 내부의 외핵에서는 액체 상태로 용융된 철과 니켈의 대류가 일어나고 있으며, 이 과정에서 지구의 자기장을 형성하게 된다. 이렇게 형성된 지구의 자기장은 태양

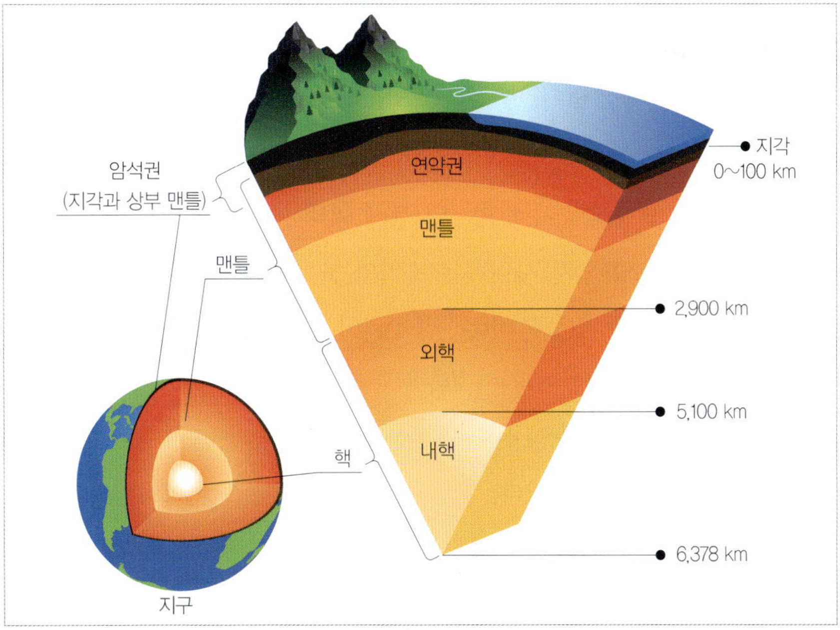

그림 3.5
지구의 구조
자료: Shutterstock

에서 지구로 도달하는 유해 방사선을 차단하여 지구의 생명체를 보호해 준다. 또한, 인류는 지구의 자기장을 이용하여 나침반을 개발하였고, 이를 항해용으로 사용하기 시작하면서 대항해시대가 열리게 되었다.

지각과 토양

지구 표면의 약 70%는 바다로 구성되어 있으며 나머지 30%는 육지이다. 지구의 가장 바깥쪽 껍질에 해당하는 부분을 지각이라고 하며, 지각은 육지에 해당하는 대륙지각과 바다 밑의 해양지각으로 구분할 수 있다. 지각을 구성하는 성분의 60%는 이산화 규소(SiO_2)이며 16%가 알루미나(Al_2O_3)이다. 그 외에 마그네슘, 철, 칼슘, 나트륨 등이 산화물의 형태로 섞여 있다. 지각 대부분은 암석의 형태로 존재하지만, 지구의 표면은 오랜 기간 풍화작용을 거쳐 잘게 부서져서 만들어진 토양으로 덮여 있다(그림 3.6).

토양은 식물이 뿌리를 내리고 성장할 수 있는 기반이 되며 다양한 동물들이 서식하는 터전이 된다. 토양은 비, 바람, 태양광 등의 풍화작용을 거쳐 다양한 크기의 입자로 깨어지면서 얻어지는 암석 입자와 화학적 작용으로 생성되는 광물, 생명체의 사체 및 부산물에 의해 생성되는 유기물이 혼합된 형태를 이룬다. 토양 입자 사이에는 공기와 물이 포함되어 있으며 이는 식물이 뿌리를 내릴 수 있도록 한다. 또한, 미생물이 서식하고 있으며 미생물과 식물의 뿌리에서 일어나는 호흡을 통해 발생하는 이산화 탄소는 대기 중으로 확산하고, 대기 중의 산소는 토양으로 확산한다.

토양은 생명의 근원이 된다. 식물생육에 필요한 조건으로는 빛, 산소, 물, 온도, 적당량의 양분 등이 요구되는데, 여기서 빛을 제외한 나머지 요소들은 토양에 크게 의존하기 때문에 모든 식물의 생장은 토양의 상태와

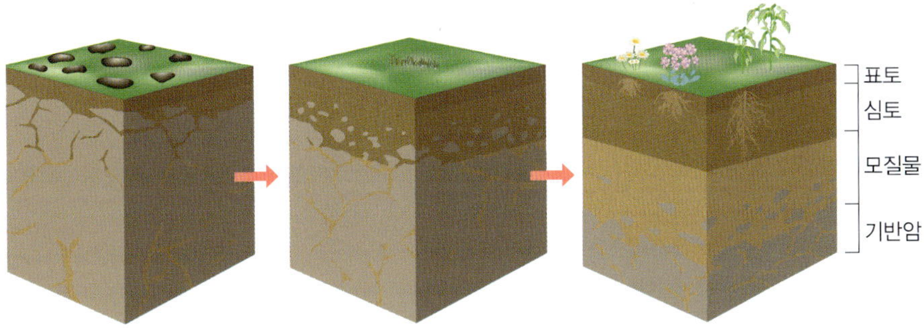

그림 3.6
토양의 생성과정

밀접한 관련이 있다. 식물의 뿌리는 토양 속으로 침투하여 양분과 수분을 흡수하며 생장하므로 토양의 관리는 식량자원의 확보를 위해 매우 중요한 부분이 된다. 또한, 다양한 생명체의 서식을 위한 기반이며 물질 순환의 매개체로서 매우 중요하고 다양한 역할을 한다.

물이나 공기와 달리 유동성을 거의 가지지 않는 토양은 토양 속으로 유입된 오염물질이 토양수나 토양에 포함된 공기 때문에 이동할 수는 있지만 그 범위가 매우 제한적이다. 따라서 폐기물 등과 같은 오염물질이 토양 내에 묻히게 되면 쉽게 드러나지 않으며 겉보기에는 깨끗한 환경으로 오인될 가능성이 있다. 하지만 유해물질에 의해 오염된 토양은 생명체의 서식을 위한 기반으로서의 본래 기능이 훼손되며 낮은 유동성으로 인해 장기간에

표 3.1 지각의 구성요소

성분	용량(%)	성분	용량(%)
산소(O)	46.6	나트륨(Na)	2.8
규소(Si)	27.7	칼륨(K)	2.6
알루미늄(Al)	8.1	마그네슘(Mg)	2.1
철(Fe)	5.0	기타	1.5
칼슘(Ca)	3.6		

걸친 환경오염을 유발하고, 지하수 오염과 같은 이차적인 피해도 유발하게 된다. 농작물의 오염과 지하수 등의 수질 환경오염은 생태계는 물론 사람의 건강 및 생활환경에 다양한 악영향을 끼칠 수 있게 된다. 토양의 특성상 오염된 토양은 자정작용을 기대하기 어려우며 정화에 많은 시간과 비용이 동반된다. 특히, 산업 폐기물이나 중금속, 방사성 물질 등과 같은 환경 유해물질에 의한 오염은 더 심각한 악영향을 줄 수 있다. 농약이나 합성 비료의 장기적인 사용에 따른 토양 산성화와 토양으로부터 중요한 영양소나 유기물질 성분이 씻겨져 나가는 토양침식 또한 토양오염에 포함된다. 토양침식은 식물의 경작에 필요한 토양 자체를 줄어들게 하고, 사막화를 가속시키며, 생물 다양성에 악영향을 준다.

그림 3.7
토양오염 및 토양침식
자료: Shutterstock

4장

생명의 근원이 되는 물

물의 특징

물과 생명

물과 환경

지표면의 70%를 덮고 있는 물은 지구상의 모든 생물의 생존에 필수적인 요소이다. 우리 몸의 약 70%는 물로 구성되어 있으며, 성인 기준으로 하루에 2 L 이상의 물을 섭취한다(그림 4.1). 체내의 수분이 5% 정도 부족할 경우 혼수상태에 빠지며, 12% 정도 부족할 때는 사망에 이른다고 한다. 물은 생명의 근원이 되며 지구환경에 있어서 가장 중요한 한 축이다. 이 장에서는 물의 특징과 중요성에 대해서 다루고 있다.

지구 표면의 70%를 차지

성인기준 하루 2 L 이상의 물 섭취

그림 4.1
생명의 근원이 되는 물
자료: Shutterstock

물의 특징

물은 산소 원자 1개와 수소 원자 2개가 공유결합으로 연결된 분자 화합물이다. 산소 원자는 6개의 원자가전자를 가지며 그중에 2개가 공유결합에 참여하여 수소 원자와 결합하게 된다. 결합에 참여하지 않는 4개의 전자는 두 개씩 짝을 이루어 비공유 전자쌍으로 존재한다. 비공유 전자쌍이 공유결합에 참여하는 전자쌍을 밀어내기 때문에 분자구조는 굽어진 형태를 가지는데, 이런 굽어진 형태의 구조로 인해서 강한 극성을 띠게 되며 염화 나트륨과 같은 이온성 화합물들을 잘 녹이는 성질을 가졌지만, 극성을 띠지 않는 물질들과는 잘 섞이지 않는다(그림 4.2).

물은 무색투명하며 0℃ 1기압 조건에서 고체 상태의 얼음이 되며, 100℃

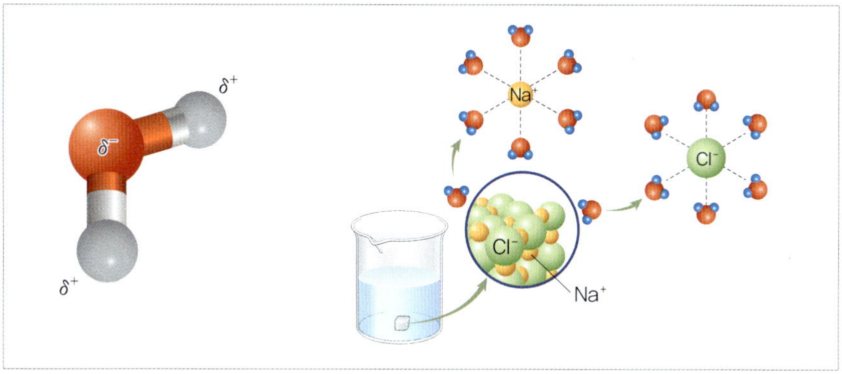

그림 4.2
극성 용매로서의 물

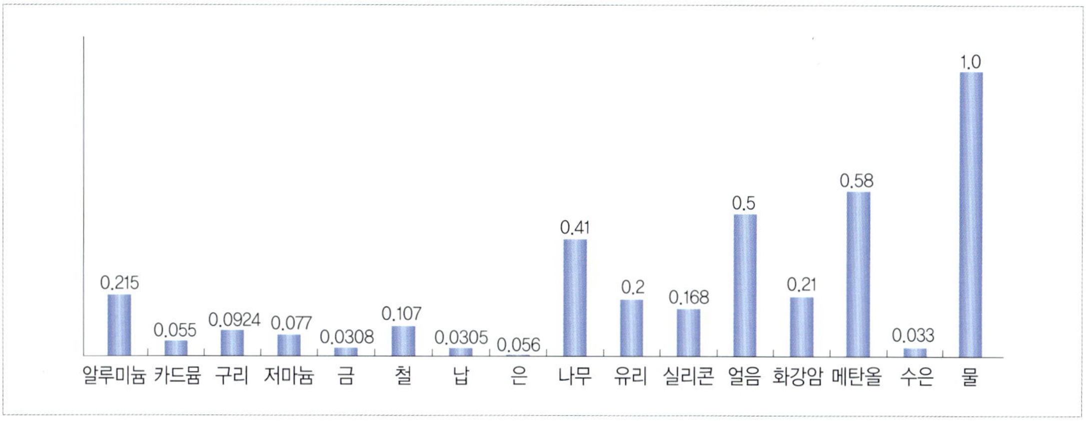

그림 4.3
각종 물질의 비열

에서 기체 상태의 수증기로 변화한다. 산소 원자는 수소 원자의 전자를 강하게 끌어당기는 수소결합을 이루며 온도가 낮을수록 수소결합의 세기는 점점 커지게 된다. 물은 상대적으로 높은 비열을 가지며, 1기압 조건에서 1 g의 물의 온도를 1℃ 높이기 위한 열량은 1 cal로 정의한다. [그림 4.3]을 보면 각종 물질이 가진 비열을 나타내고 있는데, 물의 비열이 매우 크다는 것을 알 수 있다. 또한, 분자량이 비슷한 다른 물질과 비교하여 녹는점, 끓는점, 융해열, 기화열이 큰 특징을 갖는다. 물이 높은 비열을 갖는 이유는 수소결합 때문이다. 온도가 증가하면 물 분자의 진동이 증가하지만, 수소결합이 완벽하게 끊어지지 않는다. 물의 온도가 끓는점에 도달하면 수소

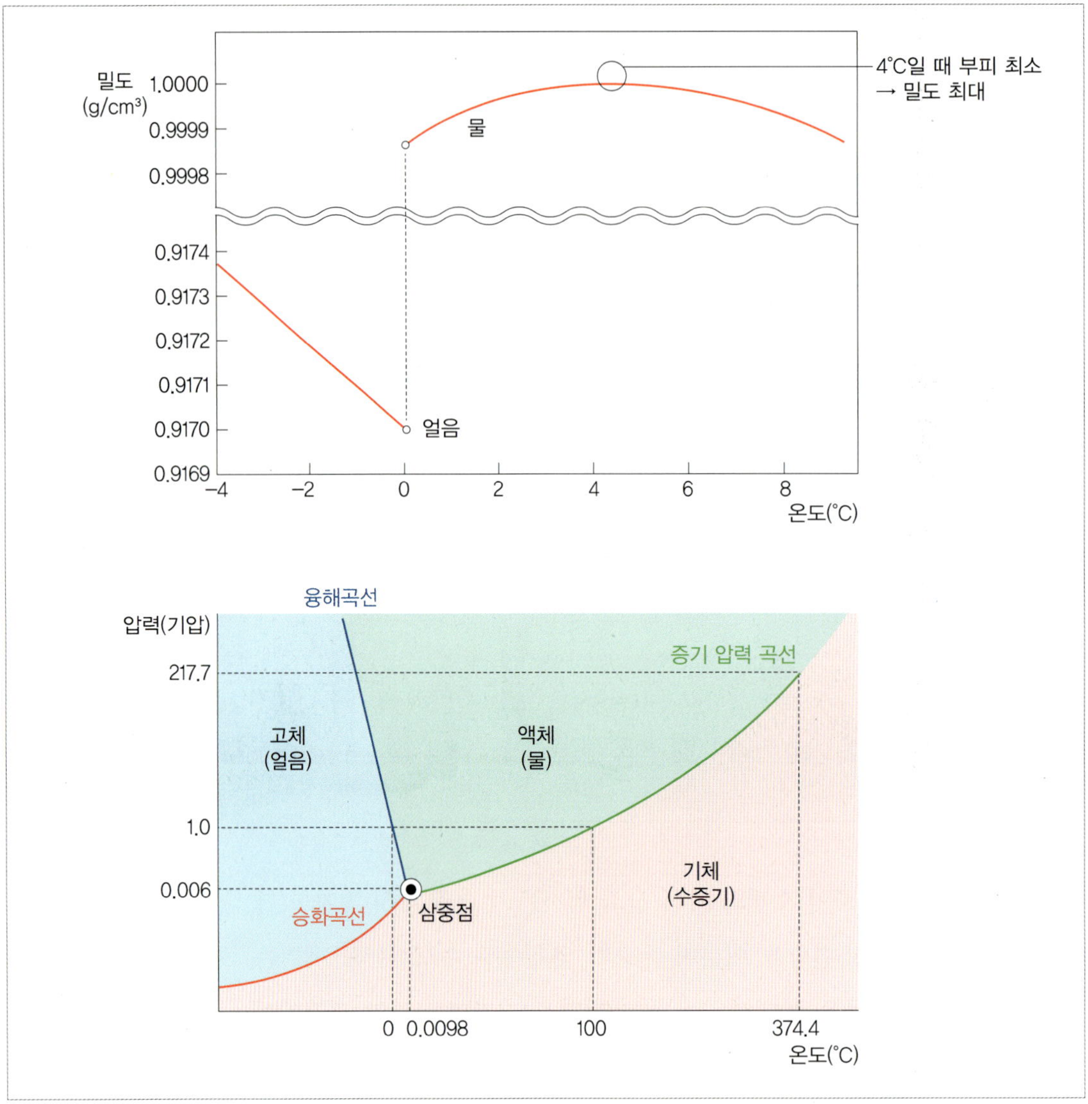

그림 4.4
온도에 따른 물의 밀도변화와 상평형도

결합이 끊어지면서 기체로 증발하게 된다. 특히, 물이 증발하는 과정 동안 필요한 증발 잠열은 540 cal/g으로 매우 큰 값을 갖는데, 이는 수소결합을 끊기 위해 그만큼 많은 양의 에너지가 필요하다는 것을 의미한다. 수소결합은 물의 온도에 따른 밀도변화와도 큰 관련이 있다. 물의 밀도는 4℃에서 최대가 되며 온도가 낮아지면서 밀도도 낮아진다(그림 4.4). 그리고 얼음이 되면 6각형 모양의 수소결합으로 연결된 격자 구조를 이루면서 체적이 증가하는 특징을 가진다. 이러한 이유로 대부분의 물질과는 다르게 얼음이 물에 뜨는 성질을 갖는다.

물과 생명

물은 지구상에서 해수, 빙하 및 만년설, 하천, 호수, 수증기 등의 형태로 분포한다. 지구상에 존재하는 물의 총량은 약 14×10^8 km^3이며, 여기서 97.4%는 염수로 존재하고 담수는 약 2.6%에 불과하다. 담수의 대부분은 빙하나 만년설(1.73%)이 차지하며, 나머지는 지하수(0.79%)로 존재한다. 하

그림 4.5
홍수와 가뭄, 열대우림과 사막
자료: Shutterstock

천, 호수 등의 지표수는 불과 0.0072%에 지나지 않는다. 지표수는 지역별로 큰 편차를 가진다. 밀림이나 열대우림 지역은 강수량이 많으므로 풍부한 지표수를 가지지만, 사막과 같이 물이 귀한 지역도 있다. 또한, 같은 지역이더라도 강수량에 따라 지표수의 양이 크게 변화할 수 있다(그림 4.5).

물은 지구상의 생명체가 서식할 수 있는 환경을 제공해 준다. 원시대기는 태양으로부터 전달되는 유해 자외선을 차단할 수 있는 오존층이 발달하지 않았으며, 해양이 유해 자외선을 피할 수 있는 적절한 환경을 제공하였다. 그러다가 광합성 생물의 등장으로 점차 대기 중의 산소 성분이 늘어나면서 지구환경의 변화에 따라 해양 생물은 점차 육지 생물로 진화하게 되었고 오늘날의 생태계를 이루게 되었다. 이러한 진화의 과정은 발생학적인 측면에서 간접적으로 확인할 수 있다. 얼음은 물보다 밀도가 낮아서 강이나 호수가 얼 때 물의 표면에서부터 얼음이 형성되기 시작한다. 이 때문에 얼음은 호수나 강의 위쪽을 덮게 되고 아래쪽의 물의 온도가 더 내려가지 않도록 유지하는 역할을 한다. 따라서 강이나 호수는 완전히 얼어붙는 경우가 없다. 만약 얼음이 물보다 무거워서 가라앉게 된다면, 해양은 완전히 얼어붙게 되어 생명체가 살 수 없는 환경이 되었을 것이다. 물이 가진 높은 비열과 증발 잠열은 지구의 온도변화를 최소화하여 일교차를 줄여주는 역할을 한다. 물이 없는 달의 경우에는 표면의 온도가 낮에는 1℃까지 올라가지만, 밤에는 −170℃까지 떨어진다는 사실을 고려하면, 지구의 풍부한 물이 갖는 중요성을 이해할 수 있을 것이다.

물은 생명체의 항상성 유지에도 큰 역할을 한다. 물이 가진 높은 비열은 생명체의 체온을 유지하는 데 큰 도움을 주며, 생명체 서식환경의 변화를 억제하는 역할도 수행한다. 식물은 뜨거운 여름에 증산작용을 통해 잎으로부터 물을 증발시키는데, 이 과정에서 물이 가진 큰 증발 잠열은 주변의 온도를 낮추는 역할을 한다. 식물과 마찬가지로 사람도 체온 유지를 위해 땀

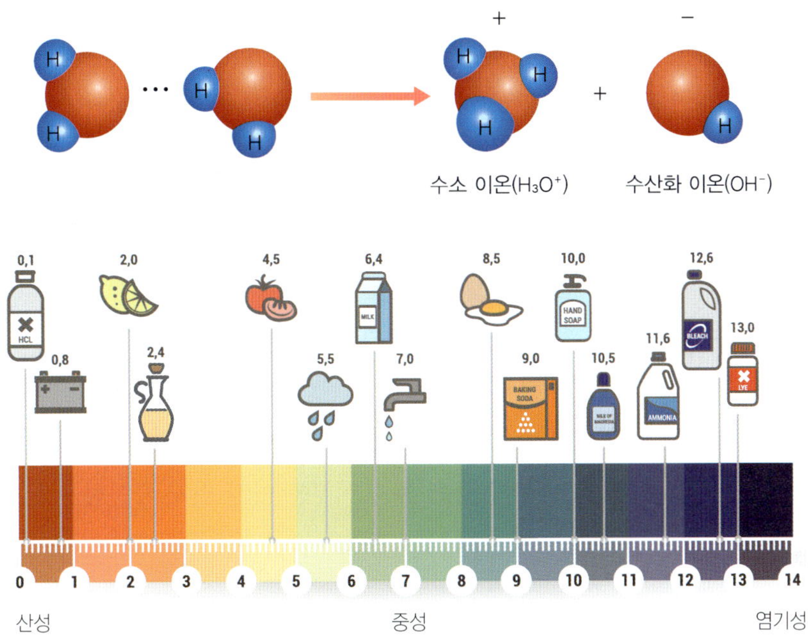

그림 4.6
물의 해리와 pH
자료: Shutterstock

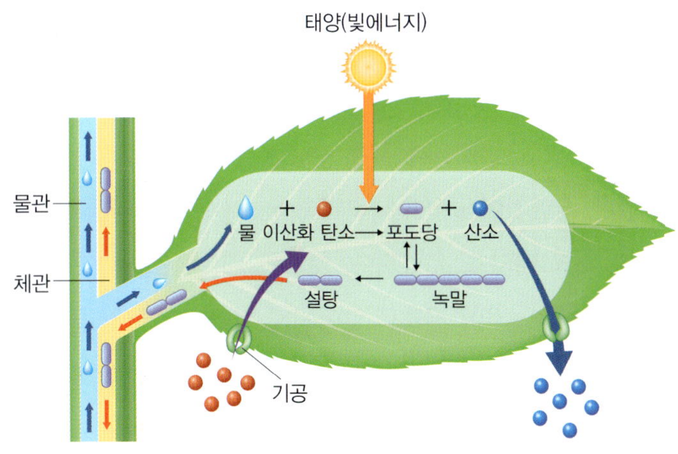

$$\text{이산화 탄소}(6CO_2) + \text{물}(12H_2O) \xrightarrow[\text{녹색식물}]{\text{빛에너지}} \text{포도당}(C_6H_{12}O_6) + \text{산소}(6O_2) + \text{물}(6H_2O)$$

그림 4.7
광합성에 의한 포도당의 생성

으로 수증기를 배출한다.

물은 생명체 내의 다양한 전해질에 대한 용매로 작용하며 다양한 화학반응이 일어나는 매개체가 된다. 또한 수소 이온(H^+)과 수산화 이온(OH^-)으로 이온화가 가능하며 다양한 전해질의 완충작용으로 인해 생명체 내의 H^+의 농도는 항상 일정하게 유지된다(그림 4.6). 물은 광합성과 호흡에 필수적으로 작용하며 식물세포는 태양에너지를 이용한 광분해를 통해 물로부터 산소를 생성함과 동시에 이산화 탄소를 탄수화물로 변환시키고, 이 과정에서 생성된 탄수화물은 모든 생명체가 사용하는 에너지원이 된다(그림 4.7). 이러한 이유로 물은 생명 현상의 가장 기본적인 요소로 작용하며, 외계 생명체를 찾기 위한 탐사 과정에서도 항상 물의 존재 여부를 가장 먼저 확인하게 된다.

물과 환경

인간의 생활에 꼭 필요한 물은 항상 일정하게 존재하는 것은 아니다. 식수로 활용할 수 있는 물은 담수로 한정되며 오염되지 않은 물이어야 한다. 초기 농경사회에서는 인간이 사용하는 물의 대부분은 하천과 호수에 의존하였으며, 강수량이 변화함에 따라 사용 가능한 물의 양도 크게 변화할 수밖에 없었다. 물은 끊임없이 순환한다(그림 4.8). 해수는 태양광을 받아 증발하여 수증기가 되고 대기로 유입된다. 대기는 대류를 통해 이동하며 적절한 조건이 되면 빗물이 되어 지표로 떨어지게 된다. 떨어진 빗물은 땅 위로 흐르면서 일부는 토양에 흡수되어 식물의 생장에 관여하고 호수에 고이거나 하천을 이루어 바다로 되돌아오게 된다. 또한, 빗물의 일부는 토양으로 침투하여 지하수를 형성한다. 그래서 우물을 파서 얻어지는 지하수를 식수와 생활용수로 사용하기도 하였다.

그림 4.8
물의 순환
자료: Shutterstock

증발과 강우 과정이 물의 순환과정의 전체 지표에 골고루 이루어지지는 않는다. 때로는 폭우를 내리기도 하고 때로는 가뭄을 만들기도 한다. 지역에 따라서는 전혀 비가 내리지 않는 지형도 있다. 이는 우리가 사용하고 있는 생활용수와 공업용수들을 오로지 빗물에 의존할 수 없는 이유이기도 하다. 따라서 댐을 만들어서 폭우 때는 물을 가두어 홍수를 억제하고 가뭄을 대비하며 수력발전을 통해 전력을 생산하기도 한다. 생활용수와 식수가 부족한 사막의 경우 해수를 담수로 바꾸는 해수 담수화 설비를 이용하기도 한다(그림 4.9).

고대 문명은 큰 강을 중심으로 형성되었으며 생활을 위한 식수와 농업을 위한 물의 관리가 요구되었다. 로마제국은 안정적인 물의 공급을 위한 노력으로 저수지를 만들기 시작하였고, 상하수도 설비와 대규모 위생시설을 갖춘 것으로 알려져 있다. 또한, 길이 350 km에 달하는 수로를 설치하여 크고 작은 도시의 공중화장실과 공중목욕탕, 분수 등의 설비에 물을 공급하였다. 고대 로마가 인구 100만의 큰 도시로 성장할 수 있었던 것은 이러한 상하수도 설비 없이는 불가능했을 것이다. 물의 부족은 다양한 문제

그림 4.9
수자원 확보를 위한 시설들. 수로, 우물, 해수 담수화 플랜트, 댐
자료: Shutterstock

를 일으킨다. 일부 고대 문명들은 물 부족으로 인해 멸망의 길을 걷는 경우도 있었다. 메소포타미아 문명이나 인더스 문명의 유적들은 이미 사막화되어 있는 지역에서 발견되고 있다. 물 부족으로 인한 가뭄은 식량의 부족과 질병의 유발을 통해 문명의 자연적인 도태를 유발하였을 것이다.

농경사회에서 물의 확보는 식량과 직결되는 문제였으며 도시화가 진행되면서 생활을 위해 필수적인 요소가 되었다. 도시화가 진행될수록 상하수도 설비를 갖추는 것은 무엇보다도 중요하다. 근대적인 도시가 만들어지기 시작하면서 도시지역의 인구는 급증하였고, 물의 공급이 수요를 따라가지 못하는 현상들이 발생하게 되었다. 따라서 도시민들은 강물을 식수로 사용하였는데, 여기에 생활하수와 쓰레기, 분뇨 등이 유입되면서 강물이 급속도로 오염되어 콜레라, 장티푸스와 같은 수인성 전염병들이 유행하면서 엄

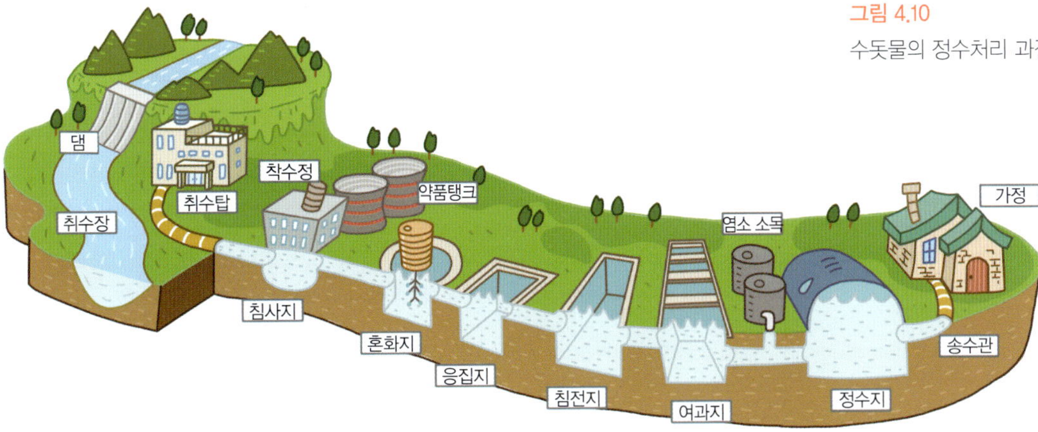

그림 4.10
수돗물의 정수처리 과정

청난 피해를 안겨주기도 하였다. 수인성 전염병에 대한 올바른 인식이 이루어진 후, 19세기에 이르러 대도시는 상하수도 시설을 개선하기 시작하였으며 염소를 이용하여 물을 소독하기 시작하였다. 염소의 강한 살균작용으로 비교적 안전한 수돗물의 공급이 가능하게 되었지만, 염소를 이용한 소독만으로는 독소나 중금속과 같은 유해물질을 완벽히 제거하기가 어려웠기 때문에 취수원이 오염되지 않도록 관리하는 것이 무엇보다도 중요하였다. 현대적인 수도 설비에서는 복잡하고 다양한 정화과정을 거쳐 비교적 안전한 상태의 식수를 공급하기 위해 노력하고 있다(그림 4.10). 하수의 경우 우수와 오수가 분리되도록 하여 별도의 정화과정을 거친 후에 방류할 수 있도록 하고 있다.

산업화가 진행되면서 공업용수로 사용되는 물의 양도 매우 증가하였다. 발전설비의 터빈을 돌리기 위해서는 물이 필요하며, 각종 기계장비를 냉각시키거나 반응을 위한 용제로, 제품의 처리나 세척을 위한 용도로도 많은 양의 물이 필요하다. 특히, 첨단 반도체 산업에서 안정적인 제품의 생산을 위해서는 초순수(ultra pure water, UPW)의 공급이 매우 중요하다(표 4.1, 표 4.2). 전 세계 초순수 제조산업의 규모는 20조 원을 초과하고 있다. 안정적

표 4.1 초순수 시장규모 전망

년도	전 세계	국내
2020	20조 원	1.1조 원
2024	24조 원	1.4조 원

표 4.2 초순수 개념과 적용 분야

	하천수	침전수	저순수	순수	초순수
전기전도도 (µS/cm)	100~1,000	100~1,000	10~100	1~10	0.05~0.1
유기물 (ppm)	15 이상	1~15	1~5	0.1 이하	0.01 이하
적용 분야	-	범용적 공업용수	제품가공용수, 음료수	주사용 증류수, 카메라 렌즈 세정	반도체 웨이퍼 세척

인 상수원의 확보와 효율적인 물 공급체계 없이는 산업 분야의 발전도 어려운 상황이다. 과거 수질오염은 주로 생활하수와 쓰레기, 분뇨 등과 같은 생물학적 요인에 국한되어 있었지만, 다양한 합성품들이 등장하면서 화학적인 요인에 의한 오염도 증가하였고, 산업화와 더불어 수질오염의 원인은 공장폐수, 중금속, 제초제, 살충제 등으로 확장되어 그 심각성이 더해지고 있다.

수질오염의 오염원은 오염물질의 유출경로에 따라 점오염원과 비점오염원으로 구분되는데, 점오염원은 공장, 가정, 분뇨처리장 등과 같이 오염물질의 유출경로가 명확하여 수집이 쉽고 계절에 따른 영향을 적게 받는 특징이 있다. 또한, 연중 발생량을 예측할 수 있기 때문에 배출원의 관리도 쉬운 편이다. 반면, 비점오염원으로 분류되는 대지, 도로, 논, 밭, 대기 중에 포함된 오염물질 등은 오염물질의 유출 및 배출경로가 명확하지 않으며 배출량과 발생량에 대한 정보의 수집이 어렵다. 또한, 바람이나 강수량 등

표 4.3 수질오염의 원인

유출경로	오염 원인
축산농가	축산폐수
농경지	농경배수
농촌 지역	생활하수, 오·폐수
도시 지역	생활하수, 오·폐수
교외 지역	생활하수, 오·폐수
공장	공장폐수
하수처리장	하수처리수

그림 4.11
수질오염과 부영양화
자료: Shutterstock

의 기상조건에 영향을 크게 받기 때문에 저감시설의 설계 및 유지관리가 어려운 특징도 있다. 농약이나 비료의 사용에 따른 오염물질의 배출은 비점오염원에 해당하기 때문에 체계적인 관리가 쉽지 않은 상황이다(표 4.3).

생물학적 요인으로 발생하는 오염물질은 자연계에 존재하는 미생물들에 의해 분해되고 흡수되어 시간이 지남에 따라 감소하게 되는데, 이를 자정작용이라고 한다. 하지만 자연계의 자정작용 한계를 초월하는 양의 오염물질이 한꺼번에 유입되면, 생태계가 파괴되어 자연환경은 피폐화된다(그림 4.11).

생물학적 요인으로 미생물의 영양성분이 될 수 있는 유기물과 염류가 풍부해지는 현상을 부영양화(그림 4.12)라고 하며, 이로 인해 발생하는 대표적인 환경재해의 예가 적조 현상이다. 적조는 영양성분의 과다 유입에 의한 부영양화에 따라 미생물의 수가 급격하게 증가하여 바닷물이 붉은색을 띠게 되는 현상이다. 적조가 발생하게 되면 미생물은 호흡 과정에서 산소를 소비하게 되고, 물에 녹아 있는 용존산소(dissolved oxygen, DO)의 농도가 급격하게 감소함에 따라 아가미로 호흡을 하는 어패류를 포함한 각종 수중 생물들이 폐사하게 된다. 물속에 녹아 있는 산소의 양을 나타내는 용존산소는 수질오염의 정도를 표현하는 대표적인 지표 중 하나이다. 용존산소의 양이 많을수록 그만큼 깨끗한 물이라는 것을 의미한다. 연안에서 발생하는 적조는 양식업에 막대한 악영향을 미치게 되며, 일부 미생물은 유

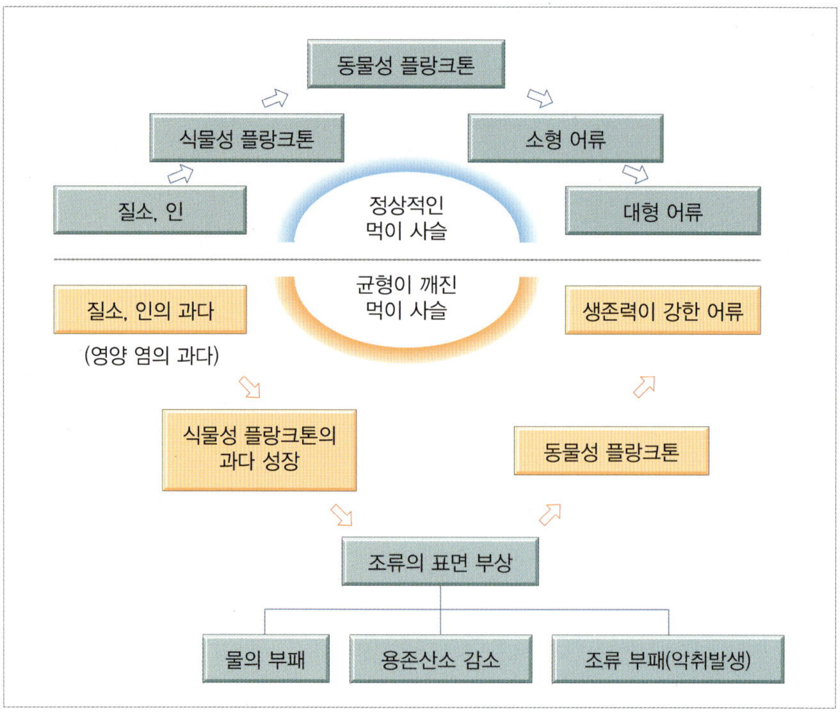

그림 4.12
부영양화 과정

해 독소 성분까지 생산하여 식중독을 유발하기도 한다. 또한, 어패류의 폐사는 또 다른 오염원이 될 수 있으며 환경에 대한 부담을 증가시키게 된다. 최근 국내 하천에서 녹조 현상이 자주 관측되고 있는데, 녹조도 적조와 마찬가지로 하천의 부영양화와 관련이 있다. 녹조 현상은 흐름이 정체된 하천수에서 수온이 상승하는 여름철에 자주 발생하는데, 비료의 사용은 녹조의 발생 촉진하는 역할을 하고 있다.

용존산소와 함께 생물학적 산소요구량(biological oxygen demand, BOD), 화학적 산소요구량(chemical oxygen demand, COD), 총유기탄소량(total organic carbon, TOC) 등이 수질오염의 지표로 사용되고 있으며, 이들의 수치가 높을수록 수질오염이 심한 물이 된다. BOD는 물속에 포함된 유기물을 호기성 세균이 모두 분해하는 데 요구되는 산소의 양을 나타낸다. 하지만 호기성 세균이 분해할 수 없는 난분해성 유기물에 의한 오염은 BOD만으로 구별하기 어려우므로 산화제를 이용한 화학적인 분해에 요구되는 산소량을 나타내는 COD를 사용해야 할 것이다. TOC는 물속에 포함된 유기물의 총량을 나타내는 지표로 BOD와 COD를 총괄하는 값으로 볼 수 있다. 생물학적 요인으로 발생하는 오염은 단기적으로 막대한 피해를 유발할 수 있지만, 미생물의 활동으로 오염물질이 서서히 제거되면서 자연계의 자정작용 범위로 되돌아올 수 있다. 하지만 미생물에 의해서 분해되지 않는 난분해성 합성품으로 인해 발생하는 화학적 오염은 그 위험성이 생물학적 요인으로 인한 오염과는 비교되지 않을 정도로 크다고 할 수 있다. 예를 들어, 세탁에 사용되는 합성세제는 세척력이 뛰어나 널리 사용되고 있지만, 미생물에 의한 분해 속도가 천연세제보다 매우 느리므로 환경에 대한 부담을 가중하게 된다.

국내에서 발생한 대표적인 대규모 수질오염 사건으로는 '낙동강 페놀 오염 사건'이 있다. 낙동강 페놀 오염 사건은 1991년에 구미 공업단지 내의

「페놀 쇼크」… 분노의 현장

1991年3月24日

페놀 맥주

(OB 맥주)

지하수받기 장사진

그림 4.13

낙동강 페놀 오염 관련 신문기사

자료: 동아일보, 1991.3.24.

두산전자에서 페놀 오염수를 정화하지 않고 무단으로 방류하여 발생한 사건이다(그림 4.13). 구미에서 방류된 페놀은 대구 지역의 취수장으로 유입되었고, 염소를 이용한 정수처리 과정에서 클로로페놀로 변하면서 악취를 유발하게 되었다. 취수장에서는 악취의 원인을 제거하기 위해 다량의 염소 소독제를 투입하였지만, 이는 사태를 더욱 악화시키는 계기가 되었다. 페놀로 오염된 강물은 낙동강을 따라, 밀양, 함양, 부산에까지 이르면서 낙동강 수계의 지역 주민들에게 큰 고통을 안겨 주었다. 이 사건을 계기로 수돗물에 대한 불신이 증가하였으며 생수와 정수기에 대한 수요가 급증하는 계기가 되었고, 결과적으로 수돗물을 직접 마시는 사람들의 수가 거의 줄어들게 되었다. 최근에는 낙동강 페놀 방류 사건을 모티브로 한 영화가 제작되기도 하였다.

2020년 7월, 원유를 실은 일본 선적 유조선이 모리셔스 해변에서 좌초되면서 대량의 기름이 유출되는 사건이 발생하였다(그림 4.14). 원유의 유출은 바닷물을 혼탁하게 만들고, 기름 막을 생성하여 용존산소량을 떨어뜨린

그림 4.14
모리셔스 해안 해양 오염
자료: ©IMO/flickr, © Tiguan1229/flickr

그림 4.15
태안 해양 오염사건
자료: 최예용 소장(환경보건 시민센터

다. 이 사건으로 모리셔스 해변의 해양 생태계는 엄청난 손상을 받게 되었다. 원유 유출로 의한 사고는 원상복구를 위해서 수십에서 수백 년의 기간이 소요될 정도로 막대한 피해를 주게 된다.

국내에서는 2007년 태안 앞바다에서 홍콩 선적의 유조선과 삼성중공업 소속의 크레인선이 충돌하면서 약 7만 9천 배럴의 원유가 유출되는 사건이 있었다(그림 4.15). 이 사건으로 인한 원유 유출은 전라남도에서 제주도에 이르기까지 우리나라의 광범위한 지역에 피해를 안겨 주었다. 사건발생 후

피해 복구를 위해서 200만 명 이상의 자원봉사 인력이 태안지역을 방문하여 기름을 제거하기 위해 노력한 결과, 세계에서 유례를 볼 수 없을 정도의 빠른 기간에 기름 유출 사고를 수습할 수 있었는데, 이는 세계적인 모범사례로 꼽히기도 한다.

5장

대기와 환경

대기와 생명

산업화에 따른 대기오염

오존층

화석연료의 사용과 지구온난화

지구는 풍부한 대기로 둘러싸여 있다. 대기의 주요 성분은 질소와 산소이며 이산화 탄소와 수증기 등이 포함되어 있다. 대기 중의 기체 성분들은 생명체의 활동이나 기상 현상의 영향으로 끊임없이 순환하며 일정한 농도를 유지하게 된다. 대기는 생명 현상에 있어서 필수적인 요소로서 안정한 대기 환경의 유지는 더없이 중요하다. 이 장에서는 대기 환경의 중요성에 대해 다루고 있다.

대기와 생명

지구의 주위를 둘러싸고 있는 기체층을 대기라고 한다(그림 5.1). 지구의 대기층은 고도 약 1,000 km까지 분포하며 지표에서부터 대류권, 성층권, 중

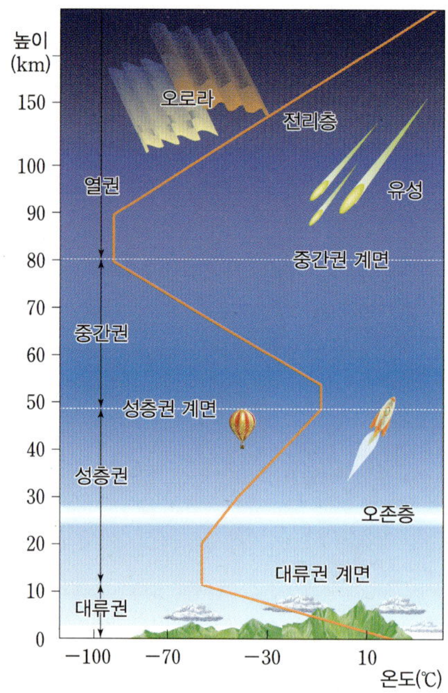

그림 5.1
대기권의 구조

표 5.1 대기의 조성

성분	용량(%)	성분	용량(%)
질소(N_2)	78.084	헬륨(He)	0.00524
산소(O_2)	20.946	크립톤(Kr)	0.0000144
아르곤(Ar)	0.942	크세논(Xe)	미량
이산화 탄소(CO_2)	0.032	오존(O_3)	미량
네온(Ne)	0.001818	과산화 수소(H_2O_2)	미량

간권, 열권으로 구분된다. 대기의 주요 성분은 질소와 산소이며 이산화 탄소와 수증기를 포함하고 있으며 그 외 헬륨, 아르곤과 같은 비활성 가스가 미량 포함되어 있다(표 5.1). 대기는 기체가 지구의 중력에 의해 붙들려 있는 것으로 고도가 높아질수록 대기의 압력은 감소하며 온도는 내려간다. 고도 6 km에 이르게 되면 대기압은 절반으로 감소하게 된다. 지표면에 가까운 대기는 지구 표면이 흡수한 태양복사에너지를 받아서 데워지며 데워진 공기는 위로 상승하게 된다. 따라서 지구의 대기는 대류를 통해 위에서 아래로 이동하게 되며 수축과 팽창을 반복한다. 이 과정에서 기압의 변화를 동반하며 구름의 생성, 강우, 낙뢰 등의 다양한 기상 현상을 일으키게 된다. 이러한 대류 현상은 대략 고도 11 km까지 나타나게 되며 대류가 일어나는 공기층을 대류권이라고 부른다(그림 5.2).

다음으로 고도 11~50 km의 영역을 성층권이라 부른다. 성층권은 고도가 높아질수록 온도가 증가하며 오존층을 형성하고 있는 영역이다. 오존(O_3)은 태양에서 지구로 유입되는 유해 자외선을 차단하는 중요한 역할을 하는데, 자외선을 흡수하면 산소 원자(O)와 산소(O_2)로 분해된다. 산소는 들뜬 상태의 산소 원자와 반응하면서 다시 오존으로 변환되며 이 과정에서 열을 방출한다. 오존과 산소의 순환과정에서 오존이 흡수한 자외선은 열로 변환되어 성층권의 대기 온도를 높이는 역할을 한다. 이러한 과정을 통해 성층권에 존재하는 오존은 태양광으로부터 유해 자외선을 효율적으로 차

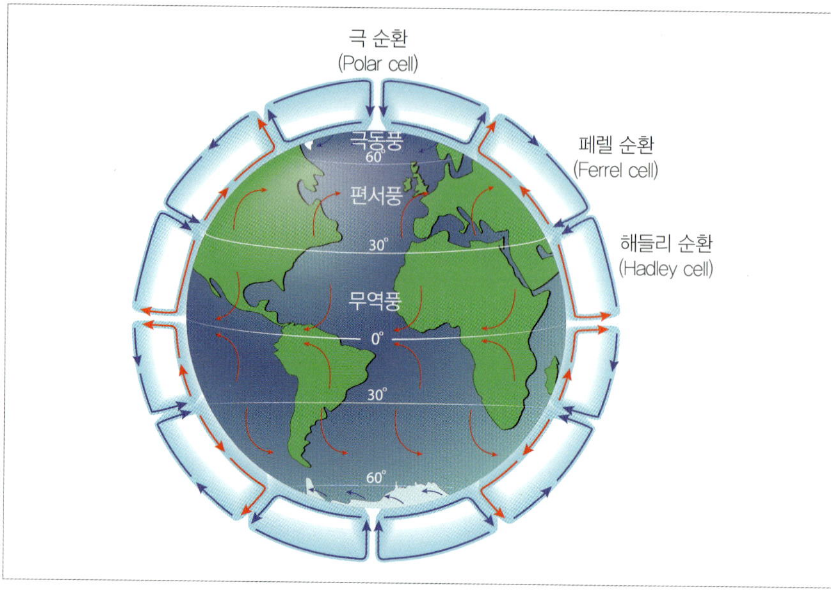

그림 5.2
대기의 순환
자료: Shutterstock

단하여 지구상의 생명체를 보호해 준다.

성층권의 상부에는 차례로 중간권과 열권이 존재한다. 고도가 높아질수록 중간권에서는 온도가 감소하고, 열권에서는 다시 온도가 증가하게 된다. 열권에서는 희박한 기체 분자들이 태양복사에너지를 직접 흡수하게 되므로 태양 활동에 따라 온도가 크게 변화한다. 열권에서 강한 태양복사에너지를 흡수한 대기 분자들은 전리(ionization)되며 양이온과 전자가 혼합된 플라스마 형태를 띠게 된다. 전리층은 태양풍과 같이 외부로부터 유입되는 각종 입자를 차단해 주는 역할을 하며 전파를 반사하여 원거리 통신을 가능케 해준다. 오로라 현상은 태양에서 방출되는 플라스마 입자들이 지구자기장에 끌려 대기로 진입하는 과정으로 열권에서 일어난다.

지구의 대기가 가진 여러 가지 조건들은 생명체가 살 수 있는 최적의 환경을 제공한다. 우선 대기는 태양복사에너지의 유출을 막음으로써 지표면의 온도를 생명체가 살 수 있는 최적 온도로 유지해 주는 역할을 한다. 대기가 없는 달의 경우에는 밤과 낮의 온도 차가 무려 300℃에 이를 정도로 대기가 온도에 미치는 영향은 매우 크다. 대기는 끊임없이 대류를 통해 수증기를 운반하여 내륙에 비를 뿌려 수분을 공급함으로써 생명체가 살 수 있는 기반을 제공한다. 또한, 오존층은 태양으로부터 전달되는 강한 자외선을 막아주며, 열권에서는 태양풍으로부터 방출되는 각종 입자가 대기로

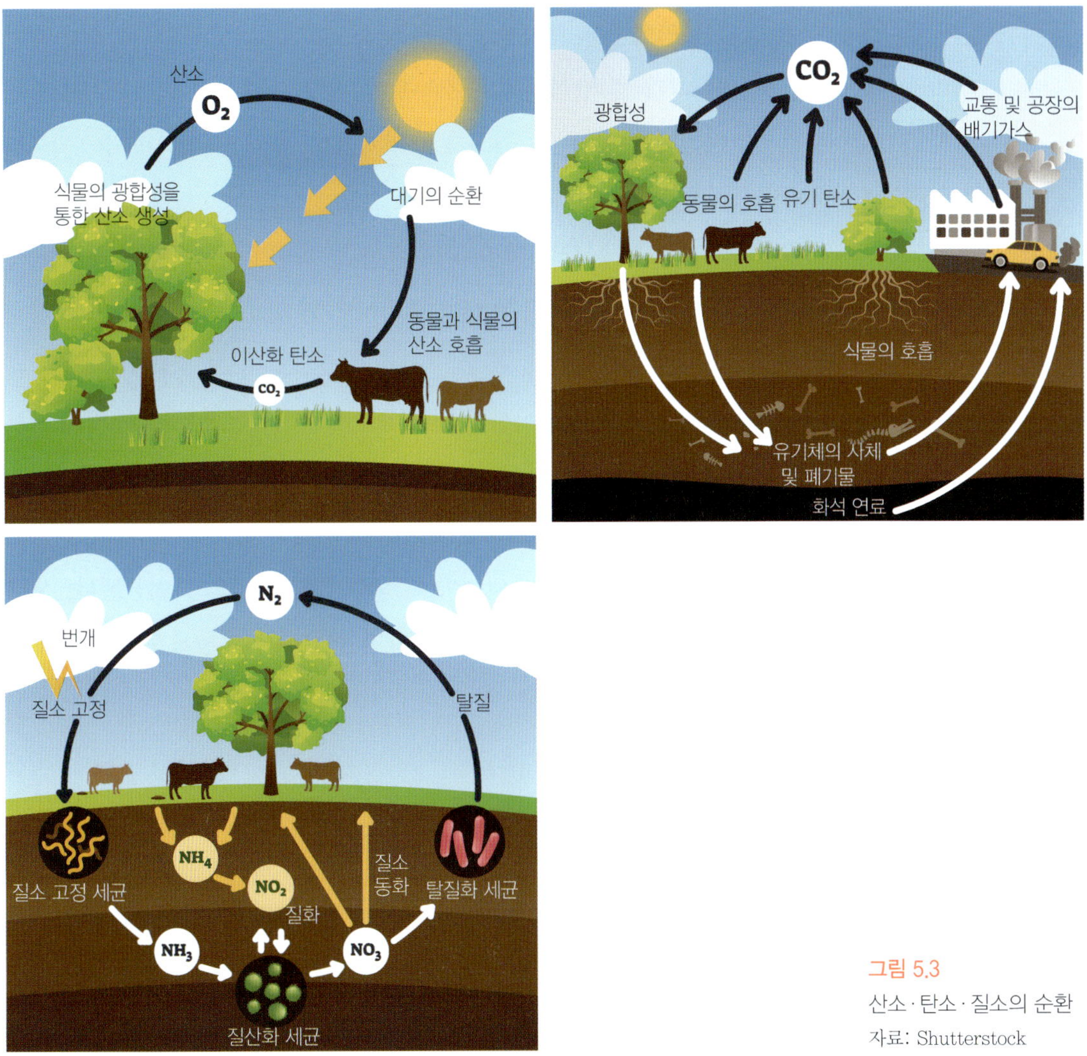

그림 5.3
산소 · 탄소 · 질소의 순환
자료: Shutterstock

유입되었을 때 소멸한다. 만일 오존층이 존재하지 않는다면, 태양으로부터 발생한 강한 자외선이 지구의 지표로 그대로 도달하게 되어 생명체가 생존하기 어려운 환경이 될 것이다. 오존층은 대기 중의 산소에 의해서 만들어진다. 사실 원시지구는 현재처럼 산소가 풍부한 환경은 아니어서 태양으로부터 도달되는 자외선을 막아줄 수 있는 오존층이 발달하지 않았다. 따라서 원시지구의 생명체는 자외선을 차단해 줄 수 있는 물속에서 생존하였다. 초기의 생명체들은 광합성 능력을 갖추고 있지 않았지만, 광합성 세균이 등장함에 따라 대기 환경의 산소농도가 점차 증가하게 되었고, 이로 인해 오존층이 발달하였다. 그 결과로 생명체가 땅 위에서 생존할 수 있는 환경이 만들어진 것으로 여겨진다.

대기 중의 산소와 이산화 탄소, 질소는 생명체와의 상호작용을 통해 끊임없이 순환한다(그림 5.3). 식물은 대기 중의 이산화 탄소를 이용하여 광합성을 하고 산소를 배출한다. 반면, 동물은 산소를 호흡하여 그 결과로 이산화 탄소를 배출한다. 대기 중의 이산화 탄소와 산소는 각각 생명 현상을 유지하는 데 필요한 성분이며 대기의 성분변화나 오염은 지구상의 모든 생명체에 막대한 영향을 끼칠 수 있다. 또한, 대기 중의 질소 성분은 질소 고정 생물에 의해서 질소화합물로 변환되며 단백질의 구성 성분으로 이용된다. 생명체가 분해되면 질소 성분은 기체 질소로 변환되어 대기 중으로 방출된다.

산업화에 따른 대기오염

18세기 영국에서 시작된 산업혁명은 중세 봉건주의 사회에서 자유주의 경제 체제로의 전환이 시작되는 계기가 되었다. 제임스 와트(James Watt, 1736~1819)가 개발한 증기기관을 비롯하여 다양한 기계 장치들이 개발되었

그림 5.4
석탄과 증기기관
자료: Shutterstock

으며 공산품들을 대량 생산할 수 있게 되었다(그림 5.4). 목탄이나 숯을 대신해서 석탄이 연료로 사용되기 시작하였으며, 철을 제련하는 데도 석탄이 사용되었다. 급속하게 진행된 공업화로 농촌 인구들이 도시로 이동하였고, 이로 인해 도시 인구는 폭발적인 증가세를 보였다. 노동인구가 늘어나면서 공장은 점점 더 활발하게 가동되었으며 도시는 석탄이 타는 연기로 심각한 대기오염이 발생하게 되었다. 이 과정에서 안개와 매연이 합쳐져서 스모그 현상을 일으키게 되었다. 스모그(smog)는 연기(smoke)와 안개(fog)가 합쳐진 합성어로 도시의 발달과 함께 현재까지도 곳곳에서 대기오염으로 인한 스모그가 발생하고 있으며 사람들의 건강을 위협하고 있다.

스모그는 런던형 스모그와 LA형 스모그가 있다. 런던형 스모그는 공장이나 가정에서 석탄을 연소시킬 때 발생하는 매연과 아황산가스 등이 안개와 합쳐지면서 생성된다(그림 5.5). 바람이 불지 않는 조건에서 대기가 정체되면서 기온 역전 현상이 나타나면, 매연이 축적되어 농도가 증가하고 안개와 합쳐지게 된다(그림 5.6). 반면, LA형 스모그는 바람이 적고 태양광선이 강렬한 낮에 많이 발생하며, 자동차 배출가스, 발전소 배출가스 등이 원인으로 작용한다(그림 5.7). LA형 스모그는 질소 산화물이 태양광을 받아 광화학 오염물질을 만들게 되는 과정으로 광화학 스모그라고도 한다.

그림 5.5
1952년 런던의 스모그

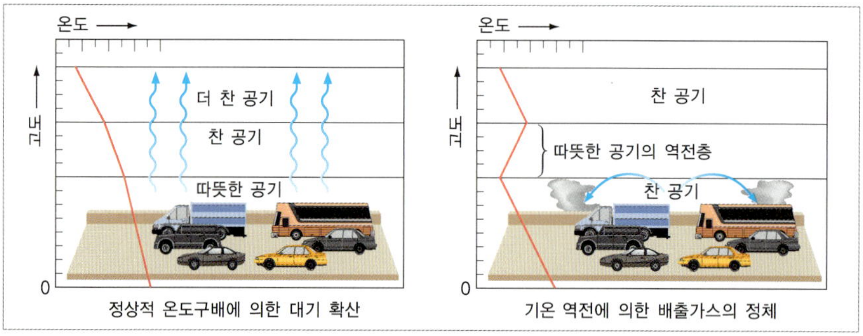

그림 5.6
기온 역전 현상

런던형 스모그는 주로 겨울철에 많이 발생한다. 산업혁명 이후부터 발생한 스모그는 여러 차례 피해를 주었지만, 1952년 겨울에 발생한 런던 스모그 사건은 그중에서도 가장 큰 피해를 주었다. 1952년 12월 4일 런던의 아침 기온은 섭씨 4도 전후로 맑은 날씨를 보였다. 정오 무렵부터 따뜻한 바람이 멈추면서 대기가 정체하였고, 대륙에서 건너온 찬 기운으로 안개가 끼기 시작하였다. 해가 지면서 런던의 수십만 가정에서 난방을 위해 석탄을 사용하였고, 굴뚝에서 엄청난 양의 연기와 아황산가스가 배출되어 안개와 섞이면서 극심한 스모그가 발생하였다. 이로 인해 12월 13일까지 2,800명의 사망자가 발생하였으며 그다음 주에는 1,200명 이상이 사망하였다.

불과 3주 만에 4,000명의 시민이 목숨을 잃은 것이다(그림 5.8). 이후에도 만성 폐 질환으로 사망자는 계속 늘었고, 다음 해 2월 중순까지 약 8,000명의 추가 사망자가 발생하는 대참사를 기록하였다. 사망원인은 기관지염이 압도적으로 많았으며, 폐렴, 인플루엔자 등의 호흡기 질환이 평상시의 다섯 배를 넘는 것으로 조사되었다. 이 사건은 대기오염의 심각성을 전 세계로 알리는 계기가 되었고, 오염물질 배출에 대한 규제가 각국에서 시작되

그림 5.7

LA의 스모그

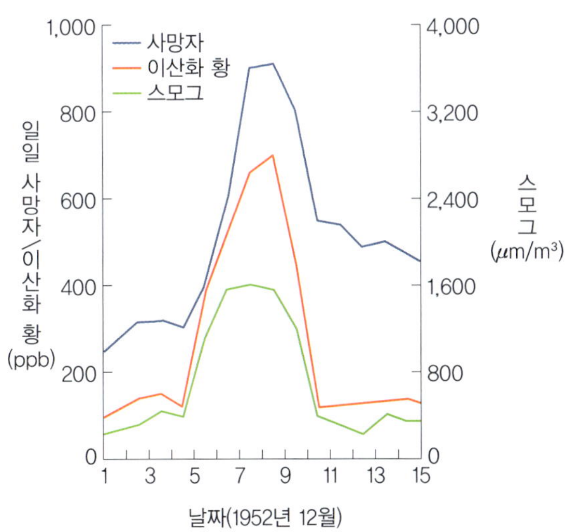

- 1952년 12월 4일~13일간 2,800명 사망
- 1952년 12월 4일부터 3주간 4,000명 사망
- 1953년 2월 중순까지 12,000명 사망
- 폐렴, 인플루엔자 등 호흡기 질환 폭증

그림 5.8

런던 스모그의 피해

었다.

LA형 스모그는 매우 복잡하고 다양한 광화학 반응들에 의해 발생하지만, 자동차나 공장의 배출가스 중에 포함된 질소 산화물(NOx)이 주요 원인이 된다(그림 5.9). 질소는 매우 안정된 화합물이지만 자동차 엔진 내부의 고온 고압 조건에서 산소와 반응하여 질소 산화물을 형성할 수 있다. 질소 산화물 중 일산화 질소(NO)는 강한 태양광 아래서 탄화수소와 반응하여 이산화 질소(NO_2)를 생성한다. 이산화 질소는 빛을 받아 다시 일산화 질소와 산소 원자(O)로 분리되고, 산소 원자는 다시 산소(O_2)와 반응하여 오존(O_3)을 생성한다. 이렇게 광화학반응이 지속되는 동안 이산화 질소와 오존이 축적되고, 작은 크기의 에어로졸과 이산화 질소로 인해 갈색을 띠는 옅은 안개가 생성된다. 오존과 질소 산화물은 대기 중의 휘발성 유기 화합물(volatile organic compounds, VOCs)을 산화시켜 자극성이 높은 알데하이드 화합물이나 질산과산화아세틸(peroxyacetyl nitrate, PAN)과 같은 유해성분을 생성하게 된다. 이러한 유해가스들은 인체의 눈, 코, 목 등의 점막을 자극

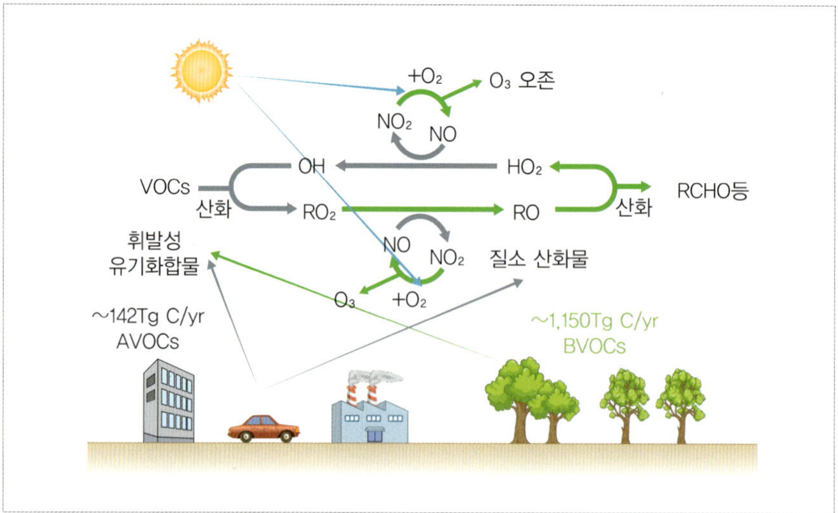

그림 5.9
광화학 스모그에 따른 화학반응

하여 호흡곤란을 발생시키기도 한다. 이산화 질소는 그 자체로도 유해성이 강하지만 물과 만나 아질산(HNO_2)을 생성하고, 오존은 강한 산화제 역할을 하여 아황산 가스(SO_2)를 삼산화 황(SO_3)으로 변화시키면서 산성비의 원인이 된다(그림 5.10). 산성비는 농작물이나 식물에 피해를 주며 토양의 산성화를 유발한다(그림 5.11).

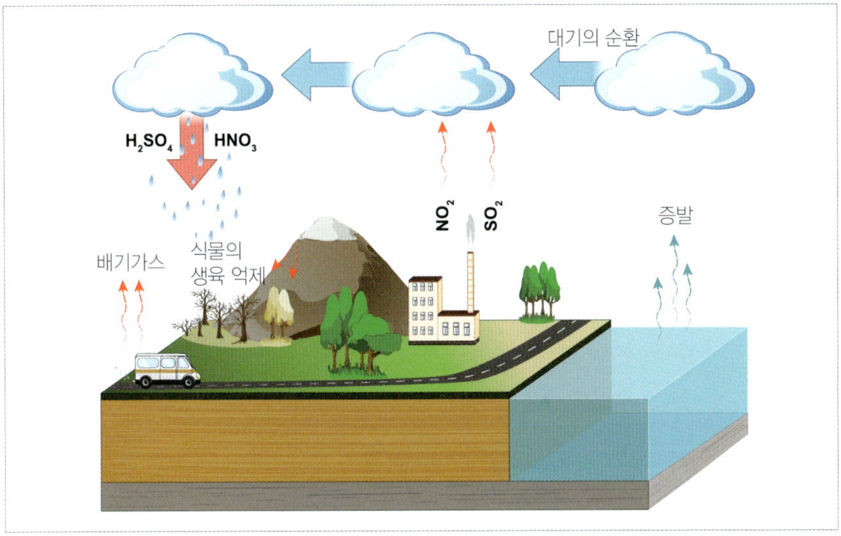

그림 5.10
산성비의 생성
자료: Shutterstock

그림 5.11
산성비로 인한 피해
자료: Shutterstock

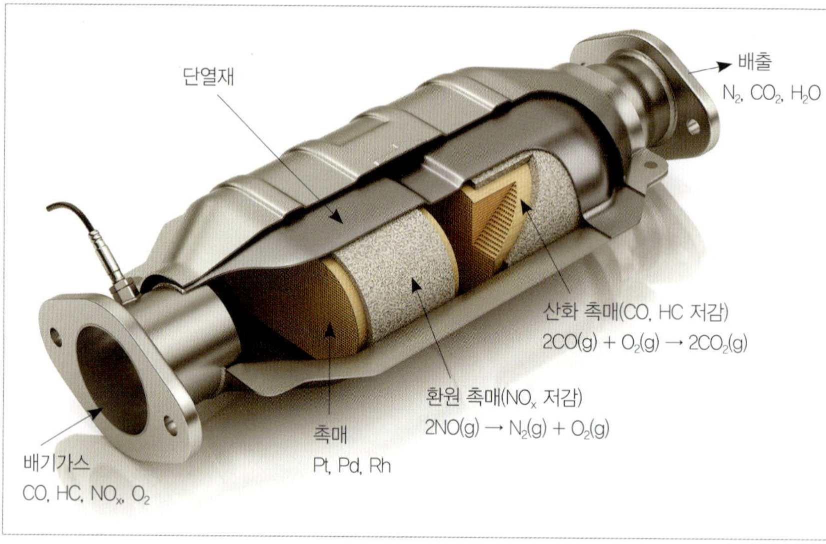

그림 5.12
촉매 변환 장치
자료: Shutterstock

광화학 스모그의 주된 원인은 자동차 배기가스이므로 질소 산화물의 발생을 줄이기 위해 자동차의 배기구에 촉매 변환 장치를 설치하는 것이 의무화되었다. 촉매 변환 장치는 백금(Pt), 팔라듐(Pd), 로듐(Rh)을 이용하여 배기가스에 있는 질소 산화물을 인체에 해가 없는 질소(N_2)와 이산화 탄소(CO_2), 물(H_2O)로 변환시켜주는 장치이다(그림 5.12).

주요 반응식

$$C_xH_y(g) + (x+y/4)O_2(g) \rightarrow xCO_2(g) + (y/2)H_2O(g)$$

$$2CO(g) + O_2(g) \rightarrow 2CO_2(g)$$

$$2NO(g) \rightarrow N_2(g) + O_2(g)$$

최근 들어 미세먼지(particulate matter, PM)에 대한 심각성이 강조되고 있다(그림 5.13). 미세먼지는 입자의 크기에 따라 PM10, PM2.5, PM1.0으로 분류되며, 이는 각각 지름 10, 2.5, 1.0 μm 이하의 입자를 나타낸다. 국내에서는 PM10을 미세먼지로 PM2.5와 PM1.0을 초미세먼지로 분류하고 있다. 미세먼지에 장기간 노출될 경우 면역력이 저하되며 감기, 천식, 기관지염 등의 호흡기 질환을 비롯하여 피부, 안구, 심혈관계 등의 다양한 질병에 노출될 수 있다. 특히, 초미세먼지는 기관지 및 폐 깊숙한 곳까지 침투하여 각종 질환을 유발하기 때문에 세계보건기구(WHO)에서는 미세먼지를 1급 발암물질로 구분하고 있다.

미세먼지의 원인은 사막에서 발생하는 황사와 같은 자연 발생적인 원인도 있지만, 산업화에 의한 스모그가 미세먼지 발생의 주요한 원인으로 지목된다. 미세먼지의 주요 성분은 각종 중금속 이온들이 질산 이온(NO_3^-), 암모늄 이온(NH_4^+), 황산 이온(SO_4^{2-}) 등과 서로 섞여 염을 형성하고 있거나 각종 탄소 화합물을 포함하게 된다. 각종 이온을 포함하는 매연 입자들이 물방울들과 결합하고 수분이 증발하면서 미세입자들이 형성되게 된다. 우리나라의 경우 상당히 많은 양의 미세먼지가 편서풍을 타고 중국으로부터 유입되는 것으로 보고 있다. 특히, 중국, 인도 등의 개발도상국에서는 매년 높은 빈도로 미세먼지에 의한 스모그가 발생하고 있으며 상당한 피해가 관측되고 있다.

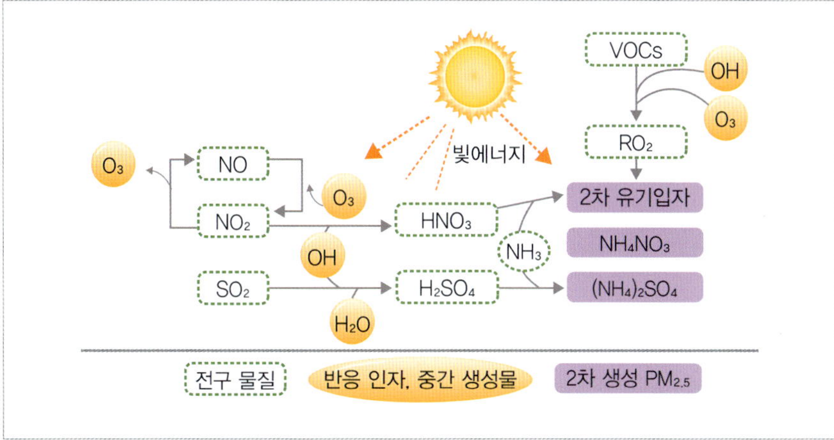

그림 5.13
미세먼지의 생성과정

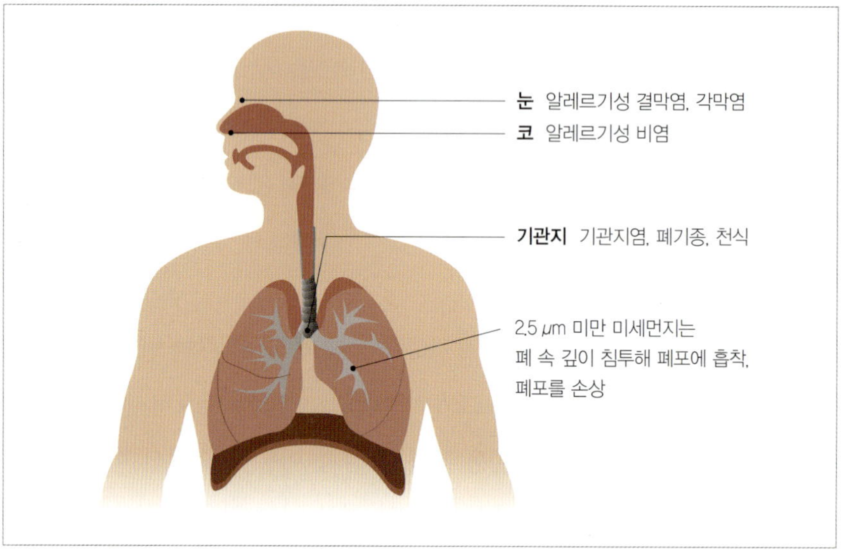

그림 5.14
미세먼지가 인체에 미치는 영향
자료: Shutterstock

봄이 되면 꽃가루로 인한 비염을 호소하는 환자가 증가하는데, 꽃가루 자체보다는 꽃가루와 함께 흡입되는 대기 오염물질이 알레르기의 원인으로 지목되기도 한다. 일본의 경우 전국적으로 꽃가루 알레르기 환자가 많기로 유명한데, 전국 각지에 우거진 삼나무의 꽃가루가 알레르기의 원인으로 지목되고 있다. 하지만 정작 삼림이 우거진 시골 지역보다는 도시지역에서 꽃가루 알레르기 환자가 훨씬 많은 것으로 보고된다. 이는 꽃가루와 함께 흡입되는 대기 오염물질이 알레르기를 유발하며 동시에 꽃가루를 항원으로 인식하게 만들기 때문이다.

표 5.2 미세먼지 상대적 크기 비교

비교	머리카락	미세먼지 PM10	미세먼지 PM2.5
크기	50~70 μm	10 μm	2.5 μm

※ 1 μm(마이크로미터)는 $1/10^6$ m이다.

오존층

오존층은 태양으로부터 유입되는 자외선을 차단하는 매우 중요한 역할을 한다. 만약, 지구의 오존층이 사라진다면 태양광으로부터 엄청난 양의 유해 자외선이 지표로 도달하게 되며 생명체가 살 수 없는 환경이 될 것이다. 오존층에서의 최대 오존농도는 2~8 ppm으로 지표로부터 15~40 km 부근에 위치한다. 한때 오존층의 파괴가 심각한 문제가 된 적이 있다(그림 5.15). 오존층 파괴에 가장 큰 영향을 준 물질은 프레온이라는 상품명으로 잘 알려진 염화 불화 탄소(CFC)이다.

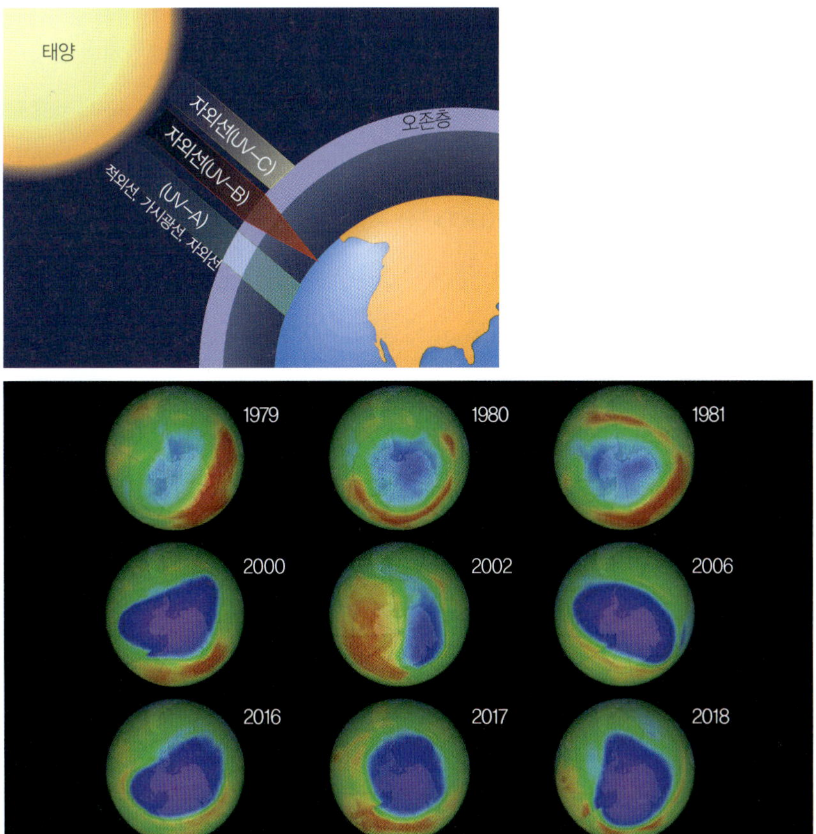

그림 5.15
오존층의 역할과 남극 상공의 연도별 오존농도 변화
자료: Shutterstock, NASA

CFC는 인체에 독성이 없는 불연성 가스로서 탄소에 불소와 염소가 결합한 화합물이다. 에어컨과 냉장고의 냉매로 주로 사용되었으며 반도체 공정의 세정제로도 사용되었다. CFC가 다양한 분야에서 활발히 사용되면서 대기 중으로 누출되기 시작하였고, 성층권으로 올라간 CFC는 강한 자외선에 의해 염소 라디칼(Cl˙)로 광분해되었다. 분해된 염소 라디칼은 오존과 반응하여 산소와 ClO를 생성하고, ClO는 다시 산소 원자와 반응하여 염소 라디칼로 변환되었다(그림 5.16). 이러한 순환과정에서 오존층의 오존농도는 지속해서 감소하였고 결국 극지방에서부터 오존홀이 발생하기 시작하였다.

오존층의 파괴는 생명체의 존립을 위협하는 요인이므로 CFC의 사용을 규제하는 국제협약이 열렸으며 1987년에 '몬트리올의정서'가 채택됨에 따라 선진국들은 1996년부터 CFC의 생산과 수입을 금지하였고, 개발도상국은 1997년부터 CFC의 사용량을 감축하였다. 그 결과 2010년에 국제적으로 CFC의 사용을 금지할 수 있었고, 이에 따라 일부 불소 원자를 수소 원자로 치환한 수소화 염화 불화 탄소(HCFC)를 사용하기 시작하였다. HCFC는 오존층 파괴지수가 CFC보다 1/20 정도로 낮지만, 여전히 오존층을 파괴하는 역할을 하므로 HCFC에 대해서도 규제를 시작하였고, 현재는 대체 냉매로 수소화 불화 탄소(HFC)가 사용되고 있다. CFC의 사용을 감소하면서 오존층은 서서히 회복되고 있으며, 현재의 속도를 고려하면 2050년대에 이르러 오존층은 완벽하게 회복될 수 있을 것으로 기대하고 있다.

그림 5.16
프레온에 의한 오존의 파괴

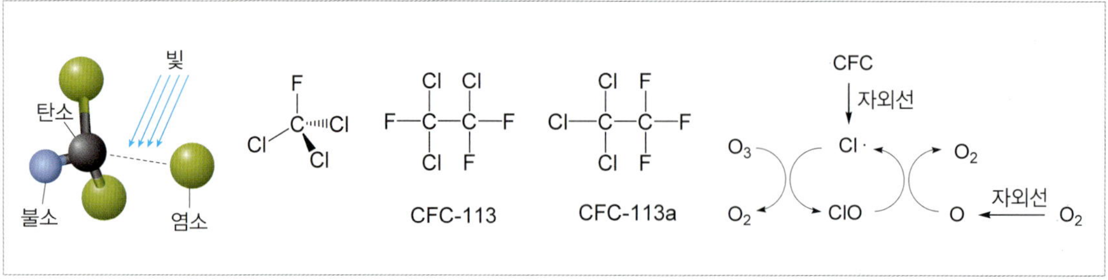

표 5.3 냉매의 규제

종류	냉매명	오존층 파괴지수 (ODP)	온난화 계수 (GWP)	특징
특정 프레온	R11	1.0	3800	– 염소가 오존층 파괴 – 냉장고, 자동차 에어컨 – 1995년 전폐
	R12	1.0	8100	
지정 프레온	R22	0.055	1500	– 몬트리올 2020년 전폐(선진국 기준)
대체 프레온	R134a	0	1300	– 조성이 불안정 – 오존층 파괴는 없음 – 교토의정서에서 온실효과 가스로 지정
	R404A	0	3260	
	R407C	0	1526	
	R410A	0	1725	
자연 냉매	R717 NH3	0	〉1	– 자연계에 존재 – 암모니아, 탄화 수소 – 물, 공기, 이산화 탄소
	R744 CO3	0	1	
	R600a 아이소 뷰테인	0	4	

CFC의 감축은 국제적인 노력으로 환경의 변화를 억제하거나 원상태로 회복할 가능성을 보여준 좋은 예시가 되고 있다. 하지만 최근 개발도상국에서 다이클로로메테인(CH_2Cl_2)이나 클로로포름($CHCl_3$)과 같은 할로젠화 유기 용매들을 대량으로 사용하기 시작하면서 오존층의 회복이 예상보다는 늦어질 것이라는 예측이 보고되고 있다. 또한, CFC의 대체재로 사용되고 있는 HFC는 이산화 탄소의 1,300배에 해당하는 온실효과를 나타내는 물질로 지구온난화를 방지하기 위해서는 새로운 대체재의 개발이 요구되며, 이에 따라 최근 기후변화협약을 통해 HFC의 사용을 규제하기 시작하였다(표 5.3).

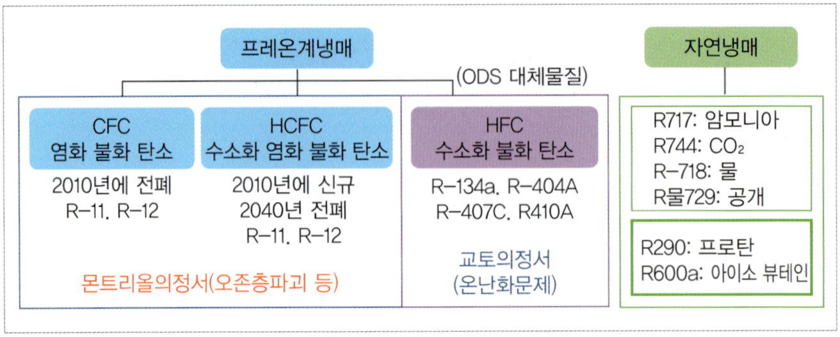

그림 5.17
냉매의 구분

화석연료의 사용과 지구온난화

석탄, 석유, 천연가스와 같은 화석연료의 사용은 지구환경에 엄청난 변화를 유발하였다. 지구의 대기에 포함된 이산화 탄소와 수증기는 태양복사 에너지가 반사되어 외부로 빠져나가는 것을 늦추어 주는 역할을 하며 지구의 환경을 생명체가 살기 좋은 온도 조건으로 만들어주고 있는데, 이를 온실효과라고 한다. 식물은 물과 대기 중의 이산화 탄소를 이용하여 광합성을 진행하며, 탄수화물을 생성 및 저장하고 산소를 배출한다. 생명체의 대부분은 호흡 과정에서 산소를 이용하며 탄수화물을 소모하고 이산화 탄소를 방출한다. 이러한 순환을 통해 대기 중의 이산화 탄소와 산소의 농도는 오랜 기간 일정한 농도의 범위를 유지하며 균형을 이루어 왔다. 하지만 산업혁명 이후 인류가 화석연료를 적극적으로 사용하기 시작하면서 이러한 균형이 급격하게 깨지기 시작하였다(그림 5.18). 특히, 20세기 이후 대기 중의 이산화 탄소 농도는 매우 빠른 증가세를 보여주고 있다(그림 5.19). 이산화 탄소는 온실효과를 유발하는 대표적인 기체 화합물로 지표의 온도를 높이는 역할을 하는 것으로 추정된다. 실제로 지구 표면의 평균기온은 지난 100년 동안 약 0.7℃ 정도 상승한 것으로 보고되고 있다. 물론 지구의 오랜

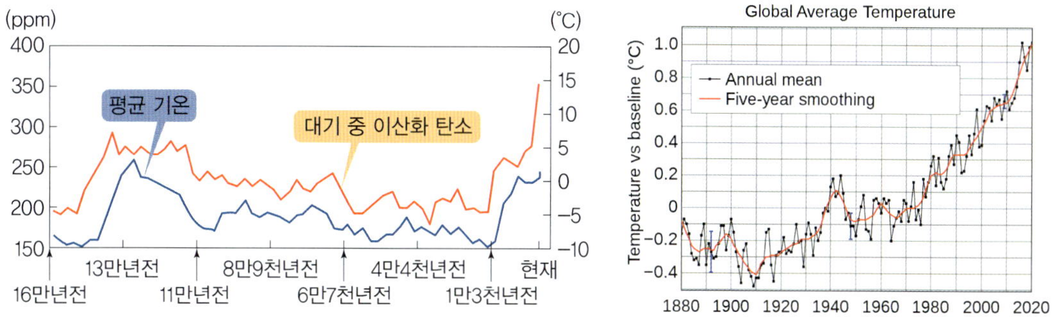

그림 5.18
대기 중 이산화 탄소의 농도변화와 지구의 온도 변화

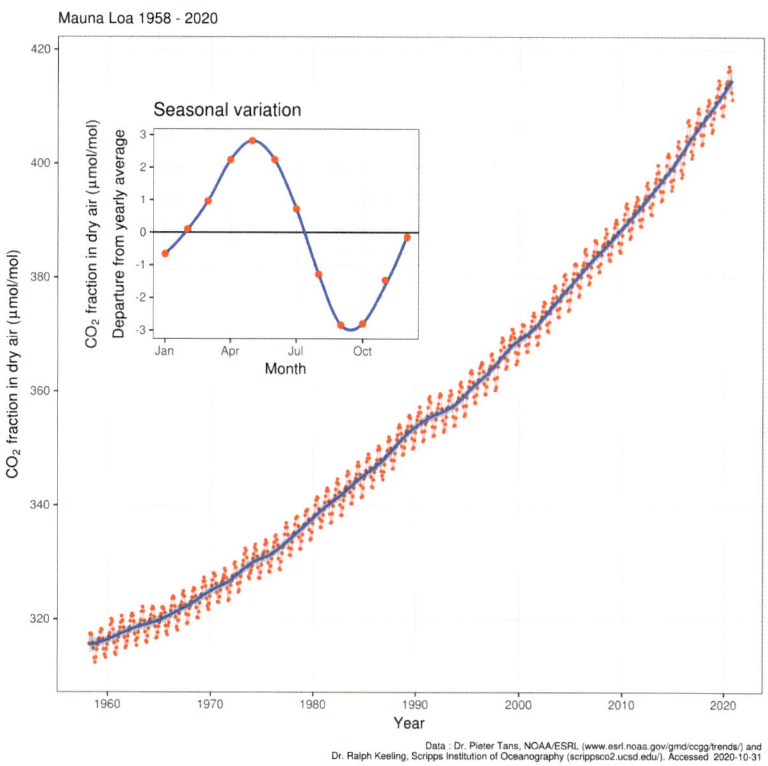

그림 5.19
연도별 이산화 탄소 농도 및 증가율 추이

역사를 살펴보았을 때, 지표면의 평균기온에 지속적인 변화가 이루어지고 있는 것이 확인되었지만, 현재의 변화는 매우 급격하기 때문에 인위적인 요소가 포함된 것으로 볼 수 있다.

2007년, 기후 변화에 관한 정부 간 협의체(Intergovernmental Panel on Climate Change, IPCC)의 보고서에 따르면, 2004년의 이산화 탄소 배출량이 1970년보다 80% 이상 증가한 수치를 나타내고 있다(그림 5.20). 지구온난화는 지구환경에 다양한 영향을 주며, 기온의 상승은 생태계를 변화를 유발한다(그림 5.21). 대한민국은 사계절이 뚜렷한 온대 지역의 기후를 가지고 있지만, 최근의 기후 변화로 인해 아열대에 가까운 기후조건으로 변화하고 있는데, 일부 지역에서는 열대작물들을 재배할 수 있을 정도로 변화하였다. 특히, 한반도 주변의 해양온도는 지구 평균기온의 상승 속도보다 빠르게 상승하고 있으며, 어족 자원의 급격한 변화가 일어나 대구, 명태와 같은 한류성 어족의 어획량이 급속도로 줄어들고 있다. 대기 온도와 해류의 변화에 따라 태풍, 폭우, 폭설, 한파와 같은 이상기후 현상이 전 세계 곳곳에서

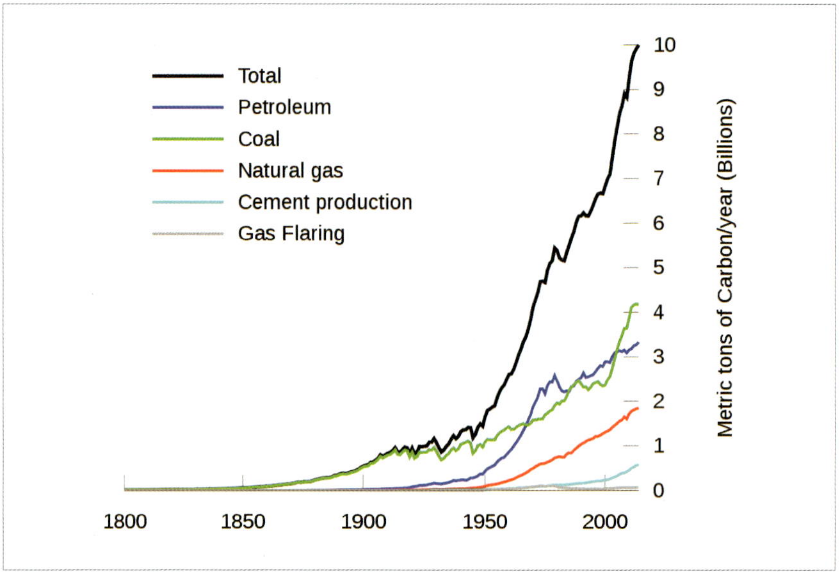

그림 5.20
이산화 탄소의 생성량 추이

그림 5.21
지구온난화의 영향에 따른 이상기후들
자료: Shutterstock

빈번하게 발생하고 있으며 심각한 피해를 안겨주고 있다. 온도의 변화에 따른 해수의 팽창과 그린란드와 남극의 빙하 감소로 인해 해수면이 상승하고 있다. 다양한 예측 모델을 통해 21세기 말에는 현재의 해수면보다 수십 cm 정도 상승할 것으로 예측되었으며, 일부 국가에서는 국토 대부분이 해수면 아래로 내려갈 것을 우려하고 있다.

이산화 탄소의 농도증가는 지구온난화뿐만 아니라 해양 산성화를 발생시키기도 한다(그림 5.22). 이산화 탄소가 해수에 녹아 들어가면서 해수의 pH가 점점 낮아지고, 그 영향으로 탄산염을 녹이게 된다. 이로 인해 산호초와 조개류 등 탄산 칼슘을 골격으로 하는 생명체의 개체가 감소할 수 있으며, 해양 생태계 전반에 큰 영향을 미치게 될 것이다. 이러한 생태계의 변화는 다양한 생물들이 멸종할 가능성을 가진다.

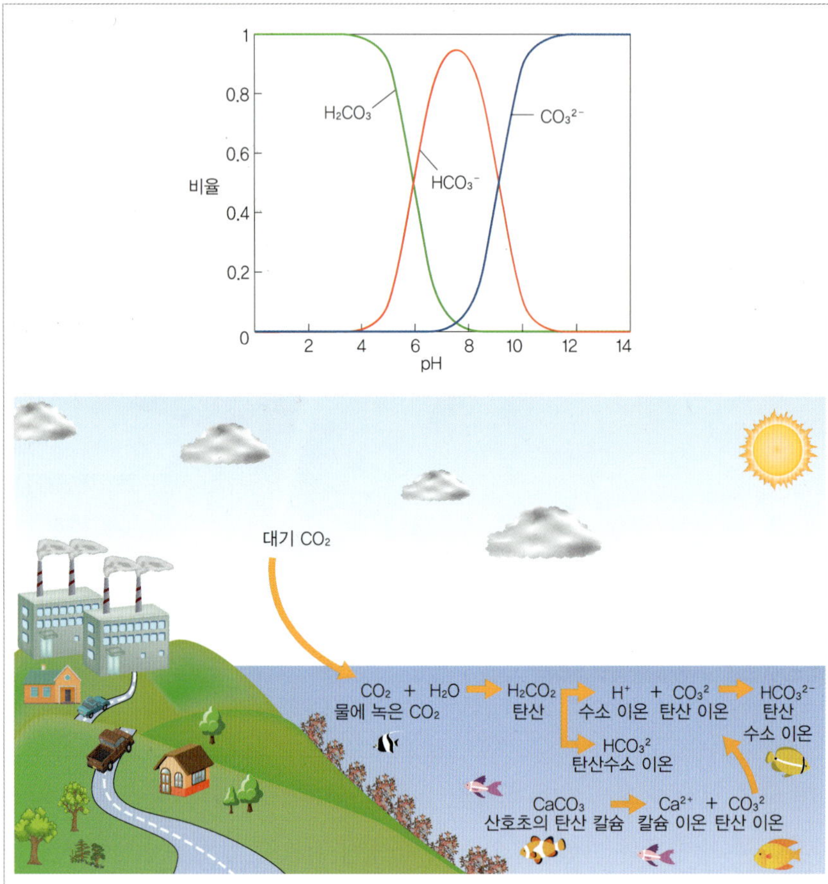

그림 5.22
해양산성화의 개념

표 5.4 지구온난화를 유발하는 기체들

종류	온난화 계수(GWP)	주요 발생원
이산화 탄소(CO_2)	1	산림 벌채, 에너지 사용, 화석연료의 연소 등
메테인(CH_4)	21	가축 사육, 습지, 논, 음식물 쓰레기, 폐기물의 연소 등
아산화 질소(N_2O)	310	석탄, 폐기물의 연소, 화학 비료의 사용 등
수소화 불화 탄소(HFCs)	140~11,700	에어컨 냉매, 스프레이 제품 분사제 등
과불화 탄소(PFCs)	6,500~9,200	반도체 세정제 등
육불화 황(SF_6)	23,900	전기제품과 변압기 등의 절연체 등

표 5.5 기후 변화 관련 국제사회 논의 일지

연도(년)	논의사항
1985	세계기상기구 · 유엔환경계획 첫 기후총회 개최
1992.2	리우환경회의에서 유엔기후변화협약 채택
1997.12	교토의정서 채택, 선진국 온실가스 배출량 감축 합의
2001.7	미국을 배제한 교토의정서 이행규칙에 합의
2010.11	칸쿤 합의 채택, 개도국은 자발적 감축 행동 결의
2011.12	2020년 이후 기후변화체제 협상 개시 합의
2012.12	교토의정서 적용을 2020년까지 연장하는 개정의정서 채택
2013.12	각국, 2020년 이후 기후 변화 대응 기여 방안 제출 합의
2014.12	2015년 합의문 주요 요소 채택, INDC 제출 시기 구체화
2015.11	파리 유엔기구변화협약 당사국 총회
2015.12	파리 기후변화협정 최종 타결, 개도국 등 195개국 참여

표 5.6 기후 정상회의 주요국 온실가스 감축 목표(2030년까지)

국가	미국	한국	일본	EU	영국	중국
목표(%)	50~52	24.4	40~50	55	78	60~65
비교	2005년 대비	2017년 대비	2013년 대비	1990년 대비	1990년 대비	2005년 대비

세계 각국은 이러한 심각한 문제점에 대해 인식하고 있으며 국제기후변화협약을 통해 6개 항목의 온실가스 배출의 감축을 추구하고 있다(표 5.4~5.6). 대표적으로 1997년 채택된 '교토의정서'가 2005년부터 발효되었다. 교토의정서는 선진국을 중심으로 각 회원국의 온실가스 배출량의 기준 연도를 정하고 기준연도보다 낮은 수준으로 배출량을 감축하는 것을 규정하였다. 하지만 온실가스의 감축은 전 세계가 공통으로 노력해야 하는 과제임에도 불구하고 일부 선진국들이 자국 우선주의를 내세워 협약에 가입하지 않거나 탈퇴하면서 온실가스 배출 목표가 제대로 지켜지지 않게 되었다. 이에 2015년 파리기후변화회의를 통해 선진국과 개발도상국 모두가 참여하는 신기후 체제 협상이 타결되었으며 세계 각국은 온실가스 감축 목표

를 새롭게 설정하고 5년 단위로 목표를 상향하는 것에 합의하였다(표 5.7).

세계 각국은 이산화 탄소의 배출량을 줄이기 위해서 풍력, 조력, 태양열 발전과 같은 신재생에너지의 개발에 노력을 기울이고 있으며 전기자동차나 수소자동차와 같은 산업에 적극적인 투자를 진행하고 있다(그림 5.23, 그림 5.24). 세계 각국은 이산화 탄소 배출량의 감축을 위해 내연기관 자동차에 대한 규제를 강화하는 등 환경기준을 상향하고 있으며 탄소배출권을 확보하기 위해 경쟁하고 있다. 하지만 세계 각국의 노력에도 불구하고 현재까지도 화석연료의 사용량이 꾸준하게 증가하고 있기 때문에 전체 이산화 탄소의 양은 지속해서 증가할 수밖에는 없는 실정이다.

표 5.7 교토의정서와 신기후 체제 비교

구분	교토의정서	신기후 체제
범위	온실가스 감축에 초점	감축을 포함한 포괄적 대응 (감축, 적응, 재정 지원, 기술이전, 역량 강화, 투명성)
감축 대상 국가	37개 선진국 및 EU (미국, 일본, 캐나다, 러시아, 뉴질랜드 불참)	선진 · 개도국 모두 포함
감축 목표 설정	하향식(Top-Down)	상향식(Bottom-Up)
적용 시기	1차 공약 기간: 2008~2012년 2차 공약 기간: 2013~2020년	2021년 이후 적용

그림 5.23
신에너지
자료: Shutterstock

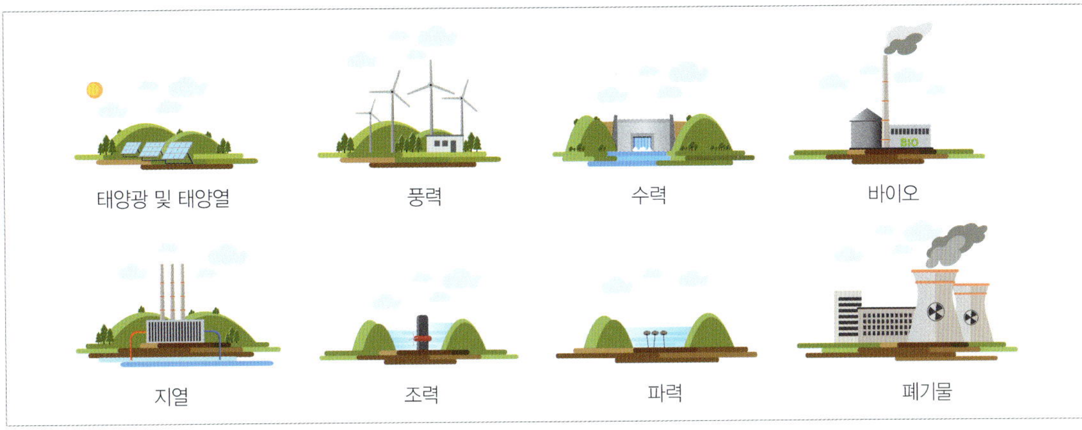

그림 5.24
재생에너지
자료: Shutterstock

이러한 관점에서 탄소 포집 및 저장(carbon capture and storage, CCS)에 관한 기술이 꾸준하게 연구되고 있다(그림 5.25). 이 기술은 화석연료를 사용하는 발전소와 같은 대규모 발생원에서 이산화 탄소를 포집하여 이를 저장하고자 하는 기술이다. 이산화 탄소를 모아서 별도의 공간에 저장하는 방법으로 대기 중의 이산화 탄소의 총량을 감소시킬 수 있으므로 기후 변화

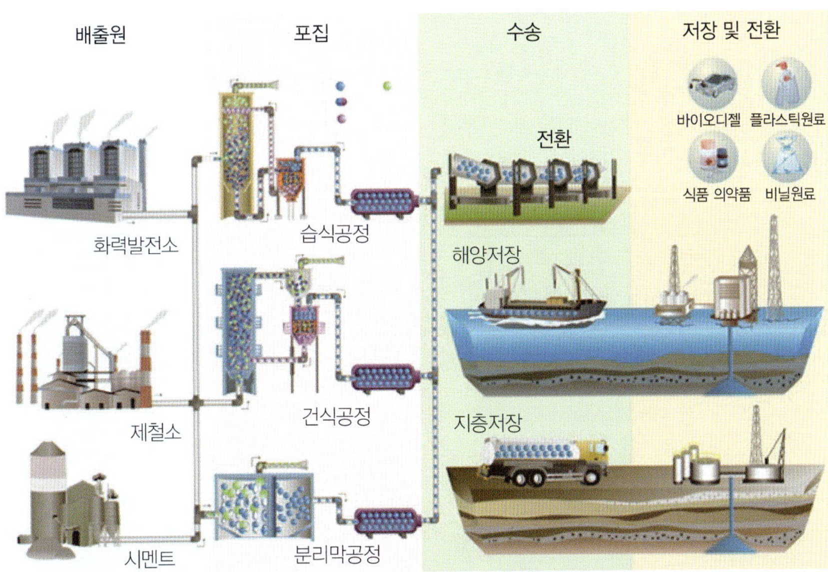

그림 5.25
CCS의 기본 개념
자료: 한국이산화탄소포집및처리연구개발센터, KCRC

에 대한 가장 적극적인 대응 전략이 될 것이다. 하지만 이산화 탄소의 흡착을 위해 사용되는 물질로부터 이산화 탄소를 분리하기 위해 많은 에너지가 필요하고, 이산화 탄소의 저장 기술이 아직 완벽하지 않은 상태이다. 최근에는 대기 중의 이산화 탄소를 유용한 유기 화합물로 변환하고자 하는 연구가 활발하게 진행되고 있다. 이산화 탄소를 산화시켜 일산화 탄소나 알코올과 같은 물질로 변환하여 다양한 유기물질의 합성 원료를 얻는 것이다. 하지만 광화학 또는 전기화학 반응을 통해 얻어지는 각종 생성물에 대한 선택성이 아직 완벽하게 확보되지 않았으며 에너지 효율 또한 상대적으로 낮은 편이어서 더 많은 연구가 필요한 상황이다.

6장

금속 물질의 활용

금속의 발견과 이용
도금
나침반의 발명
금속활자의 개발과 인쇄술
금속 촉매
중금속에 의한 환경오염
금속을 이용한 전지
희토류 금속의 활용

자연계에 존재하는 원소들의 70% 이상은 금속으로 분류된다. 금속은 우리의 일상생활에서 빼놓을 수 없을 정도로 많이 활용된다. 인류의 역사에서 새로운 금속의 사용은 인간의 생활상을 획기적으로 바꾸어 놓는 계기가 되었으며, 여러 단계에 걸쳐 인류는 금속을 이용한 혁신적인 변화를 이루어 내었다. 이 장에서는 금속의 발견과 이용 및 금속의 활용이 인류의 역사에서 획기적인 영향을 준 몇몇 사건들에 대해 다루고 있다.

금속의 발견과 이용

주기율표상의 원소 중 3/4 정도가 금속으로 분류되지만, 자연계에서 순수한 상태로 발견되는 금속은 매우 제한적이다. 금이나 백금의 경우 쉽게 산화되지 않는 특징을 가지며 자연상태에서 순수한 형태로 발견된다. 은과

그림 6.1
금의 활용

납의 경우 산소와 만나면 쉽게 산화되지만, 표면에 산화피막이 형성되면서 내부는 순수한 형태를 유지할 수 있는데 이러한 상태를 부동태라고 한다. 구리의 경우 산화된 형태로 발견이 되지만, 산화 구리를 1,000℃ 정도로 가열하면 순수한 구리로 쉽게 환원된다(그림 6.2). 이러한 금속들은 인류가 가장 먼저 사용해온 것으로 알려진다.

금, 은, 구리와 같은 금속은 순수한 상태에서 강도가 낮고 쉽게 변형되는 특징을 가진다. 무르고 잘 펴지는 성질이 있어서 비교적 가공이 쉬운 금은 자연상태에서 산화되지 않아 광택을 유지할 수 있어 주로 장신구나 장식의 용도로 쓰였지만, 내구성이 요구되는 재료로 사용되기는 어려웠다. 금은 열과 전기에 대한 전도도가 매우 뛰어나기 때문에 반도체 소자를 연결하는 회로의 구성을 위해 사용되는 중요한 재료이기도 하다. 구리 광석은 다른 금속과 섞여 있는 합금의 형태로 발견되는 경우가 많은데, 그중에 주석이 소량 함유된 구리는 단단하며 쉽게 부식이 되지 않는 특징을 지녔다. 주석이 혼합된 구리의 경우 녹색을 띠는 산화피막을 형성하기 때문에 청동이라고 불리며 고대 청동기 문명을 이끌었다. 비록 청동기가 순수한 구리에 비

자연상태의 구리 광물　　1,000℃ 이상 가열한 구리　　구리의 활용

그림 6.2
자연상태의 구리와 구리의 활용
자료: Shutterstock, 국립중앙박물관

해 단단한 특성을 가지지만, 구리 광석의 양이 많지 않았으며 구리의 가공이 쉽지 않았기 때문에 청동기가 대중화되지는 않았고 일부 귀족들이 사용하는 장신구나 도구들로 가공이 되었다. 따라서 청동기시대에 사용된 농기구들은 여전히 돌로 만들어졌다. 구리는 전도성이 뛰어나면서도 가공성이 우수하여 현대에는 전선으로 주로 활용되고 있으며 산업 전반에서 매우 중요한 역할을 차지하고 있다.

다음으로 철은 지구상에서 가장 많이 존재하는 원소이며 지표면에서 두 번째로 많은 금속 원소이지만, 대부분 산화 철의 형태로 존재하기 때문에 그 자체를 이용하여 도구를 만들 수는 없었다. 산화 철로부터 순수한 철을 얻기 위해서는 환원의 과정을 거쳐야 한다. 철을 환원하기 위해서는 높은 온도와 불을 잘 다룰 수 있는 능력이 요구된다. 이러한 이유로 인류가 철을 사용한 시점이 청동기보다 훨씬 늦어진 것이다. 철기는 청동기보다 매우 단단하지만, 상대적으로 부식이 쉽게 진행되어 산화 철로 변화된다. 따라서 고대 문명의 다양한 유물 중에서 철제 유물들이 온전한 상태로 발굴되기는 매우 어렵다.

광석으로부터 산소를 제거하고 순수한 금속을 얻는 과정을 제련이라고 하는데, 〈그림 6.3〉과 같이 철광석으로부터 순수한 철을 얻기 위해서는 목탄이나 코크스와 같은 탄소를 환원제로 사용한다. 3,000℃ 이상의 높은 온도의 용광로 내에서 탄소는 산소와 반응하여 일산화 탄소를 생성한다. 일산화 탄소는 산화 철과 반응하여 용융된 철(쇳물)과 이산화 탄소를 생성한다. 이렇게 용광로에서 얻어진 철은 탄소를 다량 포함하게 되는데, 탄소의 함량에 따라서 철의 성질이 변화된다. 탄소가 많이 포함된 철은 단단하지만 부러지기 쉬운 특징을 가지며, 탄소 함량이 낮은 철은 가공성이 뛰어난 특성을 가진다. 또한, 철에 크롬, 니켈, 몰리브덴 등을 적절히 혼합하여 합금을 만들게 되면 쉽게 녹이 슬지 않는 스테인리스강이 얻어진다(그림 6.4).

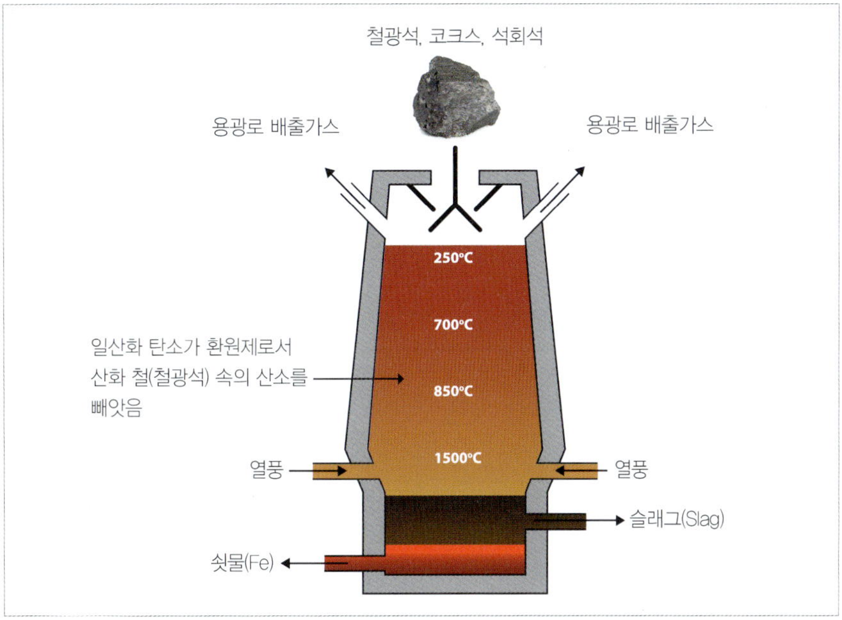

그림 6.3
철의 제련
자료: Shutterstock

코크스와 산소의 반응: $2C + O_2 \rightarrow 2CO$
철광석과 일산화 탄소의 반응: $Fe_2O_3 + 3CO \rightarrow 2Fe + 3CO_2$
슬래그의 형성: $CaCO_3 \rightarrow CaO + CO_2$, $CaO + SiO_2 \rightarrow CaSiO_3$

그림 6.4
쉽게 녹슬지 않는 스테인리스강
자료: Shutterstock

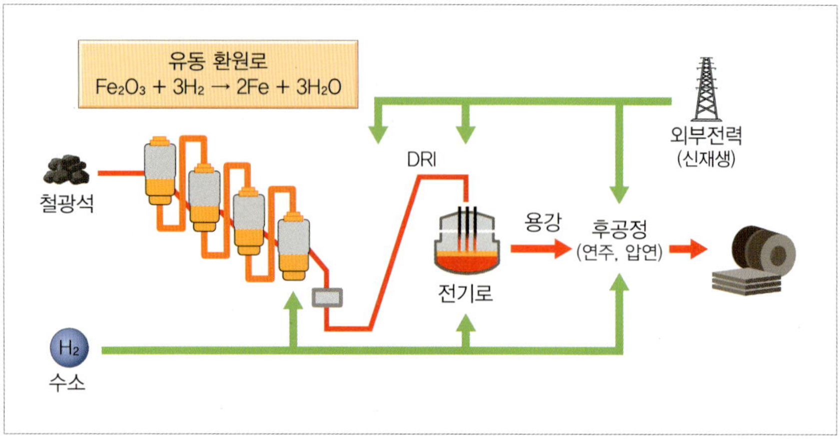

그림 6.5
수소환원제철의 개념
자료: POSCO

철은 현대 산업에서 가장 중요한 물질 중의 하나로 자동차, 항공, 조선, 건축 등 모든 분야에 필요한 재료이다. 따라서 철강산업은 국가 기간산업의 가장 중요한 축을 담당하고 있다. 하지만 철의 제련과정에서 많은 양의 이산화 탄소가 생성되므로 철강산업은 지구온난화와 밀접한 관련이 있는 산업으로 분류된다. 최근 철의 제련과정에서 탄소 대신에 수소를 사용하고자 하는 노력이 활발하게 진행되고 있다. 수소를 사용하면 제련과정에서 물이 생성되기 때문에 이산화 탄소의 배출량을 획기적으로 줄일 수 있다(그림 6.5).

은백색의 부드러운 성질을 가진 알루미늄(Al)은 비교적 최근에 사용되기 시작한 금속이다. 알루미늄은 지표면의 약 8%를 차지하는 원소이지만 철과 마찬가지로 대부분 산화 알루미늄(Al_2O_3)의 형태로 존재한다. 순수한 알루미늄은 산소와 쉽게 반응하지만, 산화피막을 형성한 후에는 내부로 산소가 침투하기 어려워 녹이 잘 슬지 않는 특징을 가진다. 알루미늄은 비중이 낮은 경금속에 속하며 다른 금속과 혼합하여 가벼우면서도 단단한 성질을 가진 금속 재료로 가공할 수 있어 항공기의 재료로 사용된다. 자연계의 풍부한 존재비에도 불구하고 열을 이용한 제련이 불가능하며 전기화학적인

그림 6.6
알루미늄 광석과 알루미늄의 활용
자료: Shutterstock

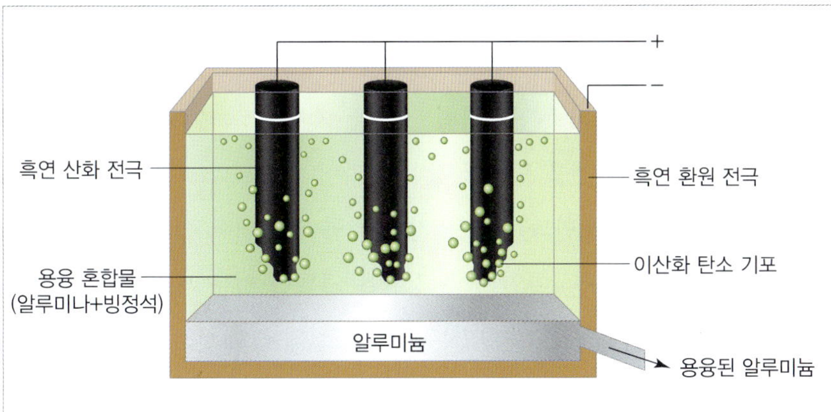

그림 6.7
알루미늄의 제련

방법으로 제련해야 한다(그림 6.7). 즉, 용융상태의 산화 알루미늄을 전기분해하여 순수한 알루미늄을 얻는 것이다. 알루미늄을 본격적으로 사용하게 된 것은 18세기 이후이다. 금속 알루미늄의 생산을 위해서는 용융상태의 산화 알루미늄이 필요하며, 전기분해의 과정을 거쳐야 하므로 같은 무게의 철을 생산할 때보다 15배나 많은 에너지가 요구된다. 하지만 알루미늄은 철보다 훨씬 가벼우면서도 가공이 쉬운 특징 때문에 여러 가지 용도로 활용되고 있으며 철도, 차량, 선박 등의 운송 수단에는 무거운 철을 적용하는 것보다 가벼운 알루미늄을 사용하는 것이 에너지 소모를 줄이는 방법이 될 수 있다.

도금

과학 기술의 발전으로 다양한 금속들이 활용되고 있지만, 그중에서 많은 금속이 공기 중에 쉽게 산화되어 본래의 특성을 잃게 된다. 알루미늄과 같이 일부 금속의 경우 표면에 산화피막이 형성되면서 내부가 보호되는 예도 있지만, 철과 같은 금속은 산화가 진행되면서 박리가 진행되어 결국 전체적으로 산화가 진행된다. 이러한 금속들의 경우 다른 금속을 얇게 입히는 도금이라는 표면처리를 진행하기도 한다. 철판의 녹을 방지하기 위해서 주석을 도금하거나 아연을 도금한 강판이 많이 사용된다(그림 6.8). 주석 도금 강판은 매끄러운 표면과 광택을 가지며 공기 중에서 쉽게 산화되지 않는 특징을 가진다. 반면, 아연 도금 강판은 얼룩이 있는 거친 표면을 가진다. 아연은 철보다 더 쉽게 산화되는 금속으로 철을 대신하여 아연이 먼저 산화되는 희생 방식을 이용하는데, 아연이 남아 있는 동안에 철이 산화되지 않도록 해준다. 이러한 방식을 이용하여 금속으로 만들어진 철로나 선

그림 6.8
주석 도금과 아연 도금 강판
자료: Shutterstock

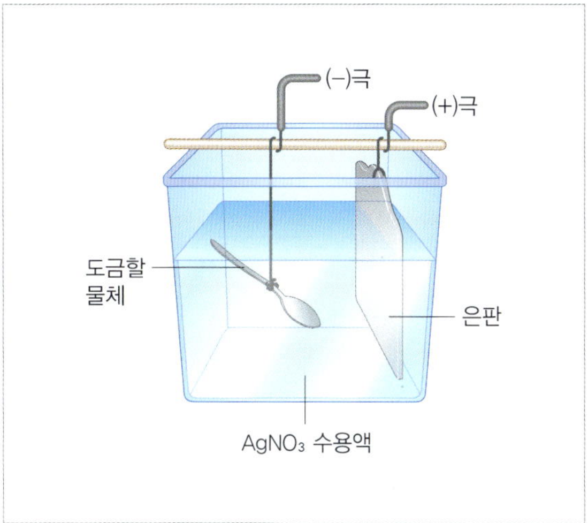

그림 6.9
전기화학적 도금과 수은 아말감 도금으로 만들어진 문화재
자료: 국립중앙박물관

박 등의 일부에 아연을 결합해 두는데 이를 희생 양극이라고 한다.

금속의 산화를 보호하는 목적뿐 아니라 반지, 목걸이, 메달 등과 같이 광택과 심미성을 더하기 위해 금속 표면의 도금을 이용하기도 한다. 금속의 도금을 위해 사용되는 대표적인 방법이 전기화학 도금인데, 이 방법은 〈그림 6.9〉와 같이 금속 이온이 녹아 있는 전해질 용액에 전류를 흘려 강제로 환원시키는 방법이다. 양이온을 띤 금속 이온에 전자를 공급해 줌으로써 환원된 금속이 전극의 표면에 생성되는 것이다. 다른 도금법으로는 용융된 금속을 이용하여 직접 표면에 입히는 방법이 있으며, 금속 이온과 환원제가 포함된 용액에 도금하고자 하는 물질을 넣어주는 화학적인 방법도 있다. 화학적인 방법으로는 아말감을 이용한 도금법이 있다(그림 6.9). 수은과 다른 금속의 합금을 아말감이라고 하는데, 수은에 도금하고자 하는 금속을 녹인 용액을 얻은 다음 도금을 입히고자 하는 물체의 표면에 입힌 후에 가열하게 되면 수은이 증발하고 도금만 남는다. 화학적 도금법의 경우 해로운 수은 증기가 대량으로 발생하기 때문에 현재는 사용되지 않는 방법이다. 전기도금 또는 화학적 도금법의 경우 금속 이온의 용액을 사용하게 된다. 도금법의 활용은 금속 활용의 효율성을 높여주지만, 도금 후에 발생하는 폐액에 유해 중금속이 포함된 경우가 많이 있고, 수질오염을 발생시킬 수 있으므로 환경을 고려하여 안전하게 사용될 수 있도록 노력해야 한다.

나침반의 발명

금속의 대표적인 활용 예로는 나침반이 있다(그림 6.10). 나침반의 발명은 인류 역사에 있어서 매우 중요한 사건 중의 하나이지만, 그 기록이 명확하지 않아서 정확한 역사를 파악하기는 어렵다. 나침반과 관련된 가장 오래된 기록은 중국에서 발견된다(그림 6.11).

인류는 철을 사용하면서 철이 자석에 끌린다는 사실을 발견하였으며, 자화된 바늘을 물에 띄우면 지구의 자기장에 의해 자기 북극과 남극 방향으로 배열되는데 이를 이용하여 풍수지리에 활용하였다. 나침반이 항해에 이용되기 시작한 것은 11세기 송나라 무렵이다. 항해사들은 나침반이 사용되기 전까지 별과 바람을 이용하여 방향과 위치를 판단하였다. 따라서 별을 관측하기 어려운 날씨나 바람이 없는 곳에서는 방향을 판단하기 어려운 문

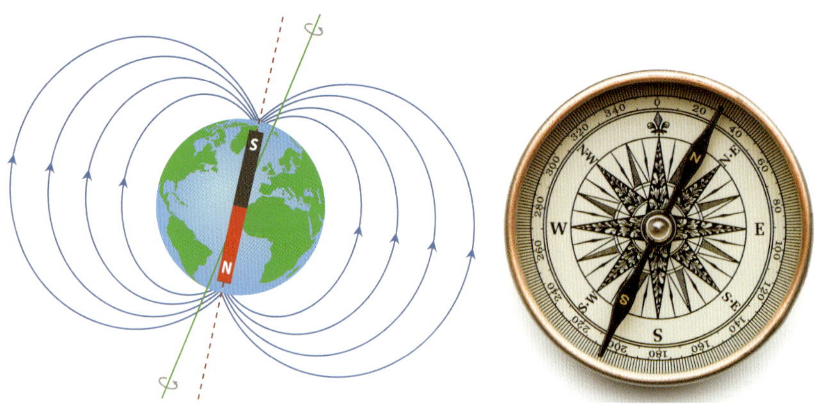

그림 6.10
지구의 자기장과 나침반
자료: Shutterstock

그림 6.11
자철광과 고대 중국의 남쪽을 가리키는 숟가락
자료: Shutterstock

제가 있었다. 나침반을 활용하기 시작하면서 항해사들은 날씨의 영향을 적게 받으면서도 먼 바다까지 항해를 할 수 있게 되었다. 중국의 항해용 나침반은 12세기 무렵 이슬람 상인을 통해 유럽으로 전파된 것으로 알려진다.

나침반의 활용은 대항해시대를 열 수 있게 해주었다. 중국 명나라의 정화함대는 1405년부터 1433년까지 모두 일곱 차례에 걸쳐 남해 원정에 나섰으며, 동남아시아와 인도를 거쳐 동아프리카 해안까지 항해하였다(그림 6.12). 하지만 명나라 정화함대의 원정은 몽골족의 침입 등의 사정으로 인해 항해를 중단하게 된다. 정화함대의 원정 이후 반세기가 지나서 콜럼버스(Christopher Columbus, 1450~1506)의 대항해가 시작되었다. 그는 1492년에 인도로 가는 항로를 찾아 나섰다가 아메리카 대륙을 발견하게 된다. 얼마 후 포르투갈의 바스쿠 다가마(Vasco da Gama, 1460~1524)가 희망봉을 돌아가는 인도항로를 개척하게 된다(그림 6.13). 대항해시대 이전의 유럽인들은 실크로드를 통해 넘어오는 중국의 비단과 도자기를 포함하여 아시아 지역에서 생산되는 향신료 등을 고가에 거래하고 있었다. 인도항로가 개발되면서 실크로드를 대신할 수 있는 무역로가 탄생하게 된 것이다. 유럽의 각국은 인도항로를 통해 많은 양의 향신료를 수입하게 되었으며 동남아시아

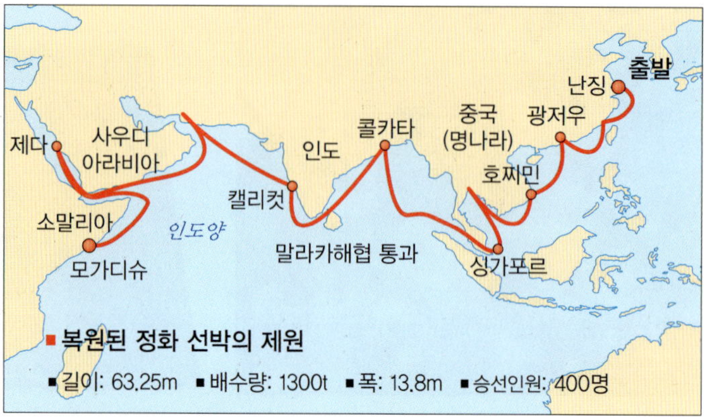

그림 6.12
정화함대의 원정

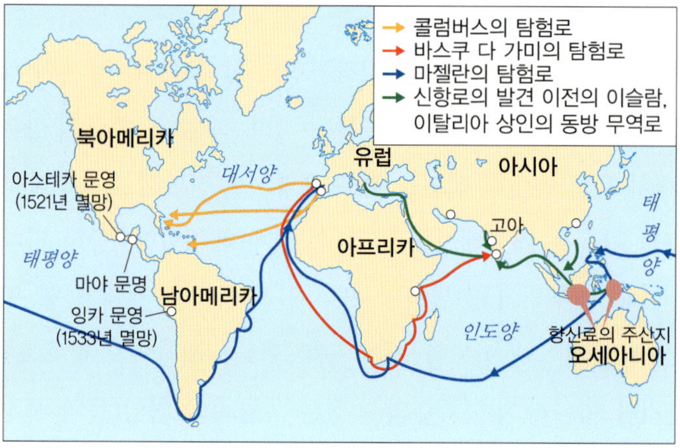

그림 6.13
동서양의 신항로 개척

지역에서 이권을 차지하기 위한 경쟁을 이어가게 된다.

금속활자의 개발과 인쇄술

금속활자의 개발과 인쇄술의 발전은 문명의 성장 속도를 획기적으로 향상시키는 계기가 된 사건이다. 인류 최초의 금속활자는 고려 시대에 개발된 것으로 알려져 있다. 고려 이규보의 문집 동국이상국집에는 1234년에 금속활자를 이용하여 상정고금예문을 인쇄하였다고 기록되어 있지만, 현재까지 인쇄본이 전해지고 있지는 않다. 따라서 가장 오래된 금속활자 인쇄본은 1377년 인쇄된 직지심체요절이다(그림 6.14). 직지심체요절은 청주 흥덕사에서 간행되었으며 현재 프랑스 국립도서관에 소장되어 있다. 구한말 조선에서 반출된 직지심체요절이 금속활자 인쇄본으로 밝혀진 것은 그리 오래되지 않았으며, 이전까지 금속활자를 이용한 인쇄술은 요하네스 구텐베르크(Johannes Gutenberg)에 의해 최초로 개발되었다고 알려져 있었다(그림

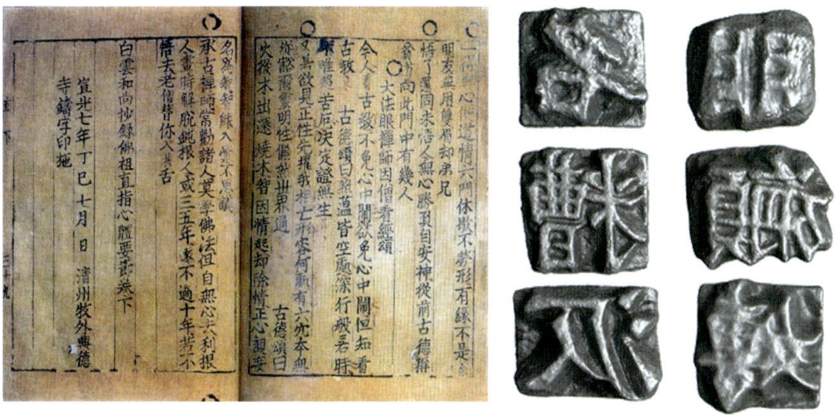

그림 6.14
직지심체요절과 고려 시대의 금속활자
자료: 문화재청

그림 6.15
구텐베르크 성경과 인쇄술
자료: New York Public Library, Wikimedia

6.15).

구텐베르크가 금속활자를 이용한 활판 인쇄술을 개발한 것은 1440년대로, 한반도에서 개발된 금속활자보다 훨씬 늦은 시점이다. 구텐베르크는 활자 제작 재료로 납과 안티몬, 주석의 합금을 사용하여 철로 만든 틀에 부어 주조하는 방식을 고안하였다. 구텐베르크는 1450년경에 포도주를 만들 때 사용하는 압착기를 개조하여 인쇄기를 발명하였으며 구텐베르크 성서를 인쇄하였다. 당시까지 필사본만으로 만들어지던 책들을 대량으로 인쇄할 수 있게 되면서 저렴한 가격으로 책을 구매할 수 있게 되었다. 상류층이 독점해 오던 성경을 중산층이 소유할 수 있게 되면서 글을 배우게 하는 원동력이 되었으며, 이는 지식수준의 향상으로 이어졌다. 이러한 지식수준의 향상은 종교개혁을 촉발하는 힘이 되었으며 프랑스대혁명과 같은 역사적인 사건으로 이어지게 된다.

국내에서는 유럽보다 200년이나 앞선 고려 시대에 이미 금속활자 인쇄술이 개발되었으나 지속적인 발전을 이루지 못하여 목판 인쇄로 회귀하는 결과를 낳게 되었다. 이는 알파벳을 사용하는 서양과 비교하여 한자를 사용하는 동양권은 더욱더 많은 수의 활자가 필요하고, 활자의 주조를 위한 금속의 공급이 원활하지 않았던 것을 이유로 볼 수 있다. 알파벳은 대문자와 소문자를 합하더라도 전체가 52개에 지나지 않고, 숫자와 문장부호를 포함하더라도 80개 내외의 문자로 모든 문장을 표현할 수 있다.

필요한 문자 수가 적은 알파벳의 특징은 타자기의 발명으로 이어진다. 타자기가 발명된 것은 19세기 중반으로 초기의 타자는 시각장애인을 위한 보조 수단으로 활용되었다. 이후 작가나 학자들이 활자체의 인쇄물을 얻기 위해 사용하기 시작하면서 널리 보급되었으며, 컴퓨터가 개발되면서 키보드는 매우 중요한 입력 수단으로 자리를 잡았다(그림 6.16).

한글 타자기는 1914년 이원익에 의해 최초로 개발되었다고 한다. 한글에

기계식 타자기 전동식 타자기 키보드

그림 6.16
타자기와 키보드
자료: Shutterstock

사용되는 자음과 모음의 숫자는 알파벳보다는 적지만, 자음이 초성 및 종성으로 동시에 사용되며 모음 또한 종성이 있을 때와 없을 때의 모양이 달라지므로 훨씬 더 많은 수의 키가 요구되었다. 이에 따라, 타자를 이용해서 문장을 작성할 때 영문보다 불편한 부분이 많았다. 하지만 컴퓨터가 일상화되면서 이러한 불편은 완전히 사라졌다. 컴퓨터를 이용해서 한글을 작성할 때는 초성과 종성의 구분이 필요하지 않기 때문에 훨씬 적은 문자 수로 모든 문장을 표현할 수 있게 되었다. 오히려 영문보다는 한글로 문장을 작성하는 속도가 월등하게 빨라져 한글은 컴퓨터 사용에 유리한 문자가 되었다고 할 수 있다.

금속 촉매

화학반응을 촉진하는 물질을 촉매라고 한다. 화학반응이 진행되기 위해서는 분자 간 충돌이 일어나야 하는데, 이러한 충돌과정에서 화학반응을 일으킬 수 있는 충분한 양의 에너지가 요구된다. 화학반응이 일어나는 데 필요한 최소한의 에너지를 활성화 에너지라고 하며, 촉매는 활성화 에너지를 낮춰 주는 역할을 한다(그림 6.17). 예를 들어, 상온에서 과산화 수소는 물과 산소로 서서히 분해되지만, 이산화 망간(MnO_2)과 같은 물질을 넣어주면

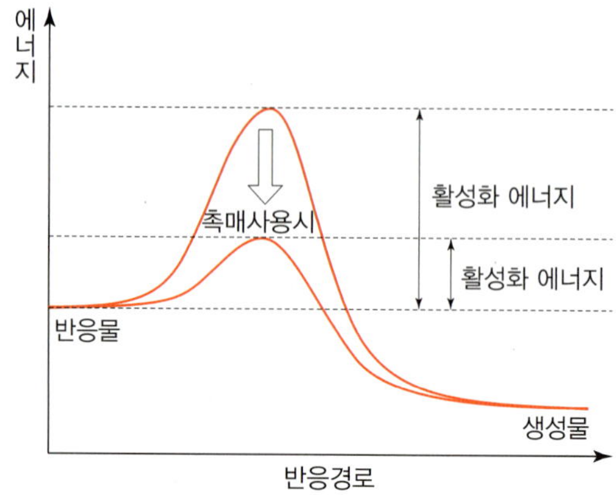

그림 6.17
촉매의 역할

분해 속도가 급격하게 빨라진다.

산업적인 측면에서 촉매는 매우 중요한 역할을 한다. 공장에서 사용되는 에너지를 줄여 줄 수 있을 뿐만 아니라 반응의 선택성을 높여 부산물을 줄여주는 효과도 있다. 따라서 촉매는 제조비용의 절감 및 생산성의 향상을 위해 필요할 뿐만 아니라 환경의 측면에서도 매우 중요하다.

산업현장에서 다양한 금속 화합물들이 촉매로 사용되고 있는데, 예를 들어 암모니아의 합성을 위해서는 철을 주성분으로 하는 촉매가 사용되며, 황산을 제조하는 공정에서는 바나듐 산화물이 촉매로 사용된다. 백금(Pt)이나 팔라듐(Pd)은 각종 유기 화합물의 수소화 반응에서 매우 중요한 촉매로 사용된다. 또한, 자동차 배기가스 중에 포함된 질소 산화물을 제거하기 위해 사용되는 촉매 변환기에도 백금과 팔라듐이 포함되어 있다(그림 5.12 참조). 질소 산화물은 촉매 변환기의 금속 표면에 흡착되어 질소와 산소로 빠르게 분해된다.

최근 주목받고 있는 수소연료전지에서 백금은 매우 중요한 촉매로 작용한다. 백금촉매는 수소 분자를 양성자와 전자로 분리하는 역할과 전자와

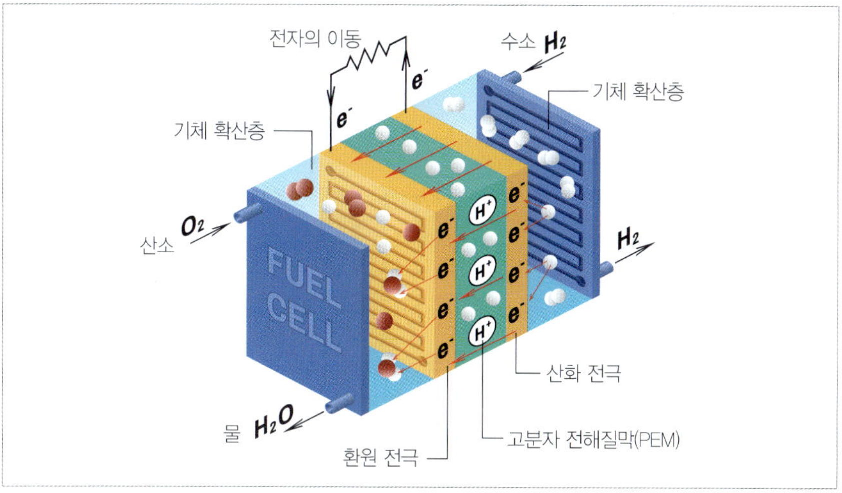

그림 6.18
수소연료전지의 구조
자료: Shutterstock

산소 및 양성자를 반응시켜 물을 생성하는 반응을 동시에 수행한다(그림 6.18).

이산화 타이타늄(TiO_2)과 같은 물질은 광촉매로 사용된다(그림 6.19). 광촉매가 빛을 받았을 때 전자와 정공으로 분리가 일어나는데, 이 과정에서 주변의 물 분자와 반응하게 되면 물 분자가 수소와 산소로 분해된다. 또한, 들뜬 상태의 광촉매가 산소 분자와 반응하게 되면 활성산소가 만들어지며 주변의 유기물을 분해할 수 있는 특징을 가진다. 이산화 타이타늄이 광촉매로 활용될 수 있다는 사실은 일본의 연구자들에 의해서 최초로 발견되었는데, 주변의 유기물을 분해할 수 있는 특징을 가지고 있어서 건물 외벽에 이산화 타이타늄이 포함된 페인트를 칠하면 유기물에 의한 오염을 방지할 수 있게 된다. 예를 들어, 도쿄돔의 천정은 천으로 만들어져 있지만, 이산화 타이타늄을 발라 오염을 방지하고 있다.

광촉매는 태양전지 분야에서도 활발하게 사용된다. 광촉매가 빛을 받았을 때 생성되는 들뜬 전자를 도선을 통해 흘려주면 태양전지로 사용할 수 있다. 하지만 이산화 타이타늄은 태양광 중에서 자외선만을 흡수할 수 있

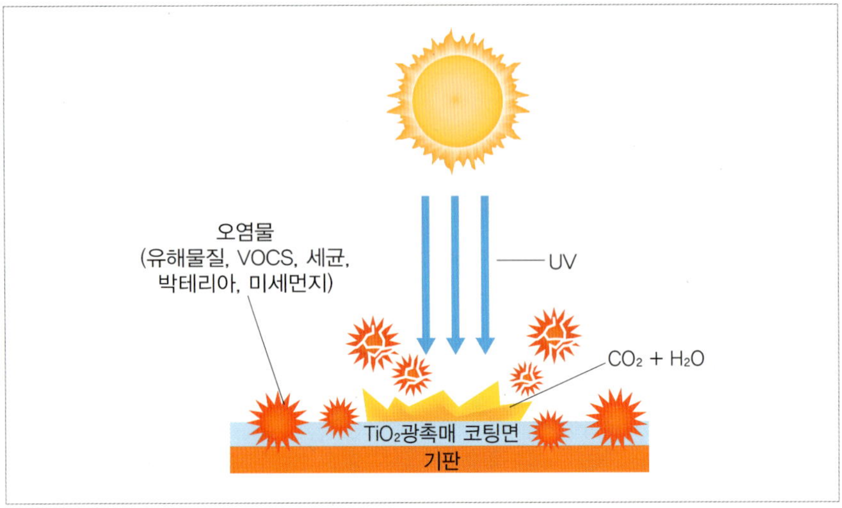

그림 6.19
이산화 타이타늄 광촉매의 개념

으므로 태양전지로서의 효율은 매우 낮다. 이러한 단점을 극복하기 위해서 가시광선 영역에서 빛을 흡수할 수 있는 다양한 색소들을 결합하여 만든 염료 감응형 태양전지에 관한 연구가 활발히 진행되었으며, 최근에는 페로브스카이트라는 납을 포함하는 특수한 결정 구조의 화합물을 활용한 태양전지가 활발히 연구되고 있다. 앞에서 언급하였던 지구온난화 문제를 극복하기 위해 대기 중의 이산화 탄소를 활용 가능한 유기물로 변환하고자 하는 연구가 활발히 진행되고 있는데, 이 과정에서도 광촉매는 필수적인 요소가 된다. 이산화 탄소로부터 유기물질을 얻기 위해서 이산화 타이타늄뿐만 아니라 백금 등의 다양한 물질들을 활용한 하이브리드 구조들이 만들어지고 있다.

중금속에 의한 환경오염

몇몇 금속의 성분은 인체에 매우 해로운 특징을 갖는다(그림 6.20). 납과 수은은 인류가 오래전부터 사용해 온 금속들이다. 납은 무른 성질이 가지며 녹는점이 낮아서 가공하기 쉬운 특징을 가진다. 로마 시대에는 납을 이용하여 수도 배관을 만들었는데, 이 때문에 납은 라틴어로 'Plumbum'이라는 이름을 가지며 원소기호는 Pb이다. 필기도구의 연필의 '연(鉛)'은 원래 납을 의미한다. 현재에는 흑연 심이 사용되고 있지만, 흑연이 사용되기 이전에는 납을 사용하여 가죽이나 천 위에 글씨를 쓰기도 했다. 실제로 납으로 글씨를 쓰면 무른 성질의 납이 묻어 나와 검은색으로 글자가 새겨진다. 납은 다루기 쉬운 특징 때문에 로마 시대 귀족들은 납으로 만들어진 잔을 사용하였으며 각종 장신구를 만들기도 하였다(그림 6.21). 현재에도 납은 상

납(Pb) 수은(Hg) 카드뮴(Cd) 비소(As)

그림 6.20
대표적인 유해 중금속들
자료: Shutterstock

그림 6.21
고대 로마에서의 납의 이용
자료: Wikimedia, Andrew Dunn/AgTigress

당히 많은 영역에서 사용되고 있다. 자동차용 배터리로 납축전지가 이용되며 각종 회로 기판을 만들기 위한 땜납으로 사용된다. 납은 방사성 붕괴를 일으키지 않는 안정한 원소로 질량수가 가장 큰 원소이며 방사선을 차폐하는 능력이 크기 때문에 방사선 차단을 위한 재료로 활용되기도 한다(그림 6.22).

그림 6.22
납의 사용
자료: Shutterstock

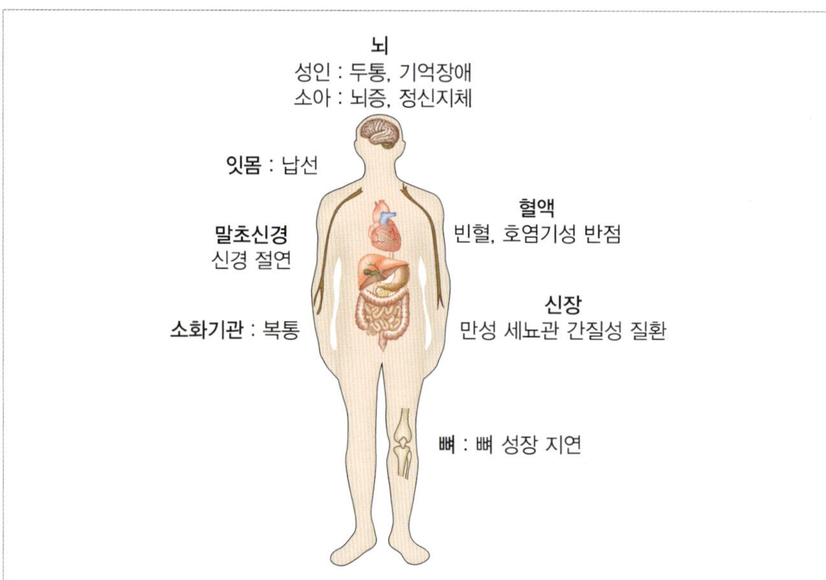

그림 6.23
납중독에 따른 피해

비록 다양한 용도로 활용되고 있지만, 납은 매우 독성이 강한 금속이다. 납은 신경계를 손상시키며 납중독으로 인해 언어 장애, 빈혈, 두통, 복통 등의 증상이 나타날 수 있다(그림 6.23). 로마 시대 귀족들의 뼈에서도 납중독의 흔적을 보여주는 증거들이 나오고 있다.

과거 내연기관에 사용되는 휘발유는 사에틸 납($((CH_3CH_2)_4Pb)$)이 첨가제로 들어있는 유연휘발유였다(그림 6.24). 내연기관의 엔진은 압축과 폭발과정을 순환하는데, 이 과정에서 완전히 압축이 완료된 후에 폭발이 진행되어야 엔진이 부드럽게 회전하게 된다. 하지만 압축이 진행되고 있는 도중에 폭발이 발생하게 되면 엔진이 역방향으로 힘을 받게 되며 충격이 가해진다. 이러한 현상을 노킹(knocking)이라고 한다. 휘발유의 정제기술이 현재보다 떨어지고 엔진 또한 지금보다 성능이 떨어지던 시기에는 인화점이 다른 연료가 혼합되어 엔진의 노킹 현상이 빈번하게 발생하였다. 사에틸 납은 이러한 노킹 현상을 줄여 엔진을 부드럽게 해주는 역할을 하였다. 하지만 배기가스에 중금속 납이 포함되어 배출되기 때문에 환경에 좋지 않은 영향을 주었다. 이에 따라 현재는 사에틸 납의 사용이 금지되어 납이 들어있지 않은 무연휘발유를 사용하게 되었다. 휘발유의 주성분은 아이소옥테인으로 현재에는 옥테인의 비율(옥탄가)이 높은 고순도의 휘발유를 사용함과 동시에 엔진의 성능이 크게 개선되어 노킹 현상이 거의 일어나지 않는다.

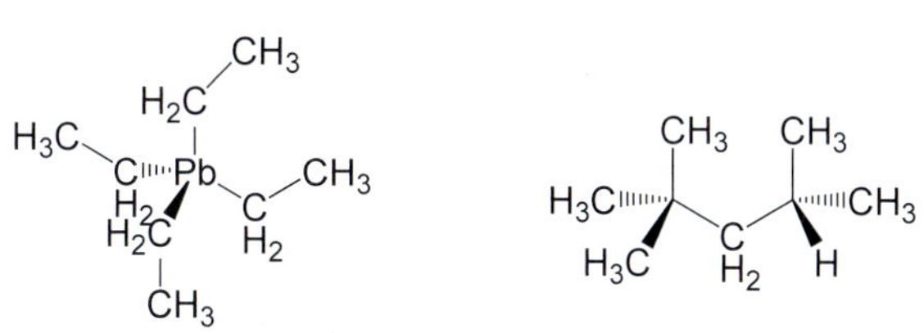

사에틸 납　　아이소옥테인

그림 6.24
유연휘발유에 사용된 사에틸 납과 휘발유의 주성분인 아이소옥테인

그림 6.25
수은과 수은의 사용
자료: Shutterstock

수은은 상온에서 은백색 광택을 가진 액체 금속이다(그림 6.25). 고대로부터 수은이 사용된 기록은 다양한 곳에서 찾을 수 있다. 겉보기에는 화려해 보이는 액체로 매우 강한 독성을 가지고 있음을 짐작하기 어렵기에 진시황은 수은을 불로장생의 명약으로 생각하여 섭취했다고 전해진다. 중세 유럽의 연금술사들은 수은을 이용해서 금을 만들기 위해 노력하였다. 수은을 다른 금속과 혼합하여 만든 합금을 아말감이라고 한다. 고전적인 도금의 방법으로 금과 수은을 섞어 아말감을 만든 뒤에 불상에 발라 가열하면 수은은 증발하고 금박만 남게 되는데, 금동불상을 제작하는 방법으로 사용되었다. 또한, 금광에서 채굴된 금이 포함된 흙에 수은을 처리하면 금은 아말감을 형성하여 아래로 내려오게 되는데, 이를 가열하여 순수한 금을 얻기도 하였다.

최근까지도 수은을 포함하는 다양한 제품들이 사용되고 있는데, 예를 들어 소독약으로 사용되는 머큐로크롬은 수은이 포함된 대표적인 의약품이었다. 현재는 포비돈요오드가 머큐로크롬을 대체하고 있다. 아말감은 치과용 보철 재료로도 사용되었으나 최근에는 아말감을 대체할 수 있는 다른 재료들이 활용되고 있다. 수은이 포함된 건전지가 개발되어 오랫동안 사용이 되어 왔으며, 수은 증기가 채워져 있는 형광등을 현재까지도 사용하고 있다. 또한, 열팽창률이 매우 높아서 온도계의 수은주로도 사용되었으며, 진공도를 측정하는 압력계에도 사용되고 있다. 간혹 실험실에서 수은 온도계를 깨뜨려 수은이 누출되는 사고가 발생하기도 하는데, 이 경우 스포이트를 이용하여 최대한 빠르게 수은방울들을 회수하여 병으로 옮긴 뒤, 황 분말을 처리하여 황화 수은(HgS)을 형성시키거나 아연 분말을 처리하여 아말감으로 만들고 별도로 모아서 수은 폐기물로 신고 후 처리해야 한다.

수은은 매우 강한 독성을 가진 금속이다. 단, 금속 수은이나 무기 수은의 경우에는 생체 내에 흡수가 되지 않으므로 상대적으로 독성이 낮은 편이다. 하지만 무기 수은이나 금속 수은도 유기물과 반응하여 맹독성의 유기 수은으로 변할 수 있으므로 항상 취급에 주의해야 한다.

유기 수은의 맹독성이 밝혀진 것은 1956년 일본 구마모토현의 미나마타 시에서 발생한 메틸수은 집단 중독 사건으로 미나마타 시에서 유래되어 미나마타병이라고 부른다(그림 6.26). 이 사건은 신일본질소비료의 화학 공장에서 유출된 메틸수은으로 인해 발생하였다. 이 회사에서는 아세틸렌(C_2H_2)에 물을 부가하여 아세트알데하이드(CH_3CHO)를 생산하였으며 촉매로 금속 수은과 염화 수은을 사용하였는데, 반응이 완료된 후에 생성물을 제거하고 공업폐수를 마나마타만으로 배출시켰다. 이때 반응의 부산물로 생성된 메틸수은이 함께 바다로 흘러 들어갔다. 그 뒤, 어패류의 먹이연쇄를 통해 생물에 메틸수은이 축적되었으며 어패류를 섭취한 주민들에게 미나마타병이 발생하기 시작하였다. 미나마타병은 환경오염이 먹이사슬을 통해 인간에

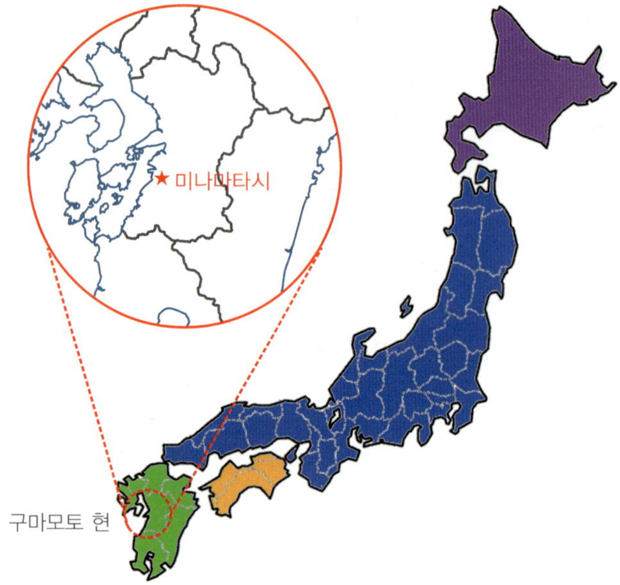

그림 6.26
수은중독이 집단 발병된 미나마타시

게 전파된 인류 최초의 대규모 유기 수은 중독 사건으로 기록되고 있다.

미나마타병은 메틸수은에 의한 중독성 중추 신경 질환이며, 주요 증상으로는 사지 말초 신경의 감각 장애, 운동 장애, 시야 협착, 청력 장애, 평형 기능 장애, 언어 장애, 손발 경련 등이 나타난다(그림 6.27). 증상이 심한 경우에는 의식을 잃기도 하며 사망에까지 이르게 된다. 환자의 발생이 보고되기 시작한 것은 1956년으로 미나마타 보건소에 원인불명의 중추 신경 질환을 앓는 환자 5명이 최초로 보고되었다. 미나마타 시에서는 곧바로 조사위원회를 구성하고 질병의 원인에 대한 조사를 시작하였다. 사건 초기에는 국지적인 전염병으로 추정하여 환자들을 격리하고 집을 소독하였다. 조사 도중에 조사위원회는 환자들의 집 주위에서 고양잇과 야생 생물들이 이상행동을 보인다는 사실을 발견하였는데, 1950년 즈음부터 고양이들이 경련을 일으키고 미친 것처럼 움직이다가 죽어가는 것이었다. 주민들은 고양이들의 불규칙한 움직임 때문에 그것을 '네코오도리병'이라고 불렀다. 여기서

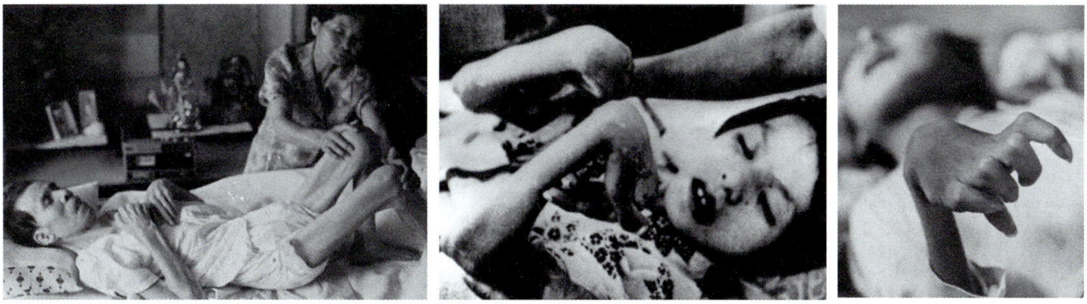

그림 6.27
미나마타병의 피해
자료: Wikimedia

'네코'와 '오도리'는 각각 '고양이'와 '춤'을 의미한다. 까마귀들이 하늘에서 떨어졌고 바다에서는 해초가 더 자라지 않게 되었으며 바다 표면에 물고기들이 떠올라 죽었다.

1956년 10월에는 40여 명의 환자가 발견되었고 14명이 죽으면서 사망률이 35%에 이르렀다. 수많은 미나마타병 환자가 현재까지도 생존해 있으며 여전히 고통스러운 삶을 살고 있다. 많은 환자가 발생하였음에도 불구하고 신일본질소비료는 질병의 원인과 공장폐수의 인과관계를 부인해 오다가 1968년에 이르러 최초로 인과관계를 인정하게 된다. 1971년까지 총 150여 명의 환자가 인정되었으며 이 중 48명이 사망하였다. 이후에도 피해를 주장하고 있는 사람의 숫자는 꾸준하게 증가하여 수천 명에 이르렀고, 손해배상 청구 및 행정소송이 현재까지도 진행되고 있다.

임산부가 메틸수은을 섭취하면 탯줄을 통해 태아에 메틸수은이 전달되어 선천적 장애가 있는 아이가 태어나는데, 이를 태아성 미나마타병이라 부른다. 태아는 탯줄을 통해 영양성분과 산소를 공급받으며 태아와 모체 사이에는 질병에 대한 수직감염이나 혈액이 서로 섞이는 것을 막기 위한 태반 장벽이 있지만, 메틸수은은 태반 장벽을 잘 통과하는 특성을 가진다. 따라서 태아가 발달 초기에 메틸수은에 노출되면, 발달이 제대로 되지 않아 큰 장애를 가지고 태어난다. 특히, 임산부에게 증상이 없더라도 태아에

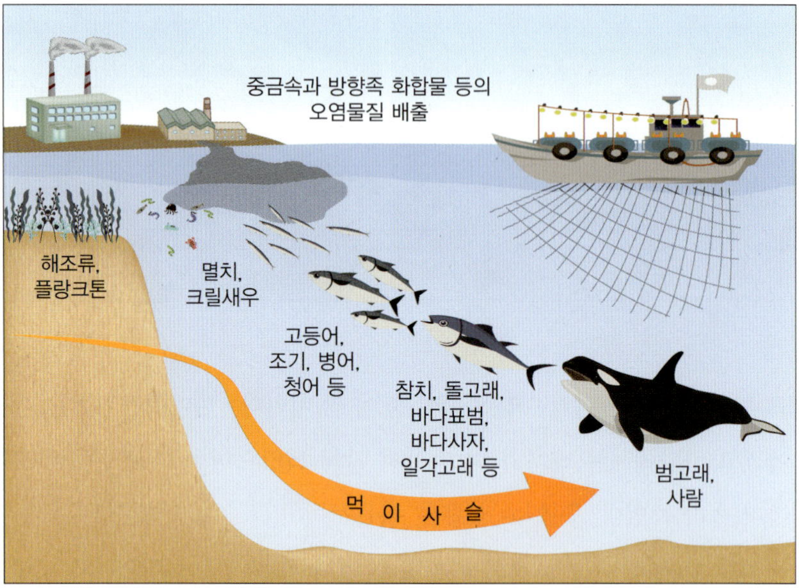

그림 6.28
먹이사슬을 통한 생물농축

게서 심각한 증상이 나타나는 경우가 빈번하게 발생할 수 있다. 1956년부터는 뇌성 마비 아동의 발생률이 증가하였으며, 1961년에는 태아성 미나마타병 환자가 처음으로 확인되었다. 이후 최소 16명의 태아성 환자가 확인되었다.

메틸수은은 먹이사슬을 따라 생물농축이 진행되며 그것을 섭취함에 따라 미나마타병이 발병된다(그림 6.28). 따라서 먹이사슬의 상부에 있는 대

표 6.1 국내 수산물 중 메틸수은의 함량(단위: mg/kg)

어종	함량	어종	함량
조기	0.005	오징어	0.013
꽃게	0.008	갈치	0.016
명태	0.008	고등어	0.034
낙지	0.010	날개다랑어	0.218
가다랑어	0.011	참다랑어	0.527

자료: 식품의약품안전처

형 어류일수록 메틸수은이 높은 농도로 검출된다. 이러한 이유에서 임산부는 어류의 섭취에 주의를 기울여야 한다(표 6.1).

일본에서 발생한 또 다른 대규모 중금속 중독 사건으로는 이타이이타이병이 있다(그림 6.29). 이타이이타이병은 미나마타병보다 먼저 시작된 질병인데 '이타이'는 일본어로 '아프다'라는 뜻으로, 이타이이타이병은 환자가 극심한 고통을 겪는 과정에서 내는 신음을 나타낸다. 기자가 최초로 취재하던 도중에 환자가 내는 신음을 병명으로 오인하여 기사화하면서 고착화되었다는 설도 있다. 이 병은 일본 도야마현 진즈강 유역에서 1910년부터 발생하였다. 미쓰이 금속광업의 카미오카 광산에서 아연의 제련과정에서 배출된 카드뮴을 포함하는 폐수가 원인으로, 해당 아연 광물에 약 1% 정도의 카드뮴이 포함된 것으로 알려졌다. 진즈강으로 방류된 오염수는 농업용수로 활용되었으며 카드뮴이 고농도로 축적된 쌀이 이 지역에서 생산되었다. 이 쌀을 먹은 피해자들의 체내에는 기준치의 수백에서 수천 배에 이르는 카드뮴이 검출되었다.

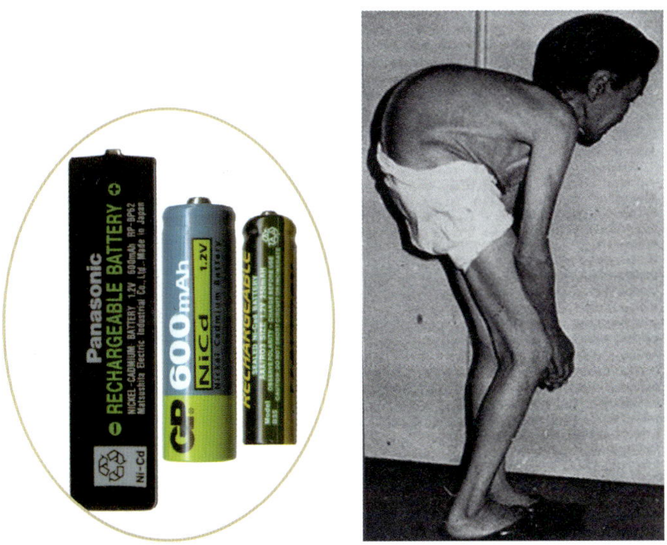

그림 6.29
카드뮴 전지와 이타이이타이병의 피해
자료: Wikimedia

미나마타병과 마찬가지로 초기에는 카드뮴의 유해성에 대해 인지하지 못하고 다른 원인을 주장하는 사람들이 많이 있었다. 이로 인해 피해는 점차 확산하여 수백 명의 환자가 발생하게 되었고, 1968년에 이르러서야 카드뮴 중독이 질병의 원인임을 인정하게 되었다. 카드뮴은 체내에서 뼈를 이루는 칼슘을 치환하는 특성을 가진다. 카드뮴이 축적되면서 칼슘은 점점 빠르게 체외로 배출되고 신장 장애와 골연화증을 유발하게 된다. 골연화증에 따라서 뼈의 변형이 발생하고 조그마한 충격에도 쉽게 뼈가 부러지는 증상이 나타난다. 이에 따라 환자는 극심한 고통을 느끼게 된다. 피해 배상에 대한 소송이 총 7차례 진행되었으며 2013년에 전면적인 합의가 이루어졌다.

납, 수은, 카드뮴 이외에도 맹독성의 금속으로 알려진 것으로는 비소, 탈륨 등이 있으며 가장 흔하게 많이 사용되고 있는 알루미늄 또한 알츠하이머와 같은 질병과 연관성이 있다는 사실이 밝혀져 주목을 받고 있다. 비소의 경우 반도체 소자의 원료로 사용되는 매우 중요한 금속이지만, 산소와 만나면 맹독성의 산화 비소를 생성하게 된다. 비소는 구리 광물에 다량 포함되어 있으며 광범위하게 존재한다. 비소는 오래전부터 독살을 목적으로 사용해 왔으며, 사극에 자주 등장하는 사약의 성분이기도 하다.

그림 6.30
비소중독으로 이슈가 된 비소카레 사건
자료: Wikimedia

1998년 일본 와카야마시의 한 마을에서 비소 카레 사건이 발생한 적이 있다(그림 6.30). 마을 축제에서 주민들이 만든 카레에 비소를 주입한 사건으로, 67명이 급성 비소중독에 걸렸으며 그중 4명이 사망하였다. 비소 카레 사건 이후로 일본 전국에서 다수의 독극물을 이용한 모방범죄가 발생하여 화학물질을 취급하는 연구실들을 대상으로 다양한 규제가 이루어지기도 하였다. 특히, 아자이드화 나트륨을 머그잔에 발라 급성 아자이드 중독을 유발하는 사건이 여러 차례 발생하였는데, 이 때문에 아자이드화 나트륨을 모두 금고에 넣어 보관하도록 하는 정부의 지시가 내려지기도 하였다. 하지만 아자이드화 나트륨보다 훨씬 높은 독성을 가진 사이안화 나트륨 등은 일반적인 시약장에 그대로 보관되는 아이러니한 상황이 연출되었다.

쥐나 개미를 퇴치하기 위한 목적으로 많이 사용되었던 탈륨은 매우 독성이 강한 물질로 지금까지 여러 차례 사람을 독살하기 위한 목적으로 사용된 바 있다(그림 6.31). 유명한 사건으로는 영국의 그레이엄 영이 일으킨 연쇄살인 사건이다. 그는 15세의 나이에 탈륨을 이용하여 가족들을 살해하여 정신병원에 수용되었으며 23세에 정신병원을 나왔지만, 음료수에 탈륨을 넣어 직장동료들에게 건네는 방법으로 70여 명의 회사 동료들을 탈륨중독에 빠뜨렸고 그중에 2명이 사망하였다.

2005년에는 일본의 한 여고생이 친어머니를 대상으로 탈륨을 이용한 실

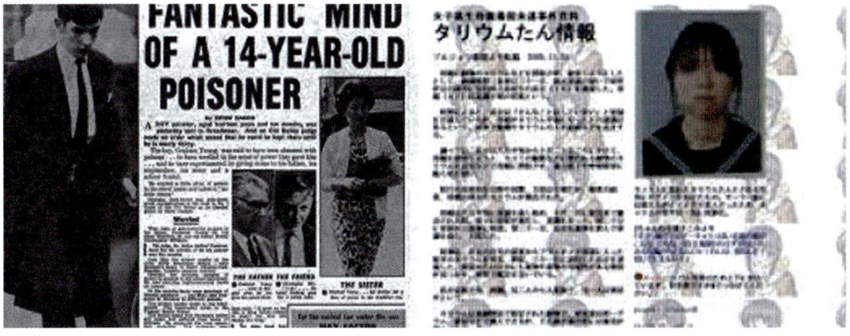

그림 6.31
탈륨을 이용한 독살로 유명한 사건들
자료: Wikimedia

험을 진행하여 블로그에 남기는 엽기적인 범죄가 발생하기도 하였다. 그녀는 소량의 탈륨을 지속해서 어머니의 식사에 섞어 넣었으며 어머니의 신체 변화를 관찰하여 블로그에 기록하였다. 어머니는 탈륨중독으로 모발의 손실, 복통, 마비 등의 증상을 보이며 입원을 하게 되었는데, 입원 후에도 범행이 발각될 때까지 수차례에 걸쳐 탈륨을 식사에 넣었다고 한다.

우리의 일상생활에서는 다양한 금속들이 단독 또는 합금의 형태로 사용되고 있으며 매우 중요한 역할을 수행하고 있지만, 일부 금속들은 매우 강한 독성을 가지며 환경을 파괴할 가능성을 가지고 있다. 특히, 금속 이온에 의한 토양오염과 수질오염은 광범위한 지역에 영향을 주게 되며, 원래 상태로 회복하기 위해서는 매우 오랜 시간이 걸리거나 회복할 수 없는 결과를 만들기도 한다. 따라서 금속을 취급할 때는 주의를 기울여야 할 뿐만 아니라 외부 환경으로 방출이 되지 않도록 해야 한다. 일상생활에서 사용되는 많은 도구나 재료 중에도 이러한 유해성 물질들이 포함된 경우가 흔하게 있다. 특히, 납, 수은, 카드뮴 등의 중금속이 포함된 전지나 전자제품들이 널리 사용되고 있으므로 사용이 완료된 제품들이 올바르게 처리되거나 회수될 수 있도록 노력해야 하며 사회적 시스템을 확립할 필요가 있다.

금속을 이용한 전지

주기율표의 왼쪽에 있는 금속들은 전자를 잃어 산화되기 쉬운 특성을 가지며 전자를 잃으면 양이온으로 변화된다. 금속의 종류에 따라서 전자를 잃기 쉬운 정도의 차이가 존재하는데, 어떤 물질이 전자를 잃어 산화되거나 전자를 얻어 환원되려는 경향의 세기를 산화·환원 전위(oxidation-reduction potential, ORP)라고 한다. 서로 다른 산화·환원 전위를 가진 두 개의 금속을 전해질 내에 위치시키고 도선으로 연결하게 되면, 산화·환원 반응이 진행되면서 도선을 따라 전자가 이동하게 된다. 이러한 원리는 다양한 종류의 전지 개발에 활용된다. 전지 내에서 일어나는 산화·환원 반응이 비가역적으로 진행되는 경우 사용이 완료된 전지는 재사용이 불가능한데, 이를 1차 전지라 한다. 반면, 산화·환원 반응이 완료된 후에 반대로 전압을 걸어주면 원래 상태로 되돌릴 수 있어서 재사용할 수 있는 경우를 2차 전지라고 한다. 2차 전지의 대표적인 예로는 자동차에 사용되는 납축전지와 리튬이온전지가 있다. 특히, 리튬이온전지는 현재 휴대용 디지털 기기와 전기자동차 및 하이브리드 자동차 등에 폭넓게 사용이 되고 있으며, 항공우주산업, 에너지 저장 시스템 등으로 그 응용 분야가 확대되고 있다. 최근에는 전기자동차의 생산이 매우 증가하여 배터리 수요가 급증하고 있다.

리튬이온전지는 리튬 화합물로 구성된 양극 물질, 탄소로 구성된 음극 물질, 분리막, 전해질의 네 가지 핵심물질로 구성되어 있는데, 충·방전 과정에서 음극과 양극 사이를 리튬이온이 이동하게 된다. 이 과정에서 리튬이온 자체는 산화되거나 환원되지는 않지만, 전극이 전기적으로 중성으로 유지하기 위해서는 양극과 음극 사이에 연결된 도선을 따라 전자가 이동하여야 한다. 리튬이온전지의 양극 물질은 리튬이온이 끼어 들어갈 수 있는 공간을 포함하는 결정 구조를 가져야 하며 산화·환원이 가능한 금속 이온을 포함하고 있어야 한다. 음극 물질로는 주로 인조흑연, 천연흑연 등의 탄소계 물질이 사용된다.

그림 6.32
다양한 종류의 전지
자료: Shutterstock

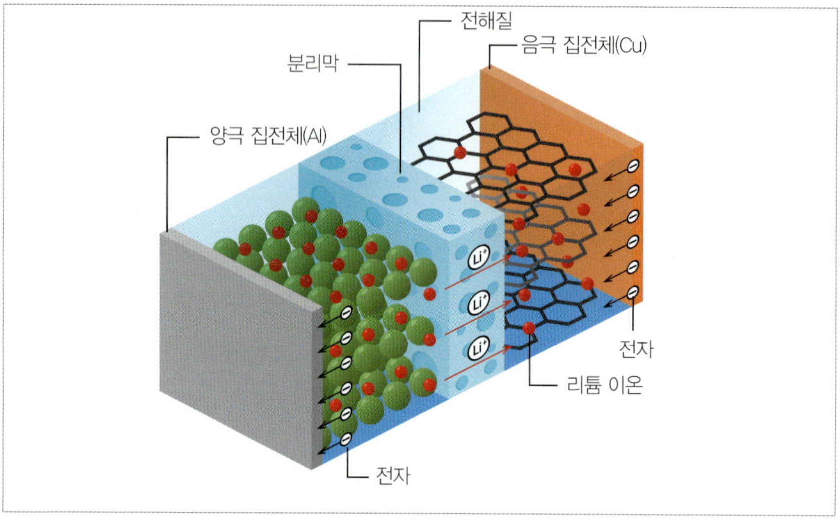

그림 6.33
리튬이온전지의 구성
자료: Shutterstock

양극 반응: $LiCoO_2 \rightleftarrows Li_{1-X}CoO_2 + XLi^+ + xe^-$
음극 반응: $XLi^+ + xe^- \rightleftarrows Li_xC_6$

전해질은 유기 용매에 리튬염을 일정 농도로 용해시켜 제조하며 리튬 이온이 양극과 음극 사이를 자유롭게 이동할 수 있도록 해준다. 리튬 이온을 가장 잘 녹일 수 있는 용매는 물이지만 리튬이온전지의 작동 전압에서 물은 전기분해가 일어나기 때문에 사용할 수 없다.

분리막은 양극 물질과 음극 물질을 물리적으로 분리하는 역할을 함과 동시에 전해질이 통과할 수 있는 특성을 가져야 하며, 리튬이온전지의 안전성과 직접적인 연관성을 가진다. 분리막에 문제가 발생하여 양극과 음극이 직접 접촉하게 되면, 전지 내부에서의 과전류로 열이 발생하여 가연성의 전해질이 인화될 수 있다. 이러한 이유로 스마트폰이나 전기자동차에서 화재가 발생하기도 한다.

리튬은 가장 가벼운 금속 원소로 질량에 비해 매우 높은 에너지 밀도를 가질 수 있는 장점이 있다. 리튬이온전지에 대한 연구개발이 시작된 것은

그림 6.34
리튬이온전지에 의한 화재
자료: Shutterstock

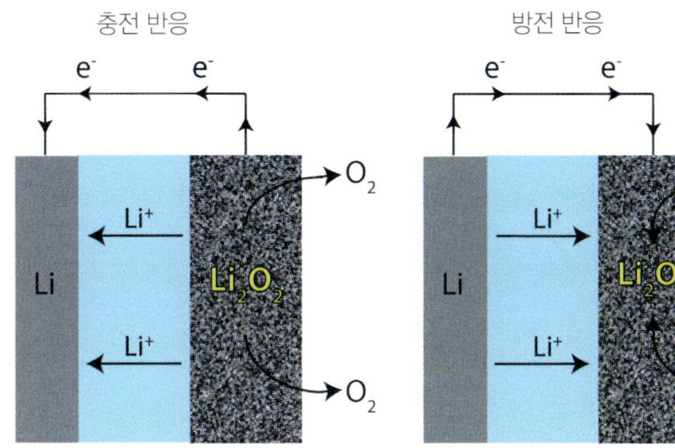

그림 6.35
리튬–공기 전지
자료: Wikimedia, Na9234

충전 반응: $Li \rightarrow Li^+ + e^-$ $\quad 4Li^+ + O_2 + 4e^- \rightarrow 2Li_2O$

$2Li^+ + O_2 + 2e^- \rightarrow Li_2O_2$

방전 반응: $Li^+ + e^- \rightarrow Li$ $\quad 2Li_2O \rightarrow 4Li^+ + O_2 + 4e^-$

$Li_2O_2 \rightarrow 2Li^+ + O_2 + 2e^-$

비교적 최근이며, 초기에는 일본이 주도하였다. 최근 2차 전지 시장의 급격한 성장에 힘입어 한국과 중국의 기업들이 시장의 주도권을 두고 활발한 경쟁을 벌이고 있다. 리튬이온전지와 관련된 시장의 규모는 앞으로도 커질 것으로 기대되지만, 리튬의 생산은 암염광산에 의존하고 있다. 지구상에 존재하는 리튬은 총량은 0.005%로 대부분은 해수에 포함되어 있다. 하지만 해수에서의 리튬 이온은 농도는 0.1 ppm에 불과하며 이마저도 다른 이온과 섞여 있으므로 리튬만을 선택적으로 분리하는 기술이 필요하다. 만약 해수에서 리튬만을 선택적인 분리할 수 있는 기술이 개발된다면, 사용 가능한 전체 리튬 이온의 총량을 매우 증가시킬 수 있을 것이다.

현재 가장 많이 활용되고 있는 2차 전지는 리튬이온전지이지만, 보다 뛰어난 전지를 개발하기 위한 노력은 끊임없이 진행되고 있다. 현재의 리튬이온전지는 음극 물질로 주로 탄소로 구성된 물질을 사용하는데, 충전할 때 탄소 사이에 리튬이 축적되게 된다. 이때 탄소 물질 대신에 금속 리튬을 직접 음극 재료로 이용하는 방법이 연구되고 있다(그림 6.35). 금속 리튬을 직접 이용할 경우에는 에너지 밀도를 높일 수 있는 장점이 있다. 양극 물질로 황화물이 적용된 리튬 황 전지도 연구되고 있다(그림 6.37). 황은 지구상에서 가장 흔한 원소 중의 하나이며 가격이 매우 싸다는 장점이 있다. 금속 리튬과 리튬 황화물을 이용하여 액상의 전해질이 포함되지 않는 전고체 전지를 개발하고자 하는 연구도 진행되고 있으며, 에너지 밀도가 높으면서도 안정적인 배터리의 개발을 위해 노력하고 있다(그림 6.38).

이온의 제한성에서 벗어나기 위해 나트륨 이온을 이용한 전지도 개발되

그림 6.36

리튬-공기 전지의 충·방전 과정에서 생성되는 리튬 덴드라이트

자료: 한국전기연구원

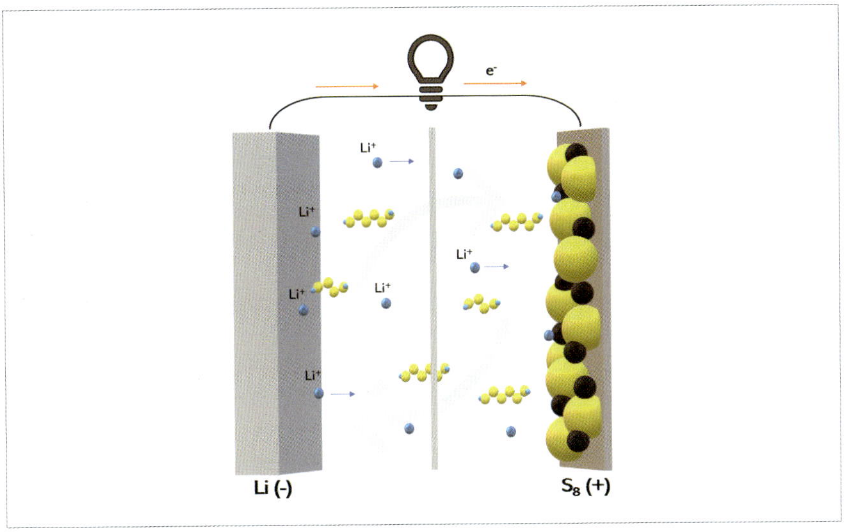

그림 6.37
리튬–황 전지의 산화–환원 사이클
자료: Wikimedia, Egide

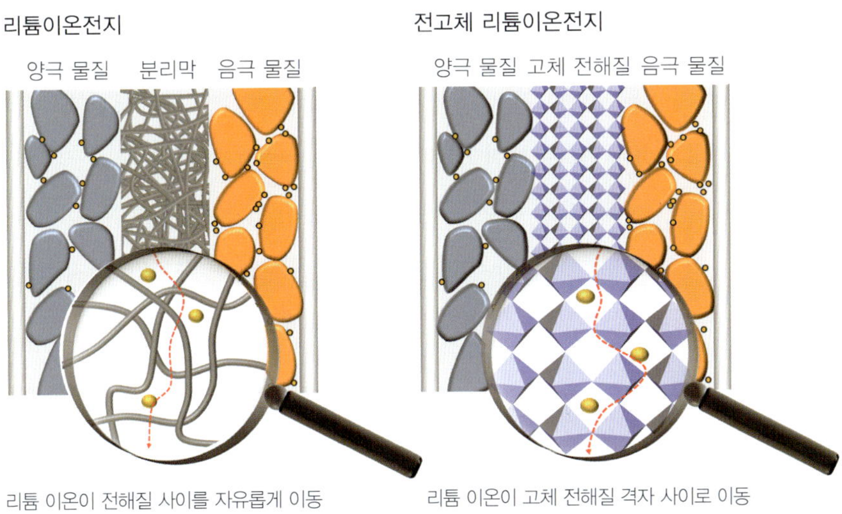

그림 6.38
전고체 전지

고 있다. 나트륨은 리튬보다 500배 이상 풍부하며 가격 또한 저렴해서 비록 에너지 밀도는 리튬보다는 떨어지지만, 대용량 에너지 저장 설비로 활용할 가능성을 가졌다. 리튬 이외에 바나듐과 같은 금속은 레독스 흐름 전지의 전해질로 활용되고 있다(그림 6.39). 레독스 흐름 전지는 서로 다른 산

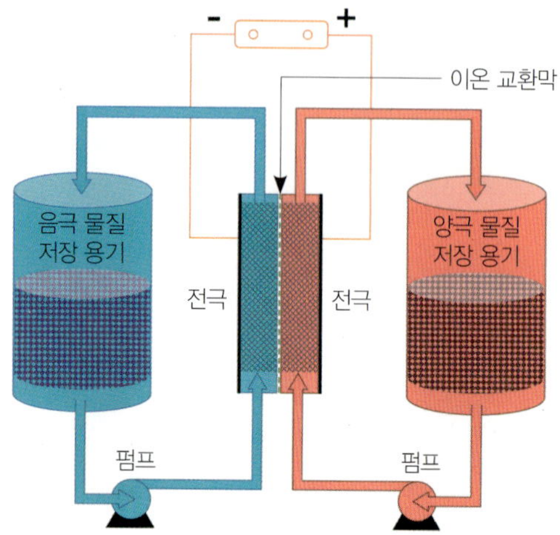

그림 6.39
레독스 흐름 전지의 개념
자료: Wikimedia, Colintheone

화 상태를 갖는 물질을 용해한 양극 전해질과 음극 전해질을 따로 용기에 저장하고 이온 교환막으로 분리된 경로에 통과시키면, 전극을 통해 전자를 교환하여 산화–환원 상태가 변화되는 원리를 이용한다. 충전은 외부에서 전원을 공급하여 서로 다른 산화 상태를 유도하여 탱크에 저장하는 과정이다. 구조가 간단하며 대용량화가 가능하고, 활물질의 변화로만 전지 반응이 일어나기 때문에 매우 안정적이고 수명이 긴 장점이 있다.

희토류 금속의 활용

희토류 금속은 3족 원소에 해당하는 스칸듐(Sc), 이트륨(Y)과 란타넘(La)에서 루테튬(Lu)까지의 란타넘족 15개 원소를 일컫는다. 이들은 서로 화학적 성질이 유사하며 광물 속에 그룹으로 함께 존재한다(그림 6.40). 지각에 풍부하게 존재하지만 농축된 형태로 발견되지 않는 특성 때문에 희토류라고

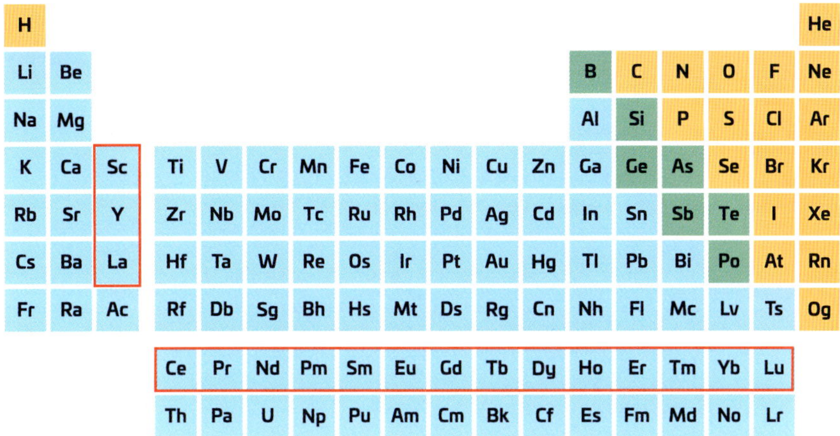

그림 6.40
희토류 원소
자료: Shutterstock

표 6.2 희토류 금속의 응용 분야

희토류 금속	응용 분야
세륨(Ce)	화학반응을 위한 촉매
네오디뮴(Nd)	네오디뮴 자석의 원료
이트륨(Y)	초전도체의 원료
어븀(Er)	적외선 광통신용 광증폭 재료
터븀(Tb)	광자기디스크의 재료
가돌리늄(Gd)	MRI의 조영제

부른다. 희토류는 화학적으로 안정하며 독특한 전기적 특성이나 발광 특성을 나타내고 탁월한 방사선 차폐 효과를 가지고 있다. 이 때문에 희토류 금속은 첨단 분야에서 다양한 형태로 활용되고 있다(표 6.2). 이들 중에서 가장 많이 존재하는 세륨(Ce)은 화학반응을 위한 촉매로 사용된다. 두 번째로 많이 존재하는 네오디뮴(Nd)은 적외선 레이저를 만드는 원료로 사용되며, 강력한 영구자석을 만드는 데 필요한 물질이기도 하다. 이트륨(Y)은 초전도체 원료로 중요하게 쓰이고 있다. 가돌리늄(Gd)은 핵자기공명 영상을 얻기 위한 조영제로 활용되며, 어븀(Er)은 광신호를 증폭시키는 목적으로 광섬유에 첨가된다. 터븀(Tb)을 사용한 합금은 열을 가하면 자성을 잃고 냉

표 6.3 세계 희토류 생산량과 매장량(단위: t)

국가	생산량	매장량
중국	132,000	4400만
미국	26,000	140만
호주	21,000	330만
인도	3,000	690만
러시아	2,700	1200만
브라질	1,000	2200만
베트남	900	2200만
캐나다	600	83만

자료: 미국 지질조사국, 2019

각시키면 자성을 회복하는 특성이 있는데, 이를 이용하여 고밀도로 정보를 기록할 수 있는 광자기디스크를 만드는 데 이용된다. 이 외에도 스마트폰, 자동차, 고화질 TV, 태양광 발전, 항공우주산업 등 다양한 첨단산업 분야에서 희토류 금속의 중요성이 증가하고 있다.

희토류 광물의 매장량은 중국, 남아공, 호주 등에 상당히 많이 분포되어 있지만, 희토류 금속의 생산량은 중국이 압도적인 1위를 차지하고 있다. 희토류 금속은 다양한 종류의 물질과 섞여 있으므로 채굴과 정제과정에서 심각한 환경오염을 일으킬 수 있다. 이 때문에 환경 규제가 상대적으로 심하지 않은 중국이 현재까지는 경쟁력을 가지고 있는 것으로 바라볼 수 있다. 2010년 9월에 중국 정부가 일본을 상대로 희토류 수출 금지조치를 취한 바 있는데, 이는 센카쿠(중국명: 댜오위다오) 열도 인근에서 운항하던 중국 선박을 영해 침범을 이유로 나포하고 선장을 구속한 것에 대한 대항 조치였다(그림 6.41). 이에 일본은 다양한 산업 분야에서 희토류 금속에 의존하고 있으므로 어쩔 수 없이 나포된 선박을 풀어주게 되었다.

이처럼 희토류 금속은 첨단산업 분야에서 매우 중요한 자원이기 때문에 선진국들은 국가 차원에서 자원의 무기화를 우려하여 희토류를 확보하고

그림 6.41
중국과 일본의 영유권 분쟁

자 노력을 기울이고 있으며, 대체 재료를 찾기 위한 노력도 활발히 진행하고 있다. 또 각종 전자제품의 폐기물로부터 희토류를 포함한 다양한 금속 자원을 회수하고자 하는 도시광산 기술의 개발에도 적극적인 노력을 기울이고 있다.

도시광산은 사용 후 배출되는 각종 전자제품을 회수하고 분리 선별하여 자원이 될 수 있는 물질들을 회수하는 산업으로, 일부 고가의 금속들은 광산에서의 채굴보다 더 높은 효율성을 보이기도 한다(표 6.4). 예를 들어, 금광에서 1 t의 원석으로부터 채굴되는 금은 약 5 g에 불과하지만, 1 t의 스마

표 6.4 도시광산의 효율성 (단위: g/t)

도시광산	채굴되는 금
금광	3~5
컴퓨터	52
반도체 칩	200~600
휴대폰	200~400
가전제품	20

그림 6.42
도시광산의 개념

트폰으로부터 약 200~400 g의 금을 회수할 수 있다고 한다. 하지만 각종 폐전자제품을 회수하고 분리하는 과정이 잘 이루어져야 하며, 희토류와 같은 미량 성분을 회수할 수 있는 기술의 개발이 아직은 부족하기 때문에 지속적인 연구가 요구되고 있다.

7장

무기물질의 활용

세라믹
유리
시멘트
실리콘과 반도체
유리를 녹이는 불화 수소
암모니아의 합성과 합성 비료의 탄생
화약
석면

생명 현상을 통해 합성되는 물질들 대부분은 탄소를 골격으로 산소와 수소가 결합한 구조를 가지는데, 이를 유기 화합물로 구분한다. 반면, 탄소를 포함하고 있지 않은 물질은 무기 화합물로 구분하게 된다. 규산염 광물은 지구의 지각을 이루는 성분으로 가장 많은 양을 차지하고 있다. 규산염 광물은 대표적인 무기 화합물로 높은 온도로 가열하면 흐르는 성질을 가지지만, 일정한 녹는점을 나타내지는 않는다. 규산염 광물들은 유리, 도자기, 콘크리트 등의 원료가 되며 우리의 일상생활과 산업 전반에 걸쳐 매우 중요한 물질이다. 이 장에서는 우리의 생활뿐만 아니라 산업 분야에서 중요한 역할을 하는 무기 화합물들에 대해 다루고 있다.

세라믹

토기나 도자기와 같이 고온에서 흙을 소성하여 만든 제품들을 세라믹(ceramic)이라고 한다. 유리나 시멘트 역시 세라믹에 포함되지만, 그 특성과 용도에 큰 차이가 있어서 별도의 절에서 다루고 있다. 토기는 흙으로 만든 그릇으로 가장 원시적인 세라믹의 형태라 할 수 있으며 신석기 시대부터 사용되기 시작하였다(그림 7.1). 토기는 점토를 가열함으로써 물에 풀리지 않는 소성물로 변화시킨 것으로 물질의 화학적 변화를 응용한 인류 최초의 발명품으로 볼 수 있다. 초기의 토기들은 점토를 사용하여 만들어졌

진흙을 이용하여 만들며 600℃ 정도의 낮은 온도에서 소성

그림 7.1
토기
자료: 국립중앙박물관

으며 불에 직접 구워낸 것으로, 이들은 주로 석기시대 유물에 해당한다. 불에 직접 굽기 때문에 600 ℃ 정도의 낮은 온도에서 소성이 진행되어 내부의 수분이 빠지면서 극성을 가진 입자들이 서로 연결된 형태의 구조를 만들게 된다. 충격에 약하며 다공성으로 물을 쉽게 흡수하여 부스러지기 쉬운 특성을 가진다. 토기는 가장 원시적인 형태의 도자기로 볼 수 있는데, 현대에는 쉽게 부스러지거나 깨지는 성질 때문에 매우 제한적인 용도로 사용되고 있다. 물을 잘 흡수하는 성질 때문에 화분의 용도로 적절하며 진흙을 구워서 만든 흙벽돌과 같은 재료로도 사용되고 있다.

석기시대 유물로 발견되는 토기는 세계 각지에서 발굴되고 있지만, 더욱 발전된 형태의 도자기 문화는 중국을 중심으로 동양권에서 발달하게 된다(그림 7.2). 가마가 개발되면서 보다 높은 온도에서 구워낼 수 있게 됨에 따라 도자기가 개발되었다. 중국의 도자기는 송나라 시대에 대량으로 만들어져 실크로드를 따라 서양에 전파되었는데, 이러한 이유로 도자기를 차이나라고 부르게 되었다.

도자기는 도기와 자기를 합쳐서 부르는 말인데, 도기는 토기와 마찬가지

도기: 점토를 이용하여 만들며 1100℃ 전후에서 소성

자기: 고령토를 이용하여 만들며 1300℃ 이상의 고온에서 소성

그림 7.2
도기와 자기
자료: 국립중앙박물관

로 점토를 원료로 1100℃ 전후에서 소성된다. 점토는 규소와 알루미늄 산화물이 물과 섞여 있는 형태로 높은 온도에서 물이나 흙 속에 포함된 유기물들이 제거되면서 입자들 일부가 녹아서 소결된다. 토기와 비교하면 매우 단단한 성질을 가질 수 있지만, 여전히 다공성의 특성을 가진다. 도기의 표면에 유약을 발라서 다시 한번 구운 것이 주변에서 흔히 볼 수 있는 옹기 또는 질그릇이다. 반면, 자기를 만드는 원료는 흔히 고령토(Kaolin)라고 불리는 백색 점토로 장석이 변형되어 만들어지며, 중국의 장시성 고령촌에서 생산되는 점토로 대표되므로 고령토라고 불린다. 자기는 1300℃ 이상의 고온에서 소성되며 매우 단단하고 조밀한 특성을 가진다. 자기의 경우 초벌구이를 한 후에 유약을 발라 재벌구이를 하는데, 이 과정에서 다양한 문양이나 색상을 얻을 수 있으며 광택을 띠게 된다. 유약은 나무의 재나 광물재료를 주성분으로 하며 고온에서 유리질로 변화하여 방수와 광택 특성을 나타내게 된다. 유약의 종류에 따라 자기는 다양한 색상을 가질 수 있게 된다. 국내에서는 고려 시대의 고려청자, 조선 시대의 이조백자 등이 수려한 색상과 다양한 문양으로 전 세계적으로 주목을 받고 있다.

동양권에서는 중국을 중심으로 자기가 발달할 수 있었지만, 서구 유럽에서 최초로 자기가 생산된 것은 18세기 무렵이다. 유리 제품들이 유럽을 중심으로 발전해 왔지만, 동양권에서 많이 사용되지 않은 것과는 대조적인 흐름이다. 유럽에 중국의 자기가 전파되면서 엄청나게 비싼 사치품이 되었고, 중세 유럽의 기술력으로는 자기를 만들 수 없었으므로 자기에 대한 욕구가 매우 커진 상황이었으며 자기를 수입하기 위해 엄청난 양의 은이 중국으로 수출되었다고 한다.

유럽에서는 자기의 원료가 되는 고령토를 구하기 어려웠으며 유럽의 점토 성분에는 상대적으로 칼슘의 함량이 적어서 단단한 도자기를 만들기 어려운 환경이었다. 그러다 18세기에 고령토를 대신하여 뼛가루를 섞은 점토

그림 7.3
본차이나
자료: Wikimedia, David Jackson

를 사용하여 백색의 자기를 만들었는데, 이를 본차이나라고 한다(그림 7.3). 이 본차이나의 개발로 유럽에서도 본격적으로 자기의 생산이 시작되었다. 현재 도자기로 만들어진 각종 물품은 일상생활에서 폭넓게 사용되고 있다. 우리가 사용하는 식기는 대부분 세라믹 제품이며 각종 타일과 욕조, 변기 역시 세라믹 제품으로 물을 많이 사용하는 곳에서 쉽게 찾아볼 수 있다.

세라믹 재료는 높은 온도에서 소성하여 얻는 제품으로 뛰어난 열 안정성과 화학적 안정성을 가지며 매우 낮은 열 전도성과 전기전도성을 갖는다. 표면이 매우 단단하지만 충격에 상대적으로 약해서 잘 깨지는 특성을 가진다. 세라믹 제품은 열이나 전류의 흐름을 차단하기 위한 목적으로 첨단과학 분야에서도 많이 활용되고 있다(그림 7.4). 고전압 장치에 사용되는 애자(insulator)는 모두 세라믹으로 만들어져 있으며, 반도체 소자들을 절연하기 위해 사용되는 재료들도 마찬가지이다. 또한, 일부 반도체를 구성하는 물질들은 세라믹으로 만들어지기도 한다. 첨단 우주 산업에서는 세라믹 타일들이 사용되고 있는데, 우주선이 지구로 재진입하는 과정에서 공기와의 마찰로 엄청난 열이 발생하는 과정에서 금속이 쉽게 변형되거나 녹을 수 있으므로 우주선 선체 표면에 세라믹 타일을 부착하여 열이 전달되는 것을 막는다.

그림 7.4
세라믹의 응용
자료: Shutterstock

유리

유리는 이산화 규소(SiO_2)를 주성분으로 만들어진 비결정질의 고체로 단단하고 충격에 깨지기 쉬운 특성을 가진다(그림 7.5). 이산화 규소는 모래의 주성분으로, 이산화 규소가 결정성 고체를 이루고 있는 물질이 바로 석영이다. 이산화 규소를 고온으로 가열하게 되면 용융상태가 되며, 냉각하게 되면 비결정성의 고체가 된다. 이산화 규소로 구성된 규사에 탄산 소다, 붕사, 석회석 등을 가하면 녹는점이 낮아지게 되는데, 이때 각종 첨가제를 사용해서 유리의 특성을 변화시킬 수 있다.

화산활동에 의해 자연에서 생성되는 유리질의 광물을 흑요석(obsidian)이라고 하는데, 불순물에 따라 갈색이나 보라색 또는 검은색을 띤다(그림 7.6). 신석기 시대 유적지에서 흑요석으로 만들어진 도구들이 발견되고 있

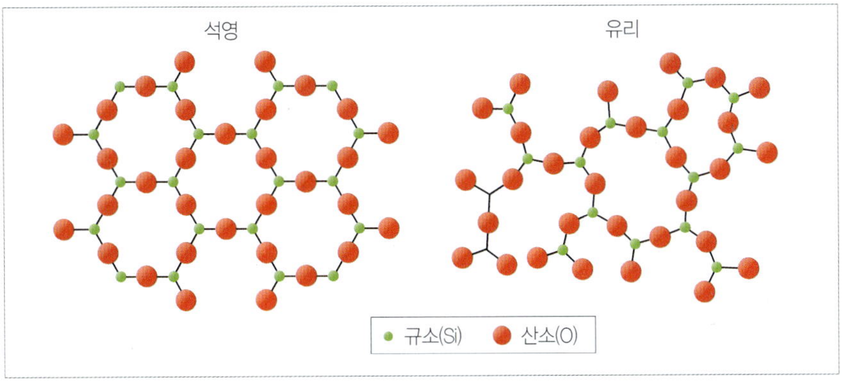

그림 7.5
석영과 유리의 화학 구조
자료: Shutterstock

그림 7.6
흑요석과 국내에서 발견되는 흑요석을 이용한 도구들
자료: Shutterstock, 국립중앙박물관

어서 인류가 최초로 사용한 유리를 흑요석을 이용해서 만든 뗀석기라고 볼 수 있다. 흑요석은 유리처럼 날카로운 칼날과 같은 파단면을 얻을 수 있는 재료였기 때문에 돌칼이나 화살촉을 비롯하여 각종 무기를 만드는 원료로 사용되었다.

인류가 유리를 만들기 시작한 것은 약 4,000년 전 고대 이집트에서 시작된 것으로 보고 있으며, 메소포타미아인은 거푸집을 이용한 캐스팅 방법으로 생활용품이나 예술품을 제작한 것으로 알려져 있다(그림 7.7). 기원전 1세기경에는 지중해 연안에서 녹인 유리를 대롱에 대고 불어서 유리병을 성형하는 Blow 성형법이 개발되어 다양한 형태의 성형품이 만들어졌다(그림 7.8).

한반도에서는 신라 고분에서 유리구슬이나 유리잔 등의 유물이 발견되고 있으며, 유리 도가니와 납을 섞어 만든 유리 파편 등이 발견되어 6세기

그림 7.7
유리로 만든 고대 미술품들
자료: Wikimedia

그림 7.8
Blow 성형
자료: Shutterstock

정도까지 유리 제조 기술이 있었음을 알 수 있다(그림 7.9). 하지만 이후의 유물에서 유리를 제조한 흔적을 발견하기가 어려운데, 이는 한반도에서 도자기 기술이 발달함에 따라 유리 제품에 대한 필요성이 높지 않았기 때문으로 해석된다. 마찬가지의 이유로 중국이나 일본 역시 유리 제품이 발달하지 않았다는 공통점이 있다.

유리병은 나무나 토기와는 달리 밀폐성이 뛰어나며 향을 흡수하지 않기 때문에 포도주나 향유와 같은 제품들을 담는 용기로 활용되었으며 원거리 교역에도 유용하게 활용되었다. 신라 고분에서 발굴되는 유리 제품들도 이

그림 7.9
신라 고분에서 발굴된 유리 제품들
자료: 문화재청

집트, 시리아, 중앙아시아 등 다양한 지역에서 만들어진 것으로 추정되는 것들이 있어서 당시에 원거리 교역이 이루어지고 있었다는 사실을 파악할 수 있다.

10세기경에는 시칠리아에서 스테인드글라스가 개발되었으며 15세기경에 유럽에서도 스테인드글라스를 사용하기 시작하였다(그림 7.10). 16세기 초에 은거울 반응이 개발되면서 유리거울이 대량으로 만들어지기 시작하였고, 거울이 사치품으로서 유럽 전역에 퍼져 나가게 되었다. 당시 프랑스의 전제 군주 루이 14세는 거울에 집착하여 베르사유 궁전에 엄청난 양의 거울을 사용하여 거울의 방을 만들었을 정도였다(그림 7.11). 은거울 반응은 질산 은($AgNO_3$) 수용액의 은 이온을 유리표면에서 알데하이드를 이용하여 환원시켜 은으로 변환하는 반응으로, 유리표면에 생성된 얇은 막의 은에 의해 거울처럼 빛이 반사되는 원리이다.

그림 7.10
판유리의 제작과 스테인 드글라스
자료: Wikimedia

그림 7.11
베르사유 궁전의 거울의 방
자료: Wikimedia

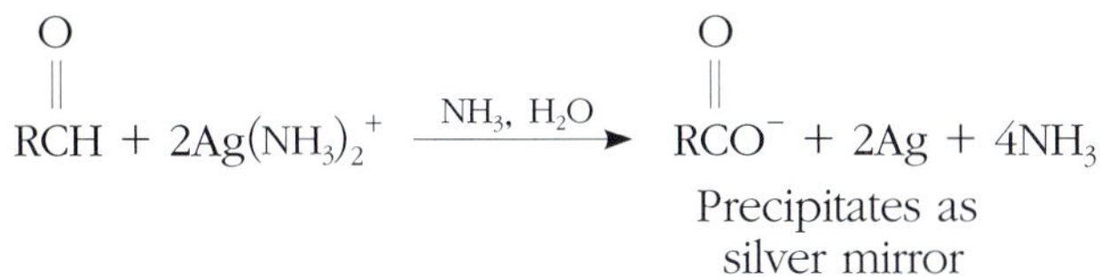

유리는 과학 기술 분야와 산업 분야 전반에서 매우 중요한 역할을 하며, 뛰어난 투명성이 있어 창호나 거울, 실내 장식 등의 용도로 널리 활용되고 있다. 나아가 망원경, 현미경, 카메라 등에 사용되는 각종 렌즈와 반사경 등의 광학기기 부품의 원료로 사용된다(그림 7.12).

근대 과학 기술의 진보에 있어서 유리가 이바지한 바는 매우 크다. 유리는 내약품성이 뛰어나며 다양한 형태로 쉽게 가공할 수 있어서 화학실험을 위한 각종 기구를 만들기에 최적의 재료였으며 전기화학 셀이나 음극선관 실험과 같은 기초적인 연구에 활용되었다(그림 7.13). 즉, 유리로 만들어진 렌즈와 거울이 현미경과 망원경 등에 사용되어 미시세계와 거시세계에 대한 지식의 범위를 넓혀 주었고, 원자의 구조를 확인하는 중요한 수단으로 사용된 것이다. 현재에도 유기화학실험을 위해 유리로 만들어진 기구들이 활용되고 있으며, 산업 분야에서는 각종 디스플레이에 필수적으로 포함되는 재료로서 각종 첨단소재에 활용되고 있다. 또한, 투명하면서도 공기나 수분을 차단하는 능력이 뛰어나서 각종 전구에 사용되며 최근에는 유기발광다이오드의 발광층을 보호하기 위해 초박막 유리가 적용되고 있다.

그림 7.12
광학기기 부품으로 활용되는 유리
자료: Shutterstock

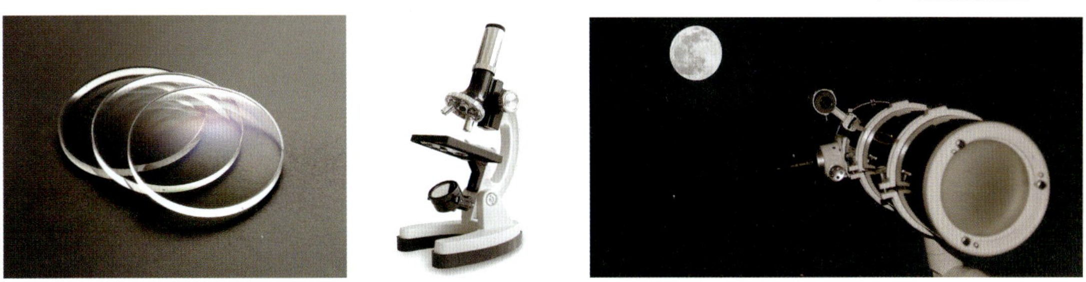

그림 7.13
실험실에서 사용되는 유리
자료: Shutterstock

시멘트

시멘트는 현대 건축 및 토목에서 빼놓을 수 없는 가장 기본적인 물질이다. 이 시멘트에 모래, 자갈 등과 혼합하여 물을 가한 것이 바로 콘크리트인데, 시멘트 성분과 물이 화학반응을 일으키는 과정에서 경화가 진행되고 시간이 지날수록 그 강도는 점점 높아지게 된다. 시멘트의 주요 성분은 석회인데 인류가 석회를 최초로 사용한 것은 신석기 시대로 거슬러 올라간다. 시멘트를 사용하여 만든 가장 오래된 건축물은 기원전 2500년경에 건설된 이집트 피라미드로 외장 석재의 표면에 시멘트가 도포되어 있다(그림 7.14). 이때 사용된 시멘트는 석회석을 구워 만든 생석회와 석고를 구워서 만든 소석고를 혼합한 것이다.

고대 그리스, 로마 시대에는 석회에 모래를 혼합한 모르타르(mortar)를 사용하였으며 화산재 성분을 첨가하기도 하였는데, 베수비오(Vesuvius) 화산 근처의 포졸리(Pozzuoli) 지역의 화산재를 첨가하여 만들었다고 해서 포졸라나 시멘트로 알려져 있다. 판테온, 콜로세움, 수도교 등 로마 시대를

그림 7.14
이집트의 시멘트
자료: Shutterstock

그림 7.15
포졸라나 시멘트를 이용한 건축물
자료: Shutterstock

대표하는 여러 가지 대형 건축물들이 포졸라나 시멘트를 이용하여 건축되었다. 이후 시멘트 기술은 발전을 이루지 못하고 있다가 18세기에 이르러 현대적인 시멘트 기술로 발전하게 된다(그림 7.15).

1756년 영국의 존 스미톤(John Smeaton, 1724~1792)은 에디스톤(Eddystone) 등대를 건설하기 위해 점토분을 함유한 석회를 소성하면 물에 의해 경화되는 특성을 갖는다는 사실을 발견하여 수경성 석회(Hydraulic Lime)를 개발하였다(그림 7.16). 에디스톤은 영국의 플리머스(Plymouth) 항의 암초 지대로 수많은 배가 침몰하는 역사가 있었던 곳이다. 당시 연안에 있는 암초 위에 등대를 건설하기는 쉽지 않았으나 존 스미톤은 수경성 석회를 사용하여 역사에 남을 수 있는 튼튼한 등대를 설계하는 데 성공하였고, 근대적 토목공

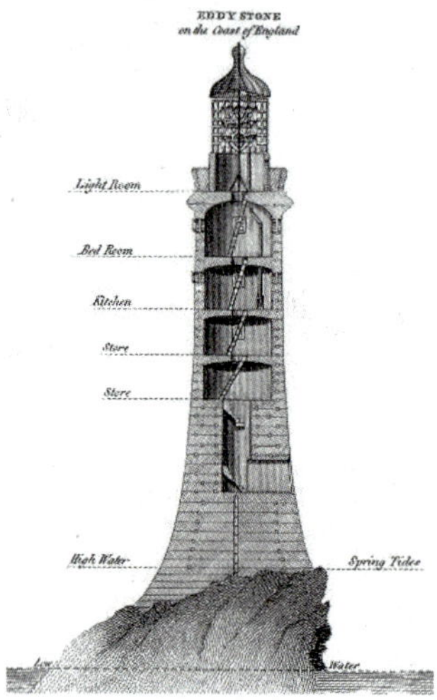

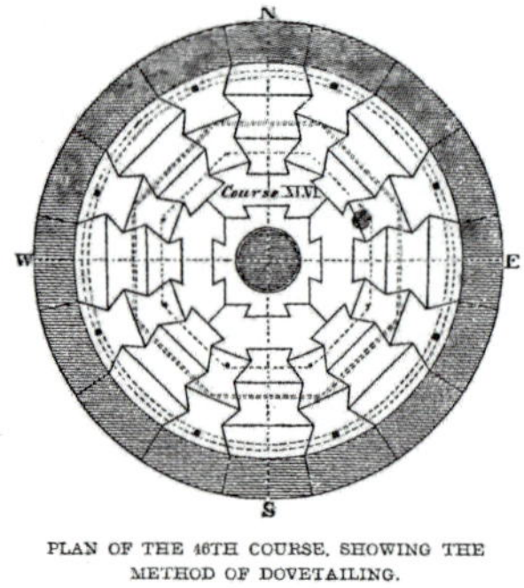

1759년부터 1877년까지 사용된 존 스미톤의 등대의 구조.

존 스미톤의 등대가 1882년에 제임스 더글러스의 등대가 작동되면서 운영을 중단하였고, 다른 장소에 옮겨져 기념관으로서 재건되었다. 다음의 사진은 재건된 스미톤의 등대(왼쪽)와 더글러스의 등대(오른쪽)이다. 더글러스의 등대 옆의 구조물은 스미톤의 등대의 기단부이다.

그림 7.16
영국의 에디스톤 등대
자료: Shutterstock

학을 창시한 사람으로 알려지게 되었다.

이어서 1796년 제임스 파커(James Parker, 1780~1807)가 점토질 석회석을 더 높은 온도로 소성하여 로만 시멘트를 발명하였고 1818년 프랑스의 루이스 비카트(Louis Vicat, 1786~1861)가 석회석과 점토질 암석을 혼합 및 소성하여 천연 시멘트를 발명하였다. 로만 시멘트와 천연 시멘트는 1825년에 완공된 템스강 터널 공사 및 국회의사당 재건공사에 사용되는 등 널리 보급되었다.

1824년 영국에서는 벽돌공이던 조셉 애스프딘(Joshph Aspdin, 1778~1855)이 석회석을 구워 생석회를 만들었고 이것에 물을 가해 미분말의 소석회를 만든 다음 점토를 혼합하여 다시 800℃까지 가열 소성하였다. 이렇게 클링커를 생산한 뒤 분쇄하여 시멘트를 제조하는 방법을 개발하였다. 이 제조법은 이중 소성 방식을 이용함으로써 로만 시멘트보다 품질이 우수하였다. 이 시멘트로부터 생성된 콘크리트는 당시 건축재료로 사용되던 포틀랜드 섬의 천연석과 닮았다고 해서 포틀랜드 시멘트라는 이름이 붙여졌으며, 지금도 시멘트의 제조에는 애스프딘이 개발한 이중 소성 방식이 적용되고 있다(그림 7.17). 포틀랜드 시멘트의 발명은 토목건축에 있어서 파격적인 변화를 불러왔다. 시멘트 덕분에 고층 빌딩, 교각, 대대적인 교통량을 감당할 수 있는 도로, 도시 규모의 상하수도 시설 등이 만들어졌으며 도시의 규모가 폭발적으로 성장하게 되었다.

시멘트에는 매우 다양한 성분이 포함되어 있지만 가장 중요한 성분은 석회석을 가열하여 만들어진 생석회(CaO, 산화 칼슘)이다. 탄산 칼슘($CaCO_3$)은 석회석을 이루는 주성분으로 고온에서 가열하면 이산화 탄소가 분리되어 생석회를 형성한다. 생석회는 물과 만나면 급격하게 발열 반응을 일으키면서 소석회($Ca(OH)_2$, 수산화 칼슘)로 변화되는데, 이 과정에서 발생하는 엄청난 열은 발열 도시락과 같은 장치를 만드는 데 사용되기도 하고 생성된 소석회는 산성화된 토질을 개량하기 위한 비료로도 활용된다. 시멘트에는 생석회 성분 이외에도 규산 염, 알루민산 염, 황산 염, 산화 철과 같은 다양한 성분들이 포함되어 있으며 물과 만나게 되면 수화 반응을 거쳐 망상 구조로 연결된 겔을 형성하게 된다. 시멘트가 응고되는 과정 동안 매우 복잡하고 다양한 화학반응들이 한꺼번에 진행되므로 완벽하게 이해하기는 어렵지만, 현재는 시멘트를 구성하는 성분의 역할에 대해 상당 부분 파악

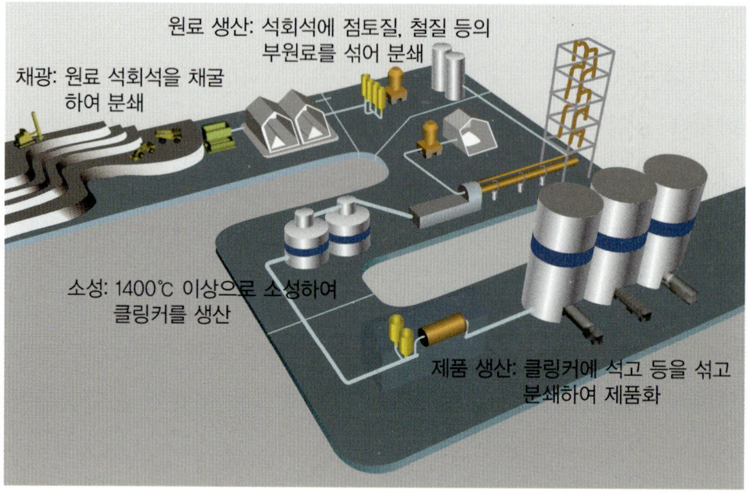

그림 7.17
현대적 시멘트 생산공정

하고 있다. 따라서 시멘트를 구성하는 성분을 조절하여 수화 및 발열 과정을 제어함으로써 빨리 굳는 시멘트, 열을 조금 발산하는 시멘트, 부피 변화가 적은 시멘트 등 다양한 특성을 갖는 시멘트를 제조할 수 있다.

시멘트의 제조 공정은 석회석, 이산화 규소, 알루미나, 산화 철과 같은 혼합물을 분쇄한 뒤 성분 중 일부가 용융될 수 있는 고온(약 1,500℃)까지 가열하여 시멘트 화합물로 된 클링커를 얻고, 이를 분쇄하여 분말로 얻는 과정으로 구성된다. 클링커를 얻는 과정에서 엄청난 열이 필요하며 석회석이 생석회로 변환되는 과정에서 이산화 탄소를 발생하기 때문에 시멘트를 생산하는 공정은 지구온난화에 미치는 영향이 매우 큰 공해산업으로 분류되고 있다.

실리콘과 반도체

실리콘(Si)은 지표면을 이루는 성분 중에서 산소 다음으로 가장 많은 성분을 차지하며, 이는 전체 지각을 구성하는 성분의 약 27%이다. 앞서 설명한 유리, 세라믹, 시멘트에도 다량의 실리콘 원자가 포함된다. 특히, 유리는 이산화 규소로 이루어진 비결정성의 구조에 소량의 불순물이 포함된 물질이다. 실리콘은 탄소와 같은 14족 원소로 4개의 원자가 전자를 가지며, 실리콘의 단결정은 다이아몬드 단결정에서의 탄소의 원자 배열과 같은 구조를 갖는다. 자연계에서 실리콘은 대부분 이산화 규소의 형태로 존재하며, 이산화 규소로부터 산소를 제거하여 정제하면 순수한 실리콘을 얻을 수 있다. 순수한 실리콘은 회색의 금속성 광택을 띠는 물질로 반도체의 성질을 나타낸다. 현재 우리가 사용하고 있는 전자기기에는 다양한 종류의 반도체 소자가 사용되고 있는데, 대부분은 실리콘을 기반으로 만들어지고 있다.

흔히 현재 일어나고 있는 디지털 정보 산업화를 4차 산업혁명으로 부르고 있다. 이에 앞서 3차 산업혁명의 단계를 디지털 혁명으로 부르기도 한다. 각종 실리콘 기반의 반도체가 등장하면서 아날로그 기기를 디지털 기

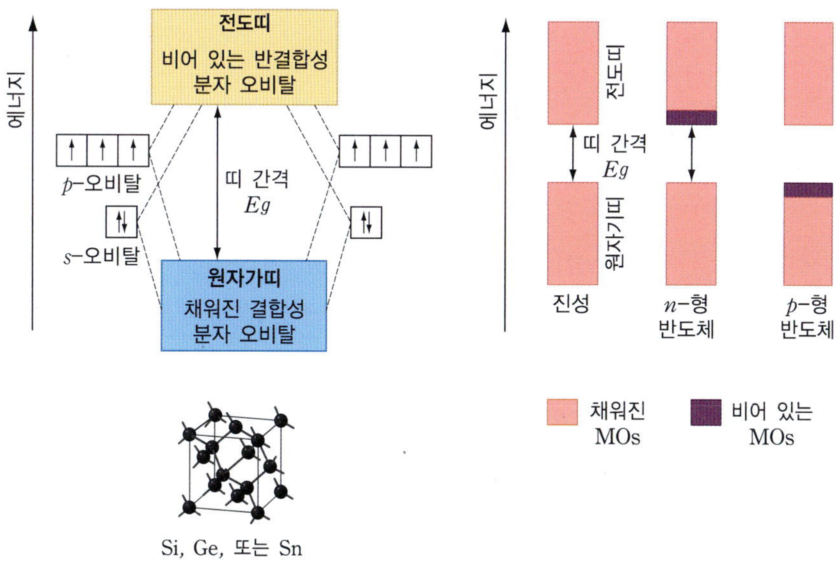

그림 7.18
오비탈과 반도체

기로 변화시키게 되었으며 개인용 컴퓨터, 인터넷, 정보통신기술(ICT)이 빠르게 보급되기 시작하였다. 즉, 모래의 주성분에 불과하던 실리콘이 반도체 혁명에 있어서 중추적인 역할을 담당하게 된 것이다.

반도체는 전자가 채워진 가전자대(Valence Band)와 비어 있는 오비탈로 구성된 전도대(Conduction Band) 사이의 에너지 간격(띠 간격, Band gap)이 작은 물질로 조건에 따라서 전류의 흐름을 조절할 수 있는 물질을 의미한다. 원자의 내부 전자는 불연속적인 에너지 준위를 가진다. 하지만 원자들이 결정 구조를 형성하면서 서로 가까워지면, 불연속적인 에너지 준위들이 상호작용을 하면서 띠 형태의 에너지띠(Energy Band)를 형성한다. 에너지띠 중에서 전자가 채워진 띠를 가전자대라고 하며, 높은 에너지의 값을 가진 전자가 채워지지 않은 띠를 전도대라고 한다. 이들의 에너지 차이를 띠 간격이라고 하는데, 이는 물질마다 고유한 값을 갖는다. 가전자대의 전자는 에너지를 얻어 들뜬 상태가 되면 전도대로 이동하여 전류를 흘릴 수 있게 된다. 금속 물질의 경우 가전자대와 전도대가 중첩되어 있어서 띠 간격이 존재하지 않는다. 따라서 매우 높은 전기전도도를 가지게 된다. 반면, 일반적인 유기 화합물 대부분은 가전자대와 전도대 사이의 띠 간격이 매우 크기 때문에 부도체의 역할을 하게 된다(그림 7.18).

규소(Si) 또는 저마늄(Ge)과 같은 14족 물질의 결정은 전도대와 가전자대의 에너지 차이가 부도체보다는 작으며, 13족 원소를 일부 첨가하게 되면 가전자대의 전자가 부족해지게 되고, 15족 원소를 일부 첨가하게 되면 전자가 남게 되어 전도대를 채우게 된다. 즉, 순수한 규소 또는 저마늄에 13족 원소를 첨가하게 되면 전자가 부족하여 정공을 가진 p형 반도체가 생성되고, 15족 원소를 첨가하게 되면 전도대에 잉여전자가 채워진 n형 반도체가 생성되어 쉽게 전류가 흐르게 된다.

전류가 흐를 수 있도록 다른 원소를 첨가하는 과정을 도핑이라고 한다

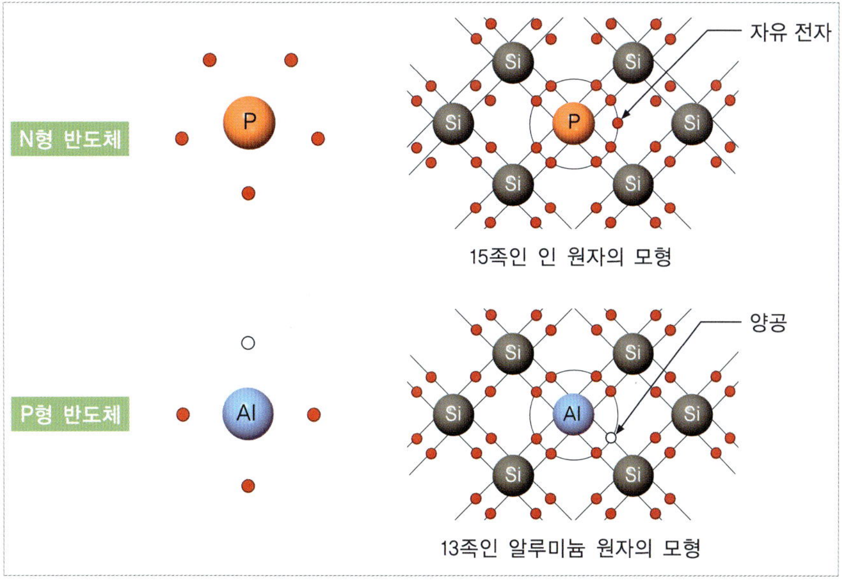

그림 7.19
실리콘 반도체의 도핑

(그림 7.19). 실리콘은 1.1 eV 정도의 적절한 띠 간격을 가지며 뛰어난 가공성으로 인해 현재 반도체 소자 90% 이상은 실리콘 웨이퍼를 원료로 만들어지고 있다. 실리콘 웨이퍼는 이산화 규소로부터 산소를 제거하여 얻어진 실리콘을 정제한 뒤, 단결정으로 성장시켜 얇게 자른 디스크이며, 포토레지스트를 이용한 노광 및 에칭 공정을 통해 미세 회로를 구성하여 반도체 집적회로(Integrated circuit, IC)를 만들게 된다(그림 7.20). 이러한 이유로 반도체 산업의 메카로 알려진 미국 캘리포니아의 도시를 실리콘 밸리(Silicon Valley)라 부르게 되었다.

규소 또는 저마늄과 같이 단일 원소로 구성된 반도체와 달리 2종 이상의 원소가 혼합된 형태의 물질로 반도체 특성을 갖는 물질들을 화합물 반도체라 부른다. 화합물 반도체의 예로는 탄화 규소(SiC), 갈륨 비소(GsAs), 인듐 갈륨 황(InGaS), 갈륨 인(GaP), 갈륨 비소 인(GaAsP), 갈륨 질소(GaN) 등이 있으며, 이외에도 무수히 많은 종류의 화합물 반도체가 합성되었다. 화합

그림 7.20
반도체 가공 공정

물 반도체는 구성 성분에 따라 각각 다른 띠 간격을 가지며, 발광소자나 광학 센서 등의 다양한 목적으로 활용할 수 있다.

반도체 물질은 다이오드, 트랜지스터와 같은 전자 부품을 제작하기 위해 사용된다(그림 7.21). 다이오드는 한쪽으로만 전류를 흘릴 수 있는 소자로서 n형 반도체와 p형 반도체를 접합하여 만든다. 한쪽으로만 전류를 흘릴 수 있는 다이오드를 이용하여 교류 전류를 직류 전류로 변환할 수 있는데 이러한 과정을 정류라고 한다.

한쪽으로 전류를 흘릴 수 있는 소자로서 최초로 발명된 것은 2극 진공관이다. 2극 진공관은 필라멘트와 전극으로 구성되어 있으며 필라멘트에 전류가 흐르게 되면 열전자가 방출되게 된다. 방출된 열전자는 (+)로 대전된 전극으로 흘러가게 되며 순방향으로 전류가 흐를 수 있게 된다. 전류를 반대로 흘리게 되면 전극은 (−)로 대전되어 음전하를 띤 전자가 전극으로 흐를 수 없

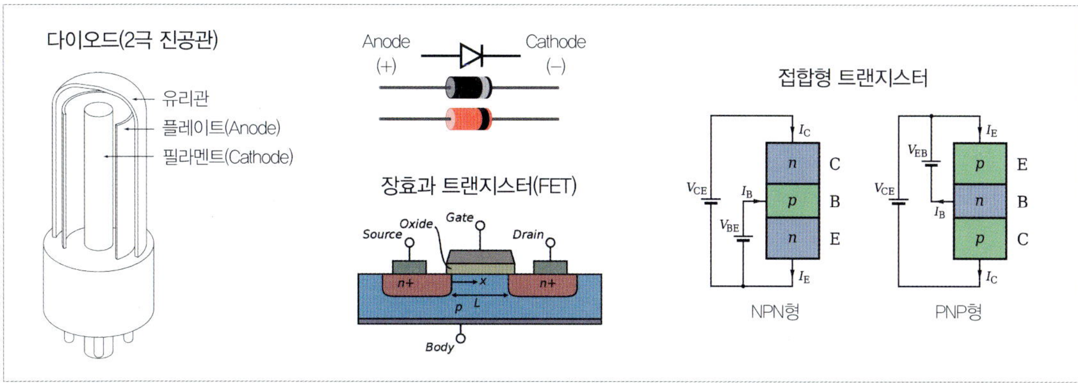

그림 7.21
다이오드와 트랜지스터
자료: Wikimedia

게 된다. n형 반도체와 p형 반도체를 접합하여 얻어진 다이오드의 경우에는 n형 반도체의 잉여 전자가 p형 반도체의 정공으로 흘러갈 수는 있지만, 반대로 전압이 인가되는 경우에는 낮은 에너지 준위의 가전자대의 전자가 높은 에너지 준위의 전도대로 이동해야 하므로 전류의 흐름을 방해하는 에너지 장벽이 생성된다. n형 반도체와 p형 반도체 3개를 서로 접합하게 되면 트랜지스터를 얻을 수 있는데, 트랜지스터는 신호의 증폭작용이나 전기적 스위치의 작용을 할 수 있는 소자가 된다. 트랜지스터를 이용한 스위치는 액정화면이나 유기발광소자, 이미지센서 등의 구동 회로에 폭넓게 사용된다.

유리를 녹이는 불화 수소

불소(F)는 주기율표의 9번째 원소로 수소와 반응하여 불화 수소(HF)를 형성한다. 불화 수소는 맹독성의 무색투명한 기체이며 19.5℃ 이하의 낮은 온도에서는 액체로 존재한다. 주기율표상에서 불소와 같은 할로젠족에 해당하는 염소(Cl), 브롬(Br), 아이오딘(I)도 불소와 마찬가지로 수소와 반응하여 염화 수소(HCl), 브로민화 수소(HBr), 아이오딘화 수소(HI)를 형성한다. 그

표 7.1 산의 해리 상수

산의 종류	분자식	짝염기	Ka	pKa
아이오딘화 수소	HI	I^-	$\sim 10^{11}$	~−11
브로민화 수소	HBr	Br^-	$\sim 10^{9}$	~−9
염화 수소	HCl	Cl^-	$\sim 10^{7}$	~−7
불화 수소	HF	F^-	6.6×10^{-4}	3.18
아세트산	CH_3COOH	CH_3COO^-	1.76×10^{-5}	4.75
물	H_2O	OH^-	1.0×10^{-14}	14.00

러나 염화 수소, 브로민화 수소, 아이오딘화 수소의 경우 수용액 상태에서 완벽하게 음이온과 양이온으로 해리되지만, 불화 수소는 약산으로 수용액에서 거의 해리되지 않는다는 점에서 큰 차이점을 가진다(표 7.1).

실리콘과 불소의 결합은 단일결합으로 이루어진 공유결합 중에서 가장 강한 결합에너지를 갖는다. 실리콘과 불소의 강한 결합에너지로 인해 불화 수소는 유리를 분해할 수 있는 특성을 갖는다. 이산화 규소를 주성분으로 하는 유리는 내약품성이 매우 뛰어나며 강한 염기와 반응을 하기는 하지만, 반응성이 매우 낮아 염기 용액에 장시간 담가 두어도 표면만이 약하게 반응하는 수준이다. 하지만 유리는 불화 수소와 반응하면 녹아 없어지게 된다(그림 7.22). 따라서 불화 수소는 유리로 만들어진 용기에는 보관할 수 없으며 폴리테트라플루오로에틸렌(polytetrafluoroethylene, PTFE)과 같은 내약품성 재질의 용기에 보관한다. PTFE는 테프론(Teflon)이라고도 불리는데, 불소가 포함된 고분자 물질로 내열성과 내약품성이 매우 뛰어나다.

실리콘을 녹일 수 있는 불화 수소의 성질은 반도체 가공 공정에서 중요한 역할을 한다. 실리콘 웨이퍼 표면의 산화피막을 제거하기 위해 사용되며 실리콘을 에칭하여 미세 회로를 가공하는 과정에서도 이용된다. 〈그림 7.23〉과 같이 반도체의 미세 회로를 제조하기 위해 포토레지스트 공정을 거치는데, 반도체 표면에 감광성 물질을 도포하고 선택적으로 빛을 쪼여

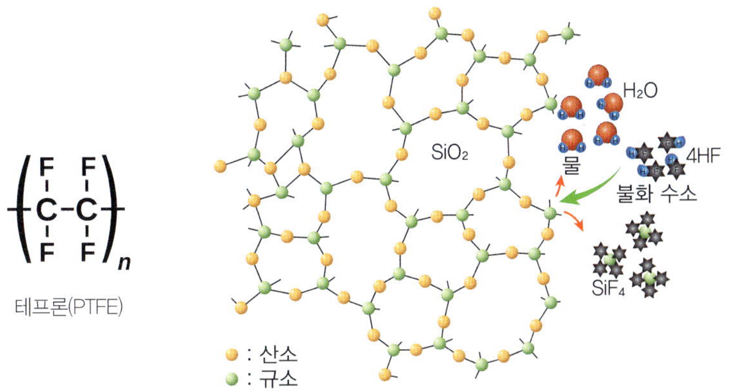

$4HF + SiO_2 \rightarrow SiF_4 + 2H_2O$

그림 7.22
테프론과 HF와 유리의 반응

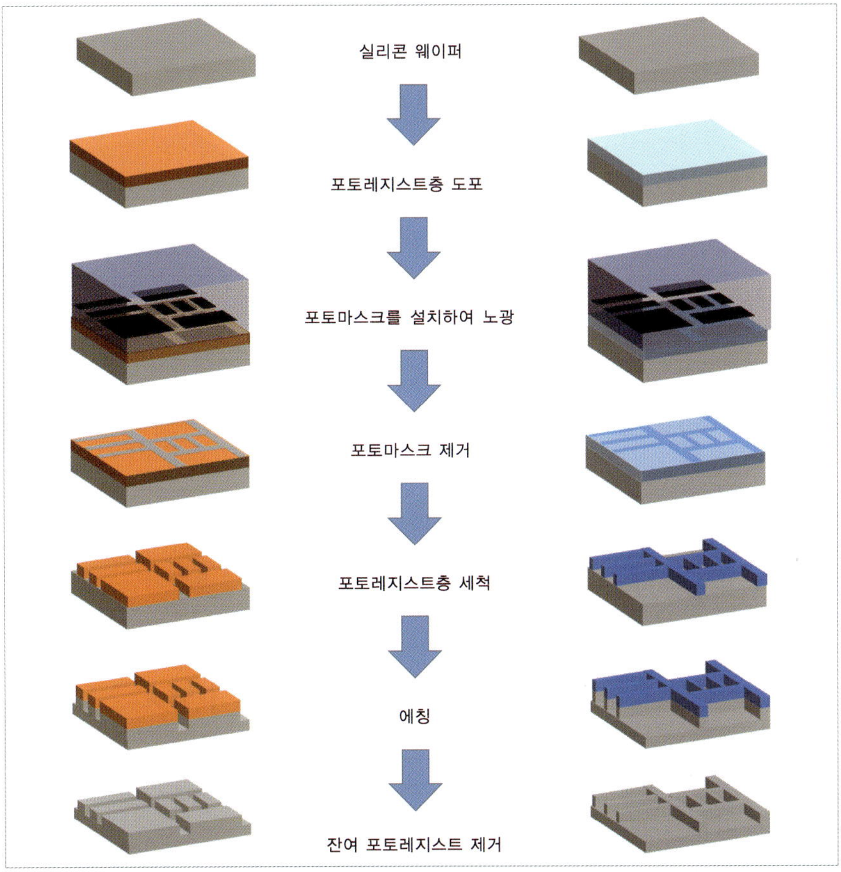

그림 7.23
포토레지스트 공정

주는 노광 공정을 거치게 된다. 이 과정에서 감광성 물질은 변형되며, 세척 공정을 거치면 감광성 물질은 빛이 쪼여진 부분 또는 빛이 쪼여지지 않은 부분에 선택적으로 남게 된다. 여기에 불화 수소 용액을 처리하게 되면 감광성 물질이 남아 있는 부분은 에칭이 되지 않으며, 나머지 부분은 선택적으로 에칭할 수 있으므로 미세 회로를 구성할 수 있게 되는 것이다. 이처럼 불화 수소는 반도체 가공 공정에서 필수적인 물질이다.

불소는 칼슘과도 강한 결합을 만드는데, 치아의 표면에 불소를 도포하면 표면이 소수성으로 바뀌게 되며 충치를 예방할 수 있는 기능을 가진다. 따라서, 많은 종류의 치약에 불소 성분이 함유되어 있다(그림 7.24).

원자력 발전을 위한 핵연료인 우라늄(U)의 농축을 위해서도 불소가 사용된다. 천연우라늄에는 핵연료로 사용 가능한 우라늄-235와 핵연료로 사용이 어려운 우라늄-238이 섞여 있다. 이산화 우라늄(UO_2)이 주성분인 우라늄 원광을 불소로 처리하면, 액체 상태의 육불화 우라늄(UF_6)이 만들어진다. 이 육불화 우라늄을 가스 원심분리기에 넣고 돌리면 가벼운 우라늄-235 가스를 추출할 수 있으며, 이를 고체 상태의 이산화 우라늄으로 변환하여 핵연료로 가공하게 된다(표 7.2). 육불화 우라늄 또한 매우 부식성이 강한 특징을 가지기 때문에 우라늄의 농축과정에서 내부식성이 뛰어난 소재가 필요하였는데 이 과정에서 테프론이 개발되었다고 전해진다.

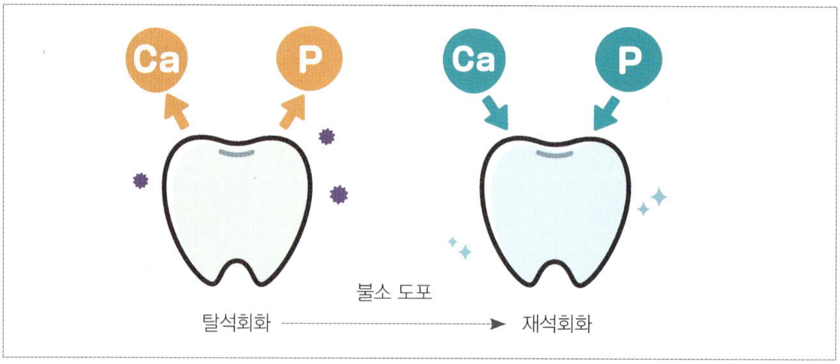

그림 7.24
치아의 불소처리
자료: Shutterstock

표 7.2 불소를 이용한 우라늄의 정제 과정

단계	설명	생성물
채광	우라늄(U)이 0.1% 수준으로 포함된 자연 상태의 우라늄 광석을 채광	우라늄 광석
정련	우라늄 광석에서 우라늄 정광(Yellowcake)을 분리해내는 과정	우라늄 정광
변환	우라늄 정광을 우라늄 농축에 적합한 육불화 우라늄(UF_6) 형태로 만드는 공정	육불화 우라늄
농축	천연우라늄에 있는 U_{235} 동위 원소의 비율(0.71%)을 높이는 공정	이산화 우라늄 분말

자료: 원자력안전위원회

현재 테프론은 다양한 용도로 활용되고 있는데, 가정에서 사용하고 있는 프라이팬 대부분은 테프론 코팅이 되어 있어 음식물이 눌어붙는 것을 막아준다. 테프론은 소수성이 매우 강한 성질이 있어서 증기 상태의 땀을 외부로 방출하고 물방울이 내부로 들어오는 것을 막아주는 고어텍스(GORE-TEX) 브랜드의 옷감 소재로도 활용되고 있다(그림 7.25).

이처럼 불소는 산업적으로 매우 중요한 물질이지만, 독성이 매우 강한 위험한 물질이기도 하다(그림 7.26). 특히, 불화 수소는 강산으로 잘 알려진 염산이나 황산보다도 훨씬 위험하며 피부에 접촉하였을 때 쉽게 흡수되는 특성을 가지며 일정 시간이 지난 뒤에 화학적 화상을 일으킨다. 또한, 혈액 속에서 칼슘이나 마그네슘과 반응하여 불용성의 침전물을 형성하므로 저

그림 7.25
데프론의 활용
자료: Shutterstock

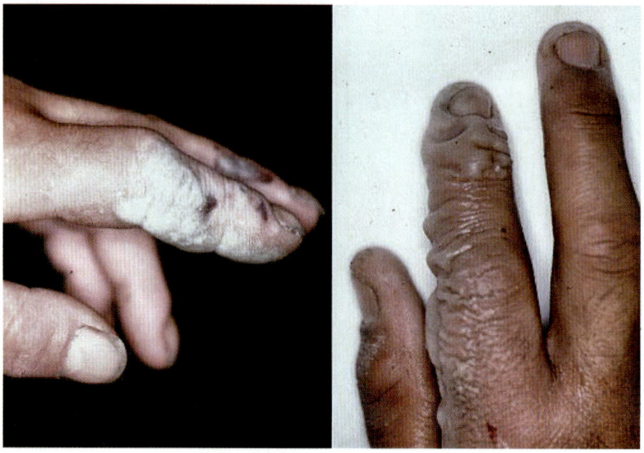

그림 7.26
불화 수소의 위험성
자료: Wikimedia, Dr. Charles Eaton

칼슘혈증, 저마그네슘혈증을 통한 쇼크사를 유발할 수 있으며, 근육을 통해 침투한 불화 수소는 뼈의 표면에 흡착되며 뼈의 표면을 소수성으로 변환시킨다. 이 과정에서 근육과 뼈를 박리시킴과 동시에 심한 염증 반응을 일으키고, 심하면 신체 일부를 절단해야 하는 경우도 발생한다. 고농도의 불화 수소 가스에 노출되면 폐와 심장에 치명적인 영향을 줄 수 있다.

2012년에 구미에서 불화 수소가 누출되었던 사고는 불화 수소의 위험성을 잘 알려주는 사례이다(그림 7.27). 탱크 컨테이너로부터 생산설비로 불화 수소를 이송하기 위해 밸브를 연결하는 작업 도중 불화 수소가 누출되었고, 현장 작업근로자 4명과 펌프 수리업체 직원 1명이 사망하는 사고가 발생하였다. 이후 18명의 부상자가 발생하였으며 12,243명이 건강검진을 받아야 했다. 농경지 212 ha가 오염되었으며 가축 4,015두, 차량 1,954대, 기업체 81개사가 피해를 보았다. 가축들은 사료를 거부하고 침을 흘리는 등의 이상증세를 보였으며, 이미 가스를 흡입한 주민 중에는 피가 섞인 침을 토해내기도 하였다. 사고로 인한 피해가 점점 심각해 지면서 특별재난지역으로 선포되기도 하였다.

불화 수소는 일본의 수출 제재로도 또 한 번 유명해졌다. 2019년에 일본

그림 7.27
구미 불화수소 누출사고
자료: 대한민국 정책브리핑

은 대일 무역의존도가 높은 고순도 불화 수소(에칭 가스)를 비롯하여 극자외선(EUV)용 포토레지스트, 플루오린 폴리이미드 3가지 반도체 핵심 소재 품목에 대해 수출 규제를 시작하였다(표 7.3). 일본의 무역 규제가 시작되면서 대일 의존도가 높은 첨단산업 분야는 큰 위기감을 느꼈으며, 이를 극복하기 위해 공급처의 다변화와 소재의 국산화 등의 다양한 노력을 기울이게 되었다(표 7.4). 반도체의 미세 공정을 위해서는 순도 99.999% 이상의 초고순도의 불화 수소가 요구되는데, 그 당시 일본이 전 세계 생산량의 70%를 공급하고 있었다. 하지만 한일 무역분쟁을 겪으면서 국내에서도 불화 수

표 7.3 일본의 수출 규제 반도체 소재 3개 품목

품목	용도	일본의 세계 시장 점유율	영향
플루오린 폴리이미드	불소처리를 통해 열 안정성 등을 강화한 필름 디스플레이 제조에 쓰이는 다양한 PI 중 하나	90%	접이식 스마트폰 디스플레이, 반도체 패키징, 전기차 경량화 소재, 3D 프린팅 소재
포토레지스트	반도체 기판 제작에 쓰이는 감광액 재료	90%	반도체 기판 포토마스크 제작
에칭 가스	반도체 세정에 쓰이는 고순도 불화 수소	70%	반도체 제작 공정

※ 에칭 가스의 경우 한국의 일본산 수입 비중은 95% 이상이었다.

표 7.4 일본 수출 규제 품목의 국산화 추진 현황

품목	일본 기업	국산화 추진 기업
플루오린 폴리이미드	스텔라, 모리타, 쇼와덴코	솔브레인, 후성, SK머티리얼즈
포토레지스트	JSR, TOK, 신에쓰	금호석유화학, 동진쎄미켐
에칭 가스	스미토모화학	코오롱인더스트리, SKC

표 7.5 일본산 에칭 가스 수입 추이

년도	수입 중량	수입액
2019	1,9835.7 t	3634만 달러
2020	4942.6 t	938만 달러
증감률	−75.1%	−74.2%

소를 제조하는 기업이 늘어나고 있으며 관련 특허를 출원하는 등 국산화의 노력을 지속하고 있어서 애초 예상했던 반도체 분야의 피해는 그다지 크지 않은 것으로 알려졌다(표 7.5).

암모니아의 합성과 합성 비료의 탄생

퇴비는 뼛가루, 재, 죽은 물고기 등 인간의 활동 과정에서 발생하는 각종 부산물이 농작물을 재배하는 과정에 도움이 된다는 사실을 이해하면서부터 사용되기 시작하였다. 고대 로마인은 이미 윤작, 산성토양에 대한 석회의 사용, 두엄의 사용, 콩과 식물의 재배를 통한 토양 비옥화에 대한 다양한 경험적 지식을 축적해 온 것으로 알려져 있다.

중세의 과학자들은 식물의 생장에 필요한 요소들을 찾기 위해 다양한 노력을 기울였다. 1804년 스위스의 화학자 니콜라 테오도르 소쉬르(Nicolas Théodore de Saussure, 1767~1815)는 식물이 햇빛을 받아서 물과 이산화 탄소를 이용하여 탄수화물을 합성한다는 사실을 밝혀냈고, 독일의 과학자 유스투스 폰 리비히(Justus von Liebig, 1803~1873)는 식물을 태운 재를 분석하였을 때 탄소가 없고 질소와 인이 많이 포함되어 있다는 사실을 발견하였다. 그는 재에 든 성분이 식물에 필수적인 영양소일 것이라고 가정하였으며 질소, 인산, 칼륨 등의 원소를 배합하여 식물의 생장에 대한 영향을 관찰하였다. 이를 통해 식물은 공기로부터 이산화 탄소를, 뿌리로부터 질소 화합물과 미네랄을 흡수하여 성장한다고 제안하였다. 이전까지 식물의 성장에는 생물의 사체가 썩어 흙과 섞인 부식토가 필수적이라고 생각하였지만, 리비히는 무기 성분만으로도 식물이 자랄 수 있다는 것을 밝혀낸 것이다. 리비히는 암염에서 염화 칼륨 성분을 추출해서 칼륨 비료로 사용하였고, 동물의 뼈를 갈아 만든 뼛가루에 황산을 작용시켜 과인산 석회를 제조 및 활용하여 인산 비료가 유효하다는 것을 보여주었다. 즉, 질소, 인산, 칼륨의 3요소가 식물의 생장에 필요하다는 사실을 보여준 것이다.

질소는 공기의 80%를 차지하는 성분이지만, 식물은 공기 중의 질소를 활용하지 못하기 때문에 수용성의 질소 화합물이 요구되었다. 이후, 독일의 농생물학자 헤르만 헬리겔(Hermann Hellriegel, 1831~1895)과 헤르만 빌파르트(Hermann Wilfarth, 1853~1904)는 1880년대에 특정 미생물이 콩과 식물의 뿌리에 혹을 형성하여 공기로부터 질소 화합물을 만들어 낸다는 것을 밝혀냈으며, 1880년대 후반부터 식물 생장의 필수요소에 대한 측정과 비료의 사용 비율, 시기, 사용 방법, 조성 등에 관한 연구가 활발히 진행되었다.

수용성 질소 성분이 비료로 유효하다는 사실이 밝혀진 이후 새들의 배설물이 쌓여 형성된 퇴적물인 구아노(guano)가 질소 비료로 활용되었으며 칠레초석이 질소 비료의 원료로 사용되었다. 칠레초석은 남미의 아타카마 사막 지역에 대량으로 매장되어 있는 질산 나트륨($NaNO_3$)의 결정으로 비료와 화약의 원료로 이용된다. 아타카마 사막 인근 지역은 스페인의 식민지였으나 19세기 초 칠레, 볼리비아, 페루 등 남미 각국으로 독립하게 되었다. 독립 당시만 하더라도 칠레초석의 유용성이 알려지지 않았으나, 질소 비료의 중요성이 밝혀지면서 유럽 각국에서 칠레초석을 수입하여 비료의 원료로 사용하기 시작하면서 농업 생산성이 획기적으로 향상되었다.

칠레초석은 화약의 원료로도 매우 중요한 물질이다. 서구 열강들은 칠레초석을 확보하기 위해 서로 경쟁하였다. 1879년에 칠레, 볼리비아, 페루 세 나라 사이에 남미 태평양 전쟁이 일어나게 되는데, 칠레초석에 대한 이권을 두고 다툰 전쟁이어서 초석 전쟁이라고도 부른다(그림 7.28). 영국, 프랑스, 이탈리아의 지원을 받은 칠레는 미국의 지원을 받았던 페루-볼리비아 동맹군에 승리하였고 볼리비아는 서부 연안의 영토를 잃게 되며 내륙국가로 전락하게 되었다.

1908년에 독일의 화학자 프리츠 하버(Fritz Haber, 1868~1934)는 질소와 수소로부터 암모니아를 합성할 수 있다는 사실을 제시하였고, 빌헬름 오스트발트(Wilhelm Ostwald, 1853~1932)에 의해 암모니아로부터 질산을 만드는 방법이 제시되었다. 만약, 공기의 80%를 차지하는 질소로부터 암모니아를

그림 7.28
초석 전쟁 이후의 영토 변화

대량으로 생산할 수 있다면, 질소 비료를 화학적으로 합성할 수 있게 된다. 하버가 제시한 방법은 200기압과 500℃라는 엄청난 고온 · 고압이 요구되었기에 당시로써는 상당히 어려운 기술이었다. 당시 독일 최대의 화학회사였던 BASF사는 하버의 암모니아 합성법 특허를 구매하였고, 하버는 BASF사의 카를 보슈(Carl Bosch, 1874~1940)와 협업하여 1913년에 '하버-보슈법'을 개발하여 암모니아의 상업적 합성에 성공하였다(그림 7.29).

암모니아의 합성은 독일에 엄청난 힘을 더해 주는 결과를 낳게 된다. 1914년 7월, 제1차 세계대전이 발발하면서 영국과 프랑스를 비롯한 연합군은 화약의 원료로 사용되는 칠레초석이 독일로 들어가지 못하도록 해상을 봉쇄하였다. 연합군은 칠레초석 없이는 전쟁을 지속하기 어려울 것으로 생각하였지만, 독일은 암모니아를 생산할 수 있었기 때문에 충분한 화약을 바탕으로 4년간이나 전쟁을 지속할 수 있었다. 하버는 독가스를 이용한 화학무기 연구에도 참여하였으나 다행히 실전에서 큰 효과를 거두지는 못하였다. 이후 암모니아 합성법 개발의 공로로 1918년에 노벨화학상 후보로 지명되었지만, 암모니아가 폭약의 원료로 사용되었으며 독가스를 이용한 화학무기 개발에도 참여했다는 이유로 각국의 과학자들은 하버를 반인도주의적 범죄자라 비난하였다. 1차대전 이후 세계 각국에서는 하버-보슈법을 이용하여 암모니아를 대량으로 생산하였으며, 현대적 중화학공업의 시초가 되었다.

천연자원에 의존하던 질소 화합물을 대량으로 생산할 수 있게 되면서 1925년에 연간 250만 톤을 생산했던 칠레초석은 1934년에는 80만 톤으로 줄어들게 되었다. 현재 전 세계 질산염의 생산량은 연 1억 톤이 넘는 규모이다. 각국은 암모니아를 이용하여 질소 비료를 생산하였으며, 이는 인류에게 농업혁명이라는 결과를 안겨주었다. 1900년 무렵 16억 5,000만으로 추정되었던 지구의 인구는 현재 78억에 이르고 있으며, 2050년에는 100억

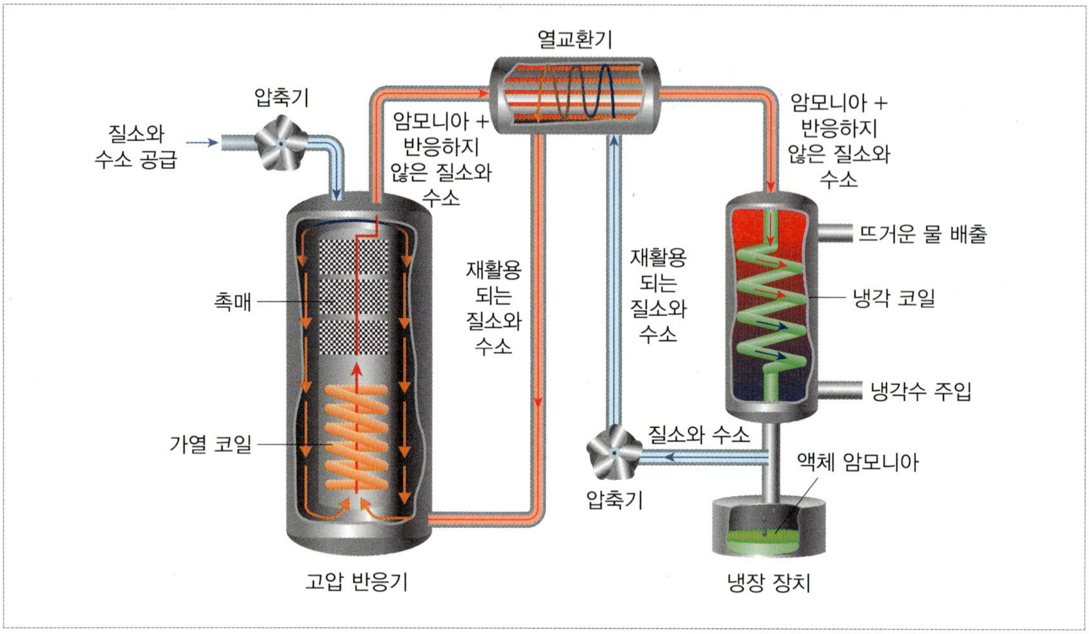

그림 7.29
하버와 보슈가 개발한 암모니아 합성법

에 이를 것으로 예상한다. 만약, 하버의 공정 없이 퇴비로만 농사를 지었다면 인구는 40억을 넘기 어려웠을 것으로 전해진다. 그만큼 화학비료는 인류에 있어서 중요한 존재이다. 비료의 사용은 퇴비를 생산하는 데 필요한 노동력과 시간을 줄일 수 있으며 토양에 양분을 빠르게 공급하여 농업 생산성을 크게 향상할 수 있는 장점이 있다. 하지만 장기간에 걸친 화학비료의 사용은 토양을 산성화시키며 오히려 농업 생산성을 떨어뜨리는 결과를 낳게 된다. 또한, 비료가 빗물에 섞여 강과 바다로 유입되면서 부영양화를 유발하게 되어 화학비료의 사용에 따른 이득보다는 손실이 커질 수 있으므로 주의를 기울일 필요가 있다.

최근에는 수소연료전지가 주목을 받으면서 암모니아도 동시에 주목을 받고 있다(그림 7.30). 수소연료전지는 수소를 이용하여 전기를 생산하는 장치로, 전기를 생산하는 과정에서 물 이외에는 어떠한 부산물도 생성하지 않기 때문에 청정연료로 볼 수 있다. 하지만 수소는 매우 가벼운 기체이며 산소와 혼합되면 폭발하는 성질을 가진다. 따라서 대용량으로 보관 또는 수송하는 것이 매우 어렵기 때문에 수소연료전지 자동차 등에 탑재 가능한 수소의 양은 한정적이며 매우 높은 압력에 견딜 수 있는 특수한 용기가 요구된다. 하버의 암모니아 합성법은 고온·고압에서 수소와 질소를 반응시키는 방법이다. 수소와 마찬가지로 암모니아는 연소과정에서 질소 가스와 물 이외의 부산물을 생성하지 않기 때문에 청정연료로 생각할 수 있지만, 암모니아의 생성과정에서 어느 정도의 에너지가 요구되기 때문에 암모니아를 연료로 사용하는 것은 수소를 사용하는 것보다는 유리하지 않다. 그런데도 암모니아가 주목을 받는 이유는 암모니아의 끓는점이 −33℃ 정도로 액체로 수송할 수 있다는 점이다. 촉매를 이용하여 암모니아를 쉽게 수소와 질소로 변환할 수 있으므로 대량의 수소를 암모니아로 변환하여 저장하고 수송하게 된다면, 수소연료전지의 활용 가치를 획기적으로 향상할 수 있게 될 것이다.

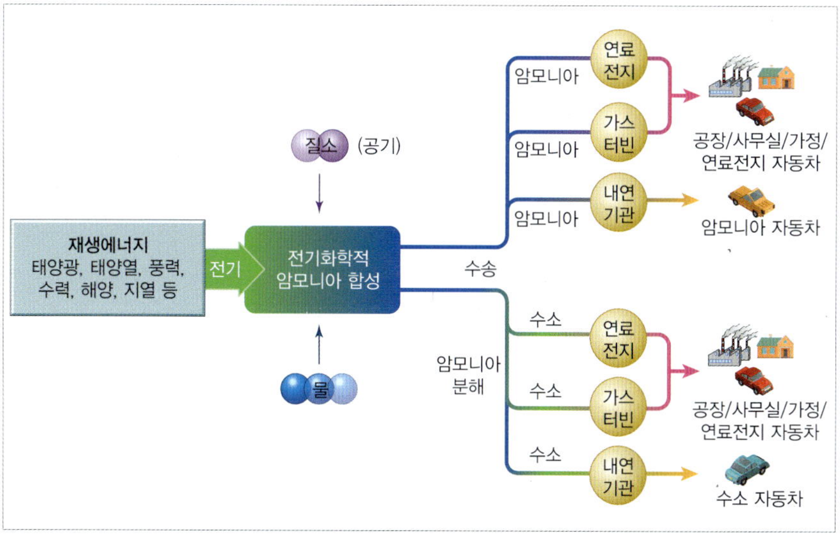

그림 7.30
암모니아의 친환경적 활용

화약

화약은 열, 충격, 마찰과 같은 약간의 외력에 의해 급격한 화학반응을 일으킴과 동시에 다량의 가스와 열을 발생하는 물질이다. 일반적인 연료는 연소 과정에서 공기 중의 산소 공급이 필요하지만, 화약의 경우 산소의 공급이 없이도 반응이 일어나게 되며 반응속도가 매우 빠르다는 특징을 가진다. 인류가 최초로 사용한 화약은 흑색화약으로 초석(질산 칼륨)과 황을 주원료로 목탄을 혼합하여 만들었다(그림 7.31). 흑색화약은 지금까지도 불꽃놀이, 폭죽 등에 사용되고 있다(그림 7.32).

화학적인 관점에서 질산염이 폭약으로 사용될 수 있는 이유는 질소 원자와 다수의 산소 원자를 포함하고 있어서 황 및 목탄과 빠르게 반응할 수 있으며, 반응의 결과로 질소 가스와 아황산 가스 및 이산화 탄소와 같은 기체 상태의 생성물을 대량으로 만들면서 급격한 부피의 변화를 동반하기 때문이다.

그림 7.31
흑색화약
자료: Shutterstock

그림 7.32
화약을 이용한 불꽃놀이
자료: Shutterstock

흑색화약은 중국에서 최초로 개발된 것으로 알려진다. 중국의 흑색 화학이 만들어진 배경에는 연단술이 있다. 고대 중국의 연단술은 유럽의 연금술과 비슷한 관점에서 볼 수 있는데, 연금술은 값비싼 금을 얻기 위해 노력했던 반면, 연단술은 불로장생의 약을 얻기 위해 노력했다는 데 차이가 있다. 고대 연단술에 따라 탄생한 초기의 화약에는 목탄이 포함되어 있지 않았지만, 당나라(618~907년) 시기에 흑색화약으로 발전한 것으로 보이며 여러 가지 관련 기록들이 등장한다. 초기의 화약은 초석의 함량이 높지 않아 폭발력이 크지 않았으나 송나라와 원나라에 이르러 화약을 이용한 병기가 만들어지게 되었다. 흑색화약의 주원료인 천연 질산 칼륨은 중국과 인도 등 극히 한정된 지역에서 생산되었기에 중국에서 흑색화약이 개발된 것으로 여겨지며, 13세기에 이르러 몽골제국의 원정군에 의해 중동지역을 거쳐 유럽으로 전해진 것으로 보고 있다. 하지만 유럽 일부에서는 영국의 로저 베이컨(Roger Bacon)이 최초로 흑색화약을 발명하였다고 주장하고 있다.

베이컨은 질산 칼륨과 황의 혼합물에 목탄 가루를 섞어 흑색화약을 만드는 방법을 자세하게 기록하였는데, 당시에 화약 제법을 공표하는 것은 종교적 이유로 금지되어 있어서 음어로 기록하였다고 한다.

유럽에서는 13세기부터 흑색화약이 사용되었으며 군사적인 용도로 발전되기 시작하였다. 14세기 중반에는 개인용 무기 형태의 총이 개발되었다(그림 7.33). 이후 흑색화약은 본격적으로 전쟁에 사용이 되었으며 다양한 형태의 역사적인 사건들의 발단이 되면서 전쟁의 형태를 완벽하게 바꾸어 놓는 계기가 되었다.

국내에서 최초로 흑색화약을 이용한 화기가 사용된 것은 몽골군이 들어오면서인데, 몽골군에 맞서 삼별초가 항전할 때 화기를 사용한 것으로 알려졌다. 당시 중국에서는 화약의 제조 방법을 비밀에 부쳤는데 고려 시대 말 최무선은 초석의 제조 방법을 중국 상인으로부터 알아내어 최초로 흑색화약을 개발하였다. 이후 화통도감이 설치되어 화약이나 무기 제조에 대한 다양한 기술이 발전하게 되었으며 고려의 수군이 왜구와의 싸움에서 압도

그림 7.33
개인화기로서의 흑색화약의 사용

할 수 있었다.

주로 무기로 사용되던 흑색화약은 17세기에 접어들어 산업 분야에서도 활용되기 시작하였다. 광산이나 토목공사에서 화약은 중요한 역할을 하게 된다(그림 7.34). 흑색화약은 19세기 중반까지 유일한 폭약으로 사용되었지만, 다이너마이트를 시작으로 유기물 기반의 다양한 고성능 폭약이 개발되면서 흑색화약을 대체하게 되었다.

1846년에는 스위스의 화학자 크리스티안 쇤바인(Christian Friedrich Schönbein, 1799~1868)에 의해 나이트로셀룰로스(Nitrocellulose)가 개발되었으며, 1847년에 이탈리아의 화학자 아스카니오 소브레로(Ascanio Sobrero, 1812~1888)에 의해 다이너마이트의 원료가 되는 나이트로글리세린이 최초로 합성되었다(그림 7.35). 질산과 황산을 혼합한 산에 셀룰로스나 글리세린을 작용시키면, 글리세린의 수산기에 나이트로기가 부가된다. 셀룰로스에 나이트로기가 많이 부가되면 폭발성을 가지는데, 이를 면화약으로 사용하였다. 나이트로셀룰로스는 이후 셀룰로이드라는 가소성 수지를 만드는 원료로 이용되기도 한다. 글리세린에 나이트로기가 도입된 나이트로글리세린은 충격이나 정전기 등에 의해 쉽게 폭발하는 특징을 가진다. 나이트

그림 7.34
폭약을 이용한 토목공사
자료: Shutterstock

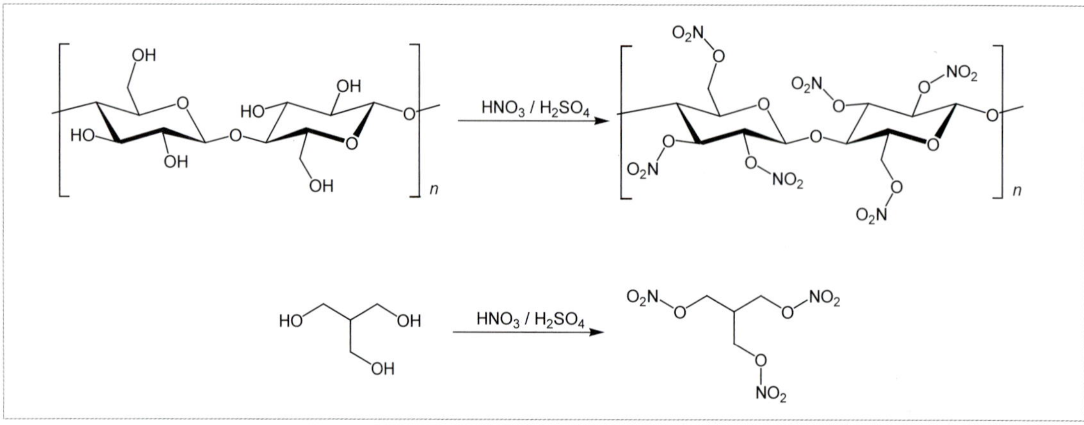

그림 7.35
나이트로셀룰로스와 나이트로글리세린의 합성

로글리세린은 산업적인 수요는 많았지만, 너무 불안정하여 쉽게 폭발사고로 이어지는 문제점이 있었다. 나이트로글리세린은 폭약으로의 용도 이외에도 협심증의 치료 약으로도 사용되고 있다.

1866년 알프레드 노벨(Alfred Bernhard Nobel, 1833~1896)은 규조토에 나이트로글리세린을 흡수시켜 안정성을 높이는 방법으로 다이너마이트를 개발하였다(그림 7.36). 이후 다이너마이트는 대단위 토목공사에 유용하게 활용되면서 노벨은 엄청나게 큰돈을 벌게 된다. 하지만 노벨은 다이너마이트를 개발하면서 폭발물을 실험할 때 동생을 잃는 사고를 겪었으며, 다이너마이트가 전쟁용으로 사용되면서 평생 괴로워했다고 하며 자신의 자산을 기부하여 노벨상을 만들게 된다.

나이트로기가 많이 도입된 유기 화합물들은 그 자체로 폭발하는 성질을 가진다. 이는 나이트로기 자체에 산소와 질소 원자들을 포함하고 있어서 반응 후에 이산화 탄소, 질소와 같은 기체 생성물을 대량으로 생성하기 때문이다. TNT라는 이름으로 유명한 트라이나이트로톨루엔 또한 톨루엔에 나이트로기가 3개 도입된 물질로, 1863년에 독일 화학자 율리우스 빌브란트(Julius Wilbrand, 1839~1906)에 의해 개발되었으며 폭약의 폭발력에 대한

그림 7.36
노벨과 다이너마이트
자료: Shutterstock

기준으로 활용되고 있다.

앞서 하버가 개발한 암모니아 합성법을 통해 대량의 질산염을 확보할 수 있게 되었는데, 질소 비료로 사용되는 질산 암모늄은 그 자체로도 폭발성을 가진다. 단, 질산 암모늄을 폭약으로 활용하기 위해서는 기폭제가 필요하다. 일본의 타카타(Takata)라는 회사에서는 에어백의 가스 발생물질로 질산 암모늄을 사용하여 문제가 된 바 있다. 이전까지 아자이드화 나트륨이 에어백의 가스 발생물질로 사용되었지만, 아자이드화 나트륨의 유해성으로 인해 대체 물질을 찾기 시작하였으며 타카타는 질산 암모늄을 이용한 에어백을 개발하였다. 그러나, 질산 암모늄의 강한 폭발력으로 인해 에어백이 전개되면서 탑승자에게 심각한 상해를 입히는 결과를 초래하였다(그림 7.37). 미국에서만 무려 11명이 사망하였으며 세계 각지에서 심각한 문제가 발생하였다. 이에 타카타의 에어백을 장착한 차량에 대한 대규모 리콜이 시작되었으며 리콜 대상이 1억 대 이상에 이르는 것으로 파악되었다. 타카타는 초기에 에어백의 결함을 은폐하였으며 2017년에 이르러 은폐 사실을 인정하고 10억 달러의 벌금을 내기로 합의하였지만 결국 파산하고 말았다.

질산 암모늄에 경유를 섞어 만든 폭약을 ANFO라고 하며 TNT의 0.8배

그림 7.37
타카타 에어백의 결함에 따른 사고
자료: flickr, Rolando A. Bridges

폭발력을 갖는 폭약으로 사용된다. 2020년 레바논 수도 베이루트 항에서 대규모 폭발사고가 발생하였는데, 레바논 정부 당국에 의해 압수된 2,750 t의 질산 암모늄이 폭발한 사고였다. 이 사고로 207명이 사망하였으며 6천여 명의 부상자가 발생하였다(그림 7.38). 2015년에는 중국의 톈진 항에서 대규모 폭발사고가 있었는데, 이 사고도 질산 암모늄과 연관이 있는 것으

그림 7.38
2020년 베이루트 항 폭발 사고
자료: flickr, Assafir Online

그림 7.39
2015년 텐진항 폭발사고
자료: Wikimedia, Kasra092

裡里서「火藥列車」폭발大慘事

千여명死傷·집9千5百여채破損

驛주변5百m內 건물完破

半徑4㎞안팎까지 衝擊波

被害52億

그림 7.40
1977년 이리역 폭발사고

로 추정되고 있다(그림 7.39). 비료로 활용되는 질산 암모늄을 이용하여 사제폭탄을 제조하는 예도 있어서 철저한 관리가 요구되는 물질이다.

국내에서 발생한 폭약에 의한 대규모 폭발사고로는 1977년 11월 11일 전북 익산에서 발생한 이리역(현 익산역) 폭발사고가 있다(그림 7.40). 다이너마이트와 전기 뇌관 등 40 t의 고성능 폭발물을 싣고 있던 화물 열차가 폭발한 사건으로 반경 500 m 이내의 건물 9,500여 채가 파손되었으며 59명의 사망자와 1,400여 명에 달하는 부상자가 발생한 사고이다.

석면

석면은 섬유상의 규산염 광물로 국제보건기구에서 지정한 1급 발암물질 중의 하나이다. 성분에 따라서 백석면, 갈석면, 청석면 등으로 나뉘며 가느다란 섬유상의 결정을 형성하여 쉽게 부스러지는 성질을 가진 몇 가지 종류의 광물을 통틀어 석면으로 분류한다(그림 7.41). 석면은 광물의 특성상 불에 타거나 변형되지 않으며 내구성, 단열성, 절연성, 유연성 등이 매우 우수한 물질로 보온재, 단열재, 내화재, 절연체 등의 목적으로 건축자재, 자동차 부품 등에 널리 활용되었다(표 7.6). 섬유상의 물질이므로 방적을 통해 천처럼 석면포를 만들 수 있으며 방화복의 재료로 활용되기도 하였다. 하지만 석면에 대한 유해성이 밝혀지면서 유럽, 미국, 일본 등에서 석면의 사용을 금지하기 시작하였으며, 우리나라에서도 2015년부터 산업안전보건법에 따라 전면적으로 석면의 사용을 금지하고 있다(표 7.7).

석면의 유해성이 알려진 것은 비교적 최근으로 국제보건기구에서도 1987년에서야 석면을 1급 발암물질로 규정하였다. 하지만 석면이 1급 발암

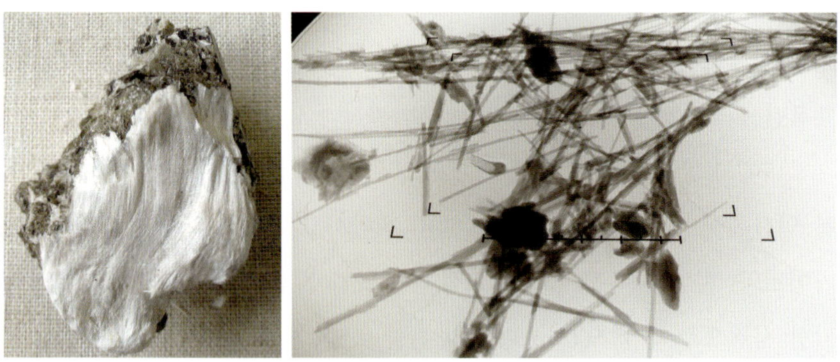

그림 7.41
석면
자료: Shutterstock

표 7.6 석면의 활용

특성	활용
내마모성	차량의 브레이크
내화성	화재 방지를 위한 석면 뿜칠
방부성	슬레이트 지붕
섬유성	석면으로 만든 천
내열성	뜨거운 것을 만질 때 쓰는 장갑
절연성	전선에 씌우는 피복재

표 7.7 석면에 대한 규제

년도	규제
1990	– 석면을 허가 대상 유해물질로 규정
2006	– 석면 함유량이 제품 중량의 1% 초과 제품 사용 금지
2007	– 석면 함유량을 제품 중량의 0.1% 이하로 제한 – 석면 마찰재 5종의 수입, 제조, 사용 금지
2009	– 대체품이 개발되지 않은 일부 제품 외에는 석면 제품 제조 및 사용 금지
2015	– 석면 전면 사용 금지

물질로 규정되었음에도 석면이 가진 뛰어난 특성 때문에 여전히 많은 국가에서 석면을 사용하고 있다(표 7.8). 섬유상의 구조를 가진 석면은 잘게 부스러지는 특성 때문에 미세한 분진을 형성한다. 이 때문에 석면은 폐의 깊숙한 곳까지 침투할 수 있으며, 폐에 침투한 뒤에 그대로 침착되어 빠져나오지 않는다(그림 7.42). 석면이 폐에 침착되면 백혈구들은 이를 이물질로 인식하여 제거하기 위해 모여들지만, 오히려 석면에 의해 백혈구가 파괴되고 염증을 형성하게 된다. 이 때문에 석면은 석면폐증을 비롯하여 악성중피종, 폐암 등의 중증 질환을 유발하게 된다. 이들 질환의 잠복기는 10년에서 40년에 이르며 현재까지 석면 질환에 대한 치료제가 개발되어 있지 않기 때문에 그 심각성은 더욱더 크다고 할 수 있다.

표 7.8 전 세계 석면 활용 현황 (2012년 기준)

국가	사용량	국가	사용량
중국	531 t	우즈베키스탄	104 t
인도	473 t	태국	58 t
러시아	196 t	우크라이나	42 t
브라질	168 t	파키스탄	10 t
인도네시아	162 t		

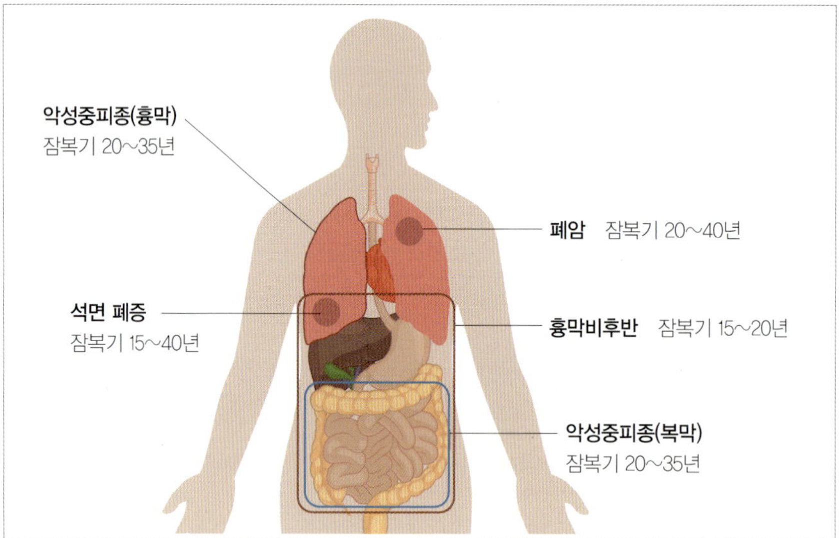

그림 7.42
석면이 인체에 미치는 영향
자료: Shutterstock

국내에서는 일제강점기부터 석면을 사용하기 시작하였으며, 경제 성장과 더불어 석면의 사용이 급격하게 증가하게 되었다(표 7.9). 특히, 1970년대에 새마을운동이 진행되던 과정에서 농어촌의 초가지붕을 개량하기 위해 석면이 포함된 슬레이트를 사용하였고, 각종 보온 단열재에도 석면이 사용되었다. 자동차 브레이크의 라이닝과 패드 등에 석면이 대량으로 사용되었으며 엔진의 개스킷과 단열재로 사용되기도 하였다. 철근 콘크리트 건물의 내열 및 방화 마감재로 석면을 바르기도 하였다. 각급 학교의 과학 실

표 7.9 1990년대 석면의 활용도

용도	활용비율
건축자재	82.0%
마찰재	8.5%
석면 방직	5.5%
자동차 부품용 단열재	1.5%
기타	2.5%

험실에서 사용하고 있는 교육용 재료에서도 석면을 포함하는 물질이 사용되었으며 일부 화장품 등에서도 석면이 검출되기도 하였다. 현재까지도 농어촌 지역에는 슬레이트 지붕으로 덮여 있는 건물들을 심심찮게 볼 수 있으며, 많은 건물에서 석면이 포함된 천장재나 마감재를 찾아볼 수 있다.

각급 학교 건축물에 대해서는 석면을 제거하기 위한 공사들이 진행되고 있으며, 농어촌 지역의 슬레이트 지붕 또한 활발하게 철거가 진행되고 있다. 하지만 모든 학교 건축물에서 석면을 제거하기 위해서는 앞으로도 많은 시간과 비용이 소요될 것으로 예측된다. 여전히 많은 사람이 석면의 유해성에 대해 인식하지 못하고 있으며, 석면의 유해성을 인식하고 있음에도 석면이 포함된 사실을 알지 못한 채 석면을 취급하는 경우가 자주 발생하고 있다. 안타깝게도 석면 관련 질환에 대한 예방법으로 개인이 할 수 있는 부분은 석면을 포함하는 물질과의 접촉을 최대한 줄이는 방법밖에는 없는 것이 현실이다. 따라서 석면에 대한 안전 교육과 관리 대책의 확충이 매우 중요하다고 할 것이다.

8장

유기물질의 활용

목재와 수지

종이

천연섬유

반합성 수지의 등장

고무와 고무가황법

합성수지

환경호르몬

화학무기

의약품의 발달

계면활성제

농약의 등장

안료와 염료

액정과 유기발광소자

우리가 사용하고 있는 대부분의 생체 유래의 물질들은 유기 화합물이다. 목재를 비롯하여 섬유, 수지와 같은 성분들이 꾸준하게 사용되었으며, 동식물로부터 얻어지는 다양한 성분들은 식료품이나 의료품 등으로 활용되고 있다. 20세기에 이르러 화석연료를 활용하여 합성섬유, 합성수지, 합성고무 등 다양한 유기 화합물들을 인공적으로 만들어 내고 있다. 합성화학이 발달하면서 다양한 유기 화합물들이 합성되고 있으며 의약품, 세제, 염료, 화장품, 농약, 살충제 등으로 폭넓게 활용되고 있다. 이 장에서는 실생활에 사용되고 있는 각종 유기 화합물에 대해서 다루고 있다.

목재와 수지

목재는 각종 도구를 만들기 위한 소재로서 가공이 쉬우며 가장 손쉽게 구할 수 있는 물질이기 때문에 인류가 오래전부터 사용해 왔다. 인류는 추위에서 벗어나기 위해 나무를 땔감으로 사용하였으며, 사냥이나 농경 생활을 위해 목재로 각종 도구를 만들어 활용하였다. 목재는 인류가 정착 생활을

그림 8.1
목재의 활용
자료: Shutterstock

시작하는 단계에서부터 집을 만들기 위한 기본적인 재료로 활용되었으며, 현재도 목조 가옥은 전 세계 각국에서 주류를 이루는 주거의 형태이다. 미국, 캐나다를 포함한 북미지역의 경우에는 주택의 95% 이상이 목조 가옥으로 여전히 가장 기본적인 구조재료로 목재가 활용되고 있다. 주택 대부분이 콘크리트로 만들어지고 있는 국내의 환경과는 대조적이다.

우리나라의 경우 목재의 대부분을 수입에 의존하고 있을 뿐만 아니라 세계 최고 수준의 인구밀도와 함께 심각한 주택난을 겪고 있어서 아파트 중심의 주거 형태가 발달하여 도심지역에서 목조 주택을 찾아보기가 힘든 상황이다(그림 8.2). 하지만 1970년대까지만 하더라도 우리나라의 주택 대부분은 목재를 기반으로 만들어졌다. 특히, 한반도 지역에는 비교적 단단하고 가공하기 어려운 화강암이 암석 대부분을 차지하고 있어서 고대 이집트, 메소포타미아, 그리스, 로마와 같이 석조 건축물들을 건축하기 어려운 환경이기도 하였다. 우리 민족은 고조선의 건국으로부터 반만년의 역사가 있지만, 많은 건축물이 목재를 기반으로 만들어졌기 때문에 현재는 대부분

그림 8.2
목조 주택과 콘크리트 건물
자료: Shutterstock

그림 8.3
봉정사 극락전(왼쪽)과 부석사 무량수전(오른쪽)
자료: 경상북도 홈페이지

이 소실되고 남아 있지 않은 상태이다. 석탑이나 석불과 같은 조각품들과 성벽 등을 제외한 건축물로는 고려 시대에 건축된 안동 봉정사 극락전을 가장 오래된 것으로 보고 있으며, 비슷한 시기에 건축된 목조건물로는 부석사 무량수전이 있다.

목조 건축물들은 석조 건축물보다 내구성이 떨어지기 때문에 최초의 형태를 오랜 기간 보존하기 어려웠으며 화재에 취약하여 전쟁으로 소실되는 경우가 빈번하다. 특히, 임진왜란과 병자호란을 거치면서 조선 초기의 건축물 대부분이 소실되었으며 6·25전쟁에 의해서도 한반도의 환경은 거의 초토화되었기 때문에 현존하는 고대 건축물을 찾기는 쉽지 않은 상황이다.

목재는 생활환경에서도 빼놓을 수 없는 중요한 재료이다. 인류는 가공성이 뛰어난 목재를 이용하여 농기구를 비롯한 각종 가재도구와 무기 등을 제작하여 사용해 왔다. 현재까지도 집안에서 사용되고 있는 각종 가구들 대부분은 목재를 활용하고 있다.

목재를 이용한 매우 중요한 발명품으로는 바퀴가 있다(그림 8.4). 기원전 3500년경의 메소포타미아 유적에서 전차용 바퀴가 발견되었는데, 당시 수메르인들이 바퀴가 달린 수레를 만들어 사용한 것으로 보고 있다. 당시의 바퀴는 통나무를 둥글게 자른 원판 형태를 띠고 있지만, 기원전 2000년 이

1. 기원전 3500년경 메소포타미아 바퀴
2. 기원전 2500년경 수메르인의 전차
3. 기원전 2000년경 히타이트족의 바퀴살이 있는 바퀴
4. 기원전 1000년경 금속 바퀴의 등장

그림 8.4
바퀴의 변천
자료: Wikipedia, Museum of the Ancient Orient

후의 유물이나 기록을 보면 바큇살이 있는 바퀴가 등장하기 시작한다. 이를 통해 원판 형태의 바퀴보다 가볍고 조종하기 쉬워졌으며 속력과 기동성을 갖출 수 있게 되었다. 바큇살이 있는 바퀴를 만들기 위해서는 바퀴를 관통하는 굴대와 허브, 바큇살, 바퀴가 필요하며 이들 부품이 서로 잘 연결될 수 있도록 정밀하게 가공할 수 있는 기술도 필요하였다. 따라서 날카로운 금속공구 및 설계 기술의 진보가 요구되었다. 바퀴의 출현과 함께 육상교통은 급속히 발달하였으며, 수레는 빠른 속도로 이집트, 지중해 연안, 중국으로 퍼져 나가게 되었다. 이후 바퀴의 수명을 연장하고 승차감을 향상시키기 위해 바퀴 표면에 철판을 깔기도 하였지만, 획기적인 혁명이 일어나지 않은 상태로 19세기까지 사용되었다.

목재는 가장 흔한 재료이며 현재까지도 다양한 분야에서 사용되고 있다. 물론 최근에 목재를 대체할 수 있는 다양한 재료들이 등장하기는 하였지만, 여전히 목재가 가진 질감은 다른 물질로는 대체할 수 없으므로 고급 소재로 활용되고 있다. 목재는 소중한 천연자원으로 나무가 소재로 활용될 수 있기까지 생장하기 위해서는 매우 긴 시간이 소요되기 때문에 목재의 무분별한 사용은 산림을 황폐시키는 원인이 된다. 따라서 목재를 비롯한 산림자원의 안정적인 공급을 위해 산림보전에 대한 지속적인 노력이 필요하다. 특히, 한반도의 경우에는 6·25전쟁 이후 산림이 황폐해졌으며 무분별한 화목의 사용과 화전 농업 등으로 인해 많은 산이 민둥산으로 변화한 경험이 있다. 정부와 민간의 지속적인 복원 노력으로 현재는 대부분 다시 울창하게 변모하여 세계적인 모범사례로 꼽히기도 한다.

식물에서 분비되는 수액의 휘발성 물질들이 날아간 뒤 고체화된 것을 수지(resin)라고 하는데, 소나무나 전나무와 같은 침엽수에 상처를 내게 되면 상처 부위에서 진액이 분비되며 시간이 지나면 단단하게 굳어진다(그림 8.5). 이러한 물질을 수지라고 하며 현재는 합성수지와 대조적인 의미로 천연수지라는 표현을 사용하고 있다.

천연수지는 휘발성을 띠지 않으며 비결정성으로 다양한 성분으로 구성되어 있다. 물에 녹지 않지만, 일부 유기용매에 녹는 특징이 있다. 비결정성 고체 성분으로 가열하면 말랑말랑해지다가 녹아내리는 가소성을 가지며 고온에서 그을음이 생긴다. 천연수지의 주성분은 복잡한 유기산과 그 유도체들로 구성되며 매우 다양한 성분들을 함유하게 된다. 수지로부터 추출된 유기 성분들은 의약품으로 사용되기도 하며 수지를 유기용제에 녹여 도료로 사용하기도 한다. 또한, 방수 코팅을 위한 재료나 절연체로 사용되기도 한다. 식물에서 얻어지는 천연수지는 그 양이 많지 않으며 채취가 쉽지 않기 때문에 현재는 꼭 필요한 일부 영역을 제외하고 대부분 대체재가 사용되고 있다.

그림 8.5
천연수지
자료: Shutterstock

종이

인류 문명이 성장하는 과정에 엄청난 이바지를 한 사건으로 종이의 발명을 들 수 있다. 목판 또는 금속활자를 이용한 인쇄술의 발명도 종이가 없었다면 이루어지지 않았을 것이다. 인류는 문자를 개발하여 글로 남겨 두기 위해 다양한 도구들을 사용하였다(그림 8.6). 석판 위에 파서 글을 새기기도

점토판

석판

파피루스

양피지

죽간

그림 8.6
문자를 기록하기 위해 사용된 매체들
자료: Shutterstock, Wikimedia

하였으며 점토판 위에 글을 쓰기도 하였다. 하지만 석판이나 점토판은 무겁고 휴대하기 어렵다는 단점이 있어서 더 가벼운 재료가 요구되었다. 휴대가 가능한 기록용 매체로 고대 이집트에서는 양피지가 사용되기도 하였으며, 동양에서는 얇은 대나무를 엮어 만든 죽간이나 목간이 사용되기도 하였다. 하지만 양피지는 많은 양을 얻기 어려웠으며 죽간이나 목간은 무겁고 부피가 크다는 문제가 있었다.

기원전 3000년경에 고대 이집트에서는 파피루스(papyrus)라고 하는 식물의 섬유를 얇게 찢어서 아교풀을 이용하여 겹쳐 말린 다음 이를 종이처럼 사용하였는데, 이 파피루스가 '종이(paper)'의 어원이 되었다. 파피루스는 종이와 비슷한 형태이기는 하지만 섬유소를 체로 걸러 만드는 초지 과정을 거친 완벽한 형태의 종이로 보기는 어려웠다.

현재 사용되고 있는 형태의 종이를 처음으로 만든 사람은 중국 후한의 채륜(蔡倫)으로 서기 105년에 종이를 만든 것으로 기록되어 있다. 그는 삼, 아마 등에서 섬유질을 분리하여 이것을 얇은 막의 형태로 걸러서 종이를 만들었다(그림 8.7). 그러나 최근 전한 시대의 고분들이 발굴되면서 기원전 2세기경의 미숙한 형태의 종이가 발견되고 있어서 종이의 기원은 이보다 더 앞선 것으로 예측할 수 있으며, 채륜은 종이의 제조법을 체계화하였다고 볼 수 있다.

그림 8.7
종이의 제조 과정
자료: Wikimedia

중국의 제지기술은 불교의 전파와 함께 한반도에 전해졌으며 다시 일본으로 전해졌다. 제지기술이 서양으로 전해지기까지는 상당한 시간이 걸렸는데, 8세기 중반에 이슬람군과의 전투에서 패한 중국의 포로들이 실크로드의 도시 사마르칸트(Samarkand)로 끌려가서 제지기술을 전파한 것으로 전해진다. 이후 제지기술은 바그다드, 다마스커스, 카이로 등 이슬람 세계로 퍼져갔으며, 아랍 문화권은 대략 500년간 제지기술을 독점하였다. 북아프리카 지역의 무어인들이 스페인과 모로코를 침공함으로써 제지기술이 발명된 지 약 1,000년이 지난 12세기에 이르러 처음으로 종이가 유럽에 전해지게 되었다(그림 8.8).

동양에서 주로 사용한 제지의 원료는 섬유질의 나무껍질로 만들었는데, 특히 한지는 닥나무 껍질을 이용하여 만들었다. 닥나무를 채취하여 삶은 뒤 껍질을 벗겨내 충분히 물에 불린 다음 잿물을 넣고 삶아 낸 뒤, 깨끗이 씻어 내고 물기를 제거한다. 이후 절구통에 넣어 가늘게 풀어질 수 있도록 두들겨 짓이기는 과정을 거치고, 섬유를 물에 풀어 미세한 채로 떠서 얇은

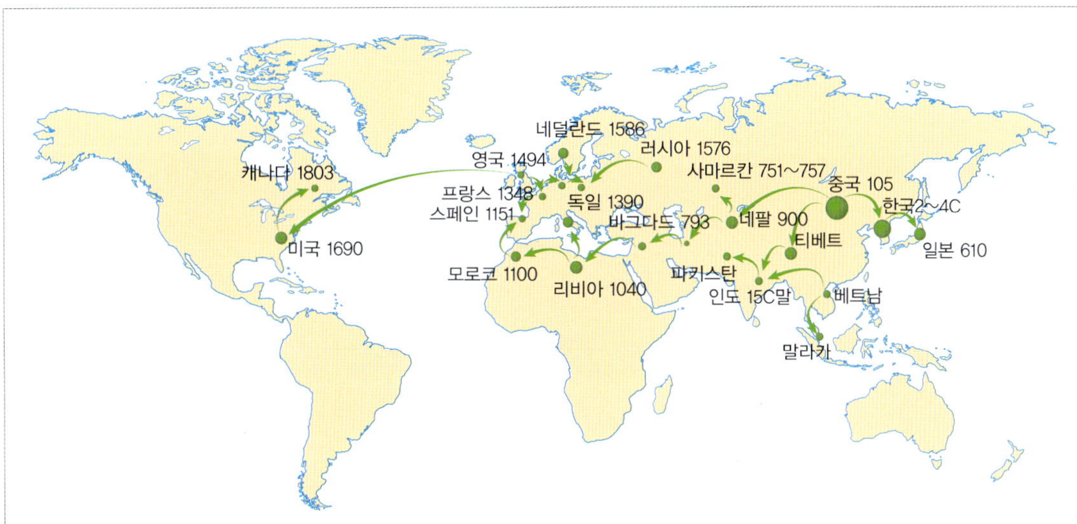

그림 8.8
종이의 전례 과정

그림 8.9
현대적 종이 제조 과정

막으로 만든 뒤 건조하면 비로소 종이를 얻게 되는 것이다. 이는 현대적인 제지공정과는 상당히 큰 차이가 있는데, 현대적인 제지공정에는 기계적인 방법과 화학적인 방법을 이용하여 얻어지는 식물성 섬유인 펄프를 사용하고 있다(그림 8.9). 식물성 섬유인 셀룰로스로 구성된 목질을 파쇄하고 화학적인 처리를 거침으로써 섬유 형태의 펄프를 얻을 수 있게 된다. 이 펄프를 물에 풀어 다양한 약품처리를 하며 초지 과정을 거쳐 종이를 제조하고 가공과정에서 다양한 종류의 기능성 종이를 생산하게 된다.

천연섬유

천연섬유는 오랫동안 인류 생활의 가장 기본적인 세 가지 요건에 해당하는 의식주 중에서 의류를 얻기 위해 사용해 온 재료이다. 현재는 합성섬유로 만들어진 의류들이 많이 보급되고 있지만, 합성섬유는 천연섬유의 질감을

그림 8.10
천연섬유의 원료와 천연 섬유
자료: Shutterstock

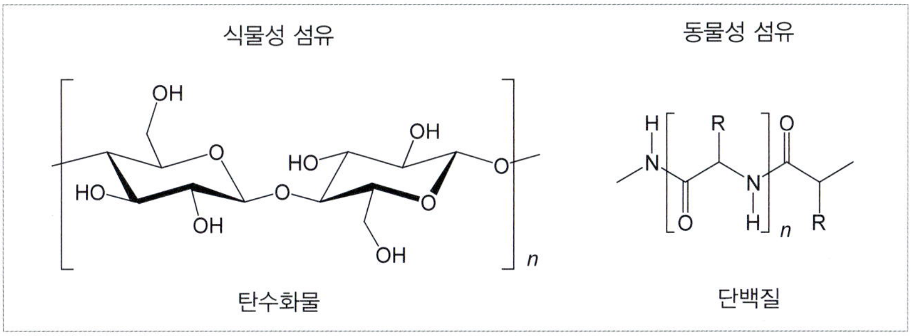

그림 8.11
동물성 섬유와 식물성 섬유의 기본적인 구조

따라가지 못해서 여전히 천연섬유로 만들어진 편직물들이 최고급 재료로 여겨지고 있다(그림 8.10).

천연섬유는 크게 동물성 섬유와 식물성 섬유로 나뉜다(그림 8.11). 동물성 섬유는 기본적으로 아미노산이 선형으로 연결된 단백질로 구성되어 있으며, 대표적으로 양모(wool)와 명주실(silk)이 있다. 양모는 양과 같은 동물의 털로부터 얻어지는 천연섬유로, 부드럽고 보온성이 뛰어난 성질을 가진다. 명주실은 누에가 만들어 내는 피브로인이라는 단백질로 구성되어 있으며 누에고치로부터 얻어진다. 명주실은 매우 가늘고 부드러운 촉감과 광택을 가진 섬유로 최고급 옷감의 원료로 사용되었다. 명주실의 생산은 중국에서 시작되었으며 양잠기술이 서양으로 전해지기 이전까지 유럽지역에서는 그 기원이 밝혀지지 않아 신비로운 섬유였기 때문에 명주실로 만든 비단은 금값을 능가하는 정도의 최고급 직물이었다. 중국의 양잠기술이 유럽에 최초로 전해진 것은 서기 550년 경이며 그 이전까지 실크로드를 통한 교역의 가장 중요한 물품이 비단이었다(그림 8.12).

식물성 섬유 대부분은 광합성을 통해 생산되는 당류인 포도당이 선형으로 연결된 셀룰로스(cellulose)로 구성되며 대표적인 식물성 섬유로는 면(cotton)과 마(linen)가 있다. 식물성 섬유는 탄수화물로 만들어져 있어서 표면에 다수의 수산기를 가지며 흡습성과 통기성이 뛰어나다. 목화로부터 얻

그림 8.12
실크로드
자료: Wikimedia, Jyusin

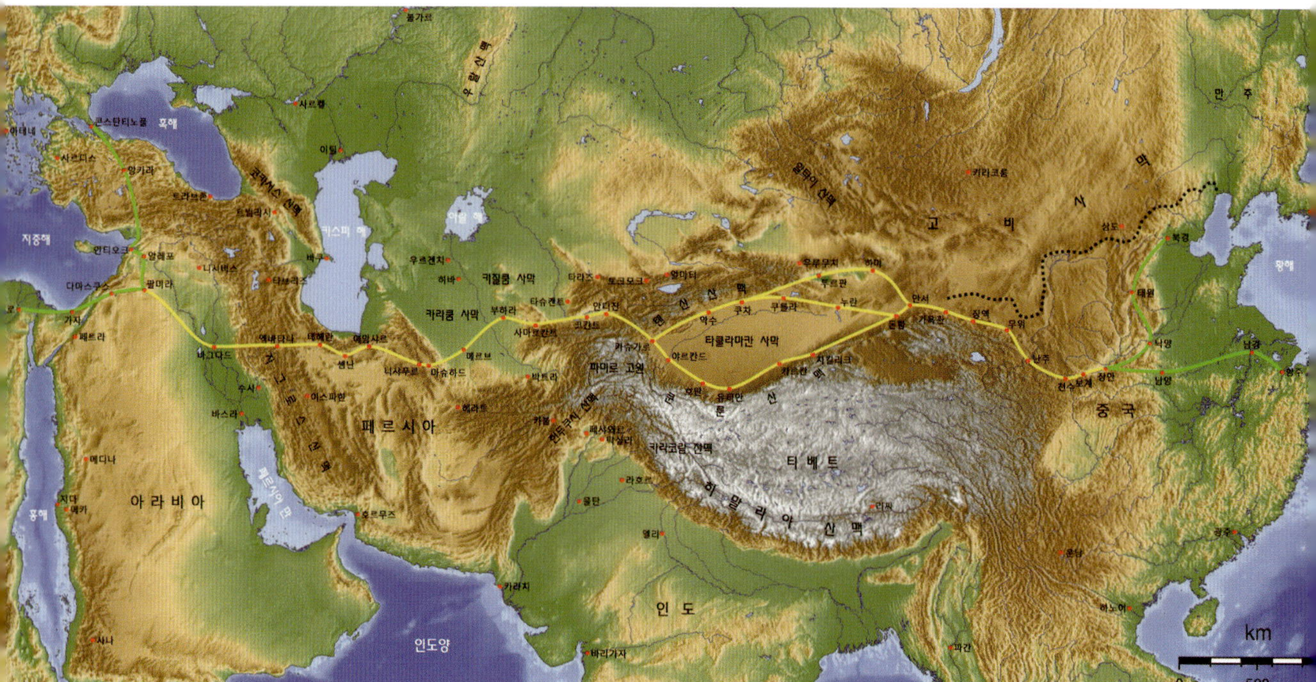

어지는 면의 경우 얇은 섬유조직으로 만들어져 있어서 부드러운 촉감을 가진다. 마는 식물의 줄기를 열처리하여 얻게 되며 수분과 마찰에 강한 성질을 가진다. 또한, 얻어지는 섬유의 굵기가 다소 굵어서 까칠한 느낌을 주며 통기성이 우수해서 여름철에 자주 사용하는 직물이기도 하다. 식물성 섬유는 흡습성이 뛰어나기 때문에 정전기의 발생이 거의 일어나지 않는 특징을 갖는다.

목화와 면의 생산은 인류의 역사를 바꾸는 산업혁명의 원동력이 되었다. 17세기 영국의 동인도회사가 인도로부터 목면을 수입하게 되었는데 엄청난 인기를 누리게 되었다(그림 8.13). 중상층의 폭발적인 수요에 패션 열풍이 일어났으며 목면의 수입은 점차 증가하여 결국 영국 정부는 수입금지령까지 내렸다. 영국은 습도가 높아 목화재배가 불가능하였으며 이에 영국 상인들은 인도산 목화솜을 수입하여 실로 뽑아 베틀로 천을 만들었다. 18세기 초까지 실을 뽑는 방적기술과 직물을 얻는 방직기술 모두 수공업에 의존하였으나, 1730년에 이르러 물레방아를 이용하여 수십 개의 물레를 한

그림 8.13
영국 동인도회사

꺼번에 돌릴 수 있게 되면서 면사 생산량이 폭발적으로 증가할 수 있게 되었다. 또한, 이 시기에 미국 남부에서 질 좋은 목화의 생산이 시작되어 미국으로부터 목화를 수입하기 시작하였다. 그러나 이때까지도 목화의 생산은 노동집약적인 산업이었다. 목화의 생산을 늘리기 위해서 미국은 많은 수의 흑인 노예가 필요하였다.

한편, 영국에서는 1765년에 제임스 와트가 증기기관을 발명하였으며, 이를 방직산업에 적용하면서 면직물의 생산이 폭발적으로 증가하였다. 1793년에 미국에서는 면화에서 솜과 씨를 분리하는 기계인 조면기가 발명되면서 목화의 수출은 더욱 증대되었다. 이에 따라 방직산업의 기계화는 점차 가속되었고, 영국은 늘어나는 면직물을 해외에 수출할 수 있게 되었다. 영국의 대도시는 방직공장으로 가득 채워졌는데, 1860년 영국의 인구 2,100만 명 중에서 4백만 명이 방직공장 노동자였다고 한다.

반합성 수지의 등장

식물에서 얻어지는 천연수지는 열을 가하면 유동성을 갖는 성질인 가소성을 이용하여 다양한 형태로 가공할 수 있다. 하지만 천연수지는 다양한 유기 화합물이 섞여 있는 형태로 그 성질이 일정하지 않으며 고형화된 소재로써 사용하기에는 용도가 매우 제한적이다. 응용성이 뛰어난 가소성 물질을 찾기 위한 노력을 거쳐 현재는 다양한 합성수지들이 만들어져 폭넓은 범위에서 활용되고 있다. 석유화학을 통해 얻어지는 다양한 합성수지들이 만들어지기 이전에는 천연물의 화학적인 처리를 통해 가공할 수 있는 형태로 바꾸었는데 이를 반합성 수지라고 한다. 1869년에 미국의 하얏트(John Wesley Hyatt, 1837~1920)는 쇤바인에 의해 개발된 나이트로셀룰로스에 장

그림 8.14
셀룰로이드의 활용
자료: Shutterstock

뇌를 섞어 만든 반합성 수지의 특허를 얻었다. 이후 셀룰로이드라는 이름으로 다양한 종류의 성형품을 만들어 판매하였다.

식물성 천연섬유의 대부분은 포도당이 선형으로 연결된 셀룰로스로 구성되어 있다. 셀룰로스는 나무의 주성분이기도 하다. 같은 성분으로 이루어진 목질과 면은 그 형태에 있어서 큰 차이가 있으며 응용 분야도 다를 수밖에 없다. 셀룰로스는 많은 수산기가 존재하며 수산기 사이에 강한 수소결합이 존재하여 물이나 유기용매에 녹지 않고, 열을 이용한 가공도 어려워서 셀룰로스를 이용하여 성형품을 만들기는 쉽지 않았다. 그런데 셀룰로스를 질산과 황산을 섞은 혼산과 반응시키면 일부 수산기가 나이트로기로 변화하여 나이트로화가 진행되면서 셀룰로스 사슬 간의 강한 수소결합이 끊어지고, 장뇌라는 화합물이 사슬 사이에 끼어 들어가면서 가소성을 띠게 된다. 셀룰로이드는 90℃ 정도에서 연화하여 성형할 수 있는데, 이를 이용하여 다양한 용도로 활용할 수 있다. 셀룰로스를 만드는 데 사용되는 나이트로셀룰로스는 폭약으로 사용될 정도로 불안정한 물질로 사용 중에 쉽게 발화되는 특징을 가진다. 셀룰로이드는 사진, X선 진단, 영화 등에 사용되는 필름의 용도로 널리 활용되었으며 인화성으로 인해 1950년쯤부터 아세테이트 기반의 필름으로 대체되었다. 비교적 최근까지는 탁구공을 만드는 원료로도 사용되었으나 2014년부터 탁구공은 ABS수지라는 플라스틱으로 만들어지고 있다.

셀룰로스는 목재를 구성하는 성분이지만 목재를 녹일 수 있는 용매가 없어서 다른 형태로 가공이 어렵다. 이에 따라 셀룰로스를 녹이기 위해 산이나 염기를 처리하는 형태의 다양한 방법들이 시도되었으며, 그중에서 아세트산을 작용시켜 수산기의 일부를 에스터로 변환시킨 것이 셀룰로스 아세테이트이다. 셀룰로스 아세테이트는 프랑스 화학자 폴 쉬첸베르거(Paul Schützenberger, 1829~1897)에 의해 1865년에 처음 제조되었으며, 셀룰로이드와 같이 가소성을 가지지만 인화성이 낮아서 셀룰로이드를 대체하는 용도로 활용되기 시작하였다(그림 8.15). 셀룰로스 아세테이트는 각종 필름이나 담배 필터 등의 원료로 현재까지도 사용되고 있다. 셀룰로스 아세테이트는 섬유의 형태로 가공할 수 있어서 풍부한 목재 펄프로부터 섬유를 얻는 방법을 제공한다. 또한, 수산기와 아세트산 사이의 에스터 결합을 하고 있으므로 가수 분해를 통해 아세트산이 만들어지며 보관 상태에 따라서 아세트산의 냄새가 발생할 수 있다.

셀룰로스 아세테이트는 셀룰로스를 화학적으로 가공한 반합성 수지이

그림 8.15
셀룰로이드의 대체품

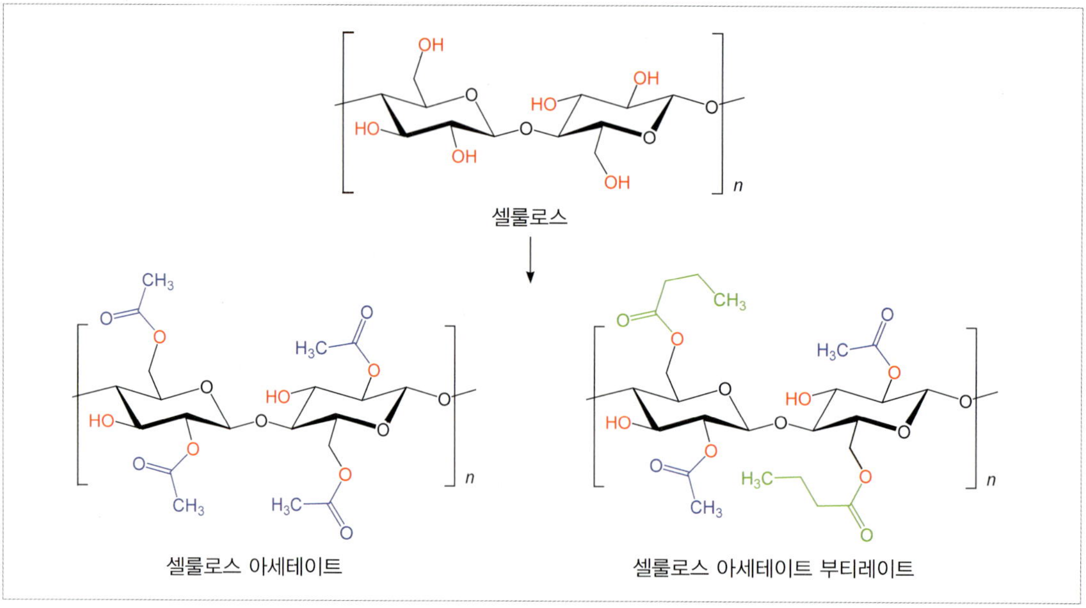

다. 셀룰로스 아세테이트에서 아세테이트기의 아세트산을 완벽하게 제거할 수 있다면 원래의 셀룰로스 구조로 변환할 수 있지만, 아세테이트를 완벽하게 제거하기는 어렵기 때문에 셀룰로스 아세테이트 자체를 활용하게 된다. 셀룰로스의 화학적 가공을 거쳐 원래의 셀룰로스의 형태로 되돌린 것을 재생섬유라고 하며 이를 레이온(rayon)이라고 부른다(그림 8.16). 레이온은 셀룰로스와 동일한 화학적 특징을 가지며 매우 뛰어난 촉감을 보이기 때문에 인공실크라는 의미로 인견이라고도 불린다. 레이온을 제조하는 방법은 셀룰로스를 구리 암모늄 수용액에 녹여서 제조하는 방법과 셀룰로스를 강염기와 반응시킨 후에 이황화 탄소로 처리하여 얻어지는 황화 유도체를 경유하는 방법이 있다. 이 때문에 레이온이 천연섬유의 성질을 그대로 가진 뛰어난 섬유임에도 불구하고 생산 과정에서 다양한 문제점을 유발하게 된다. 특히, 구리 암모늄을 이용한 방법은 환경에 심각한 피해를 유발할 수 있으므로 현재는 사용되지 않고 있다. 이황화 탄소를 이용하여 생산된

그림 8.16
레이온의 제조

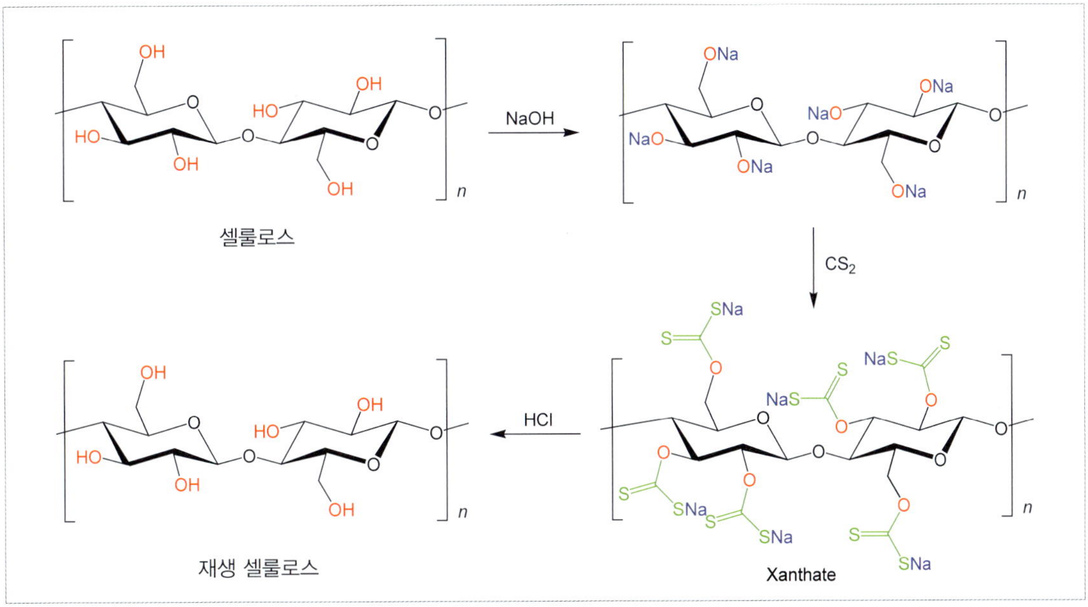

1981년 첫 이황화 탄소 중독 환자 발생
1989년 29명 직업병 판정
1993년 257명 직업병 판정

"源進레이온이 우릴 죽이고있다"

직업병고통속 離婚까지…40代 퇴직사원 自殺

전신마비·정신질환 겹쳐

81년이후 모두 10명死亡

주민들도 두통 "殺人공해"로 中毒도 80여명

고발 포스터

경향신문 1991년 4월 28일자

그림 8.17
원진레이온 사건
자료: 한겨레, 경향신문

레이온을 비스코스 레이온(viscose rayon)이라고도 하는데, 이황화 탄소는 심각한 독성을 가진 물질로 장기간 지속적인 노출에 따른 심각한 후유증을 발생시키기도 한다.

국내에서는 대규모 직업병 환자를 유발한 원진레이온 사건이 유명하다(그림 8.17). 원진레이온은 일본 동양레이온(현 도레이)의 중고 기계를 들여와 1966년에 설립한 비스코스 레이온 생산 공장으로, 다수의 근로자가 이황화 탄소에 노출됨으로써 중독증상이 나타났으며 심각한 후유증을 낳아 수백 명의 이르는 인원이 직업병을 판정받게 되었다. 이후 원진레이온은 창립 29년 만에 폐업하였으며 원진레이온에서 사용하던 기계들은 모두 중국으로 수출되었다. 현재 국내에서 시판되고 있는 레이온은 모두 중국에서 수입된 것이다.

고무와 고무가황법

바퀴의 발명은 인류의 역사에서 획기적인 사건 중의 하나로 인정받고 있다. 하지만 수천 년 동안 바퀴가 사용되면서 바퀴의 구조에서는 획기적인 개선이 거의 이루어지지 않았다. 19세기 중반에 자전거와 자동차가 발명되었지만, 여전히 바퀴 대부분은 나무로 만들어졌으며 내구성을 위해 강철을 덧대는 정도의 가공만이 이루어졌다(그림 8.18, 그림 8.19). 당시의 대중적인 교통수단이었던 마차 또한 나무로 만들어진 바퀴를 사용하였기 때문에 달리는 과정에서의 충격이 고스란히 차체로 전달되었으며 고속으로 주행하는 것은 거의 불가능하였다. 19세기 말에 이르러 바퀴는 고무로 만든 타이어를 사용하면서 혁신을 불러오게 된다. 1839년 미국의 찰스 굿이어(Charles Goodyear, 1800~1860)는 우연히 고무에 유황을 섞어 가열하게 되면 탄력성과 내구성이 향상된다는 사실을 발견하였으며 1844년 고무가황법에

니콜라 퀴뇨의 증기자동차(1769년)

다임러와 마이바흐가 만든 최초의 이륜차(1885년)

카를 벤츠가 만든 최초의 휘발유 자동차(1886년)

그림 8.18
자동차의 개발
자료: Wikimedia, Mercedes Benz Museum

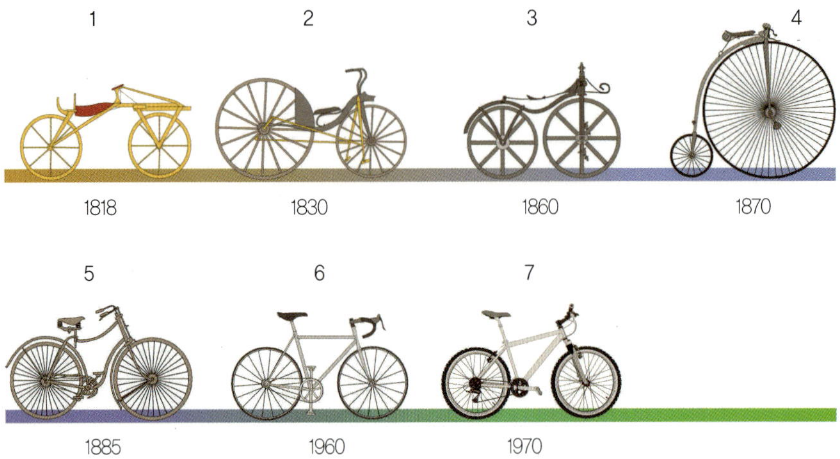

그림 8.19
자전거의 변천사
자료: Wikimedia, Al2

그림 8.20
찰스 굿이어와 고무가황법

대한 특허를 따내게 된다(그림 8.20).

고무가 처음으로 유럽에 전해진 것은 콜럼버스 함대의 2차 항해 때이다. 처음 고무가 유럽에 전해졌을 당시에는 고무의 독특한 성질이 주목을 받았으나 별다른 용도를 찾지 못하였다. 당시 목탄으로 기록된 글씨를 지우기 위해 식빵을 사용하고 있었으나 고무를 이용하여 깨끗하게 지울 수 있다는 사실이 알려지면서 지우개로 사용되기 시작하였고, 이로 인해 고무는 'rubber'라는 이름을 갖게 되었다. 고무나무의 수액으로부터 얻어지는 천연고무는 탄력성을 가진 고분자 물질로 적당히 힘을 가해 잡아당기면 늘어나는 성질을 가지고 있었지만, 탄성이 강하지 않으며 높은 온도에서는 쉽게 흐르는 성질이 있었다(그림 8.21). 따라서 내구성이 요구되는 용도로는 활용하기 어려웠으며 방수를 위한 페인트로 사용되거나 지우개의 용도로 쓰이는 정도였다.

하지만 고무에 황이 가해지면 천연고무 사슬 사이에 공유결합이 생성되어 고무 자체가 엄청난 탄성을 가지며 내구성도 매우 증가하게 된다. 고무의 탄성은 곧바로 타이어의 발명으로 이어졌다(표 8.1). 고무의 탄성을 활용하여 주행 중에 바퀴로 전달되는 충격을 완화해 줄 수 있다는 사실은 매우 획기적인 사건이었다. 가황을 뜻하는 단어가 'vulcanization'인데 이는 로마

그림 8.21
고무나무에서 추출하는 라텍스
자료 shutterstock

표 8.1 타이어의 개발과 발전

년도	내용
1948	통고무 타이어의 개발
1888	존 보이드 던롭의 공기 주입식 타이어 개발
1891	미쉐린 형제의 탈부착 가능한 자전거용 타이어 개발
1895	미쉐린 형제의 자동차용 타이어 개발
1908	포드 T 모델의 등장
1912	카본블랙을 포함한 타이어의 등장
1931	듀폰사의 합성고무 양산 시작

신화에 나오는 불의 신 벌컨(Vulcan)에서 따온 것이다. 그만큼 고무가황법 발견의 중요성을 인식할 수 있는 대목이다.

고무가황법이 개발된 뒤에 초기의 타이어는 바퀴 위에 통고무를 덧댄 형태로 사용되었다. 이후, 영국의 수의사 존 보이드 던롭(John Boyd Dunlop, 1840~1921)이 공기를 주입한 타이어를 발명하여 1888년에 특허를 취득하였고 던롭이라는 타이어 회사를 설립하게 된다. 미국의 유명한 타이어 회사인 굿이어 타이어사도 비슷한 시기인 1989년에 플랭크 사이벌링(Frank Seiberling, 1859~1955)에 의해 창립되었다.

사실 찰스 굿이어는 고무가황법의 특허를 얻기는 하였지만, 정작 본인은 고무를 이용해서 큰돈을 벌지는 못하였다. 이에 플랭크 사이벌링은 찰스 굿이어의 업적을 기리기 위해 굿이어라는 사명을 사용하였다고 전해진다. 굿이어가 가황법을 개발한 이후에도 고무의 탄성과 내구성을 증가시키고자 하는 연구는 계속되었다. 현재 사용하고 있는 타이어에는 타이어 코드라고 하는 강력한 섬유가 들어있으며 카본블랙이 보강재로 포함되어 있기 때문에 대부분 타이어는 검은색이다. 고무가황법이 개발된 이후 고무의 사용영역은 생활용품으로도 확대되었으며 방수 신발과 의류를 비롯한 야외용품에서 패션 용품으로까지 다양한 영역에 응용되고 있다.

고무가황법이 개발된 이후로 천연고무는 다양한 용도로 활용되기 시작하였으나, 천연고무의 생산은 고무나무의 진액에 의존하기 때문에 점차 수요를 따라가기 어려운 상황이 되었다. 1906년 전 세계 천연고무의 생산량은 6만 톤 정도였는데, 자동차 산업의 급격한 성장과 함께 천연고무의 생산량이 턱없이 부족한 상황이었다.

이에 따라 독일의 바이엘(Bayer)사가 1912년에 메틸 아이소프렌을 중합하여 메틸고무를 생산하기 시작하였다. 하지만 메틸고무는 산소에 노출되면 쉽게 산화되어 품질이 저하되는 특성이 있어서 곧바로 생산이 중단되었다. 1차 대전이 시작되면서 고무는 매우 중요한 전략물자로 바뀌게 된다. 당시 고무를 생산하는 농장 대부분은 영국의 식민지였으며 영국은 독일에 고무가 공급되지 않도록 봉쇄조치를 취하게 된다. 고무의 부족에 시달리던 독일은 다시 메틸고무를 생산하였지만, 품질이 떨어지는 메틸고무로는 전쟁에서 이길 수가 없었다.

1차 세계대전을 치르면서 영국에 의해 한 차례 금수 조치를 겪은 후, 세계 각국은 고무의 필요성을 다시 한번 절감하게 되었으며 전 세계 소비량의 75%를 차지하고 있던 미국에서 천연고무를 대체할 합성고무를 찾기 시작하였다(그림 8.22). 그 결과, 미국의 듀퐁사에서 클로로프렌을 이용한 합성고무를 개발하였고, 1933년부터 상품화하여 공급하기 시작하였다. 클로로프렌을 이용한 합성고무는 네오프렌이라는 상품명으로 알려져 있다. 독일에서는 뷰타다이엔을 이용하여 합성고무를 생산하였다. 뷰타다이엔에 스타이렌을 공중합하여 Buna-S라는 합성고무를 생산하였으며, 아크릴로나이트릴과 공중합하여 Buna-N이라는 합성고무도 개발하였다. 이들 합성고무는 SBR(styrene butadiene rubber), NBR(nitrile butadiene rubber)라는 이름으로 현재까지도 사용되고 있다.

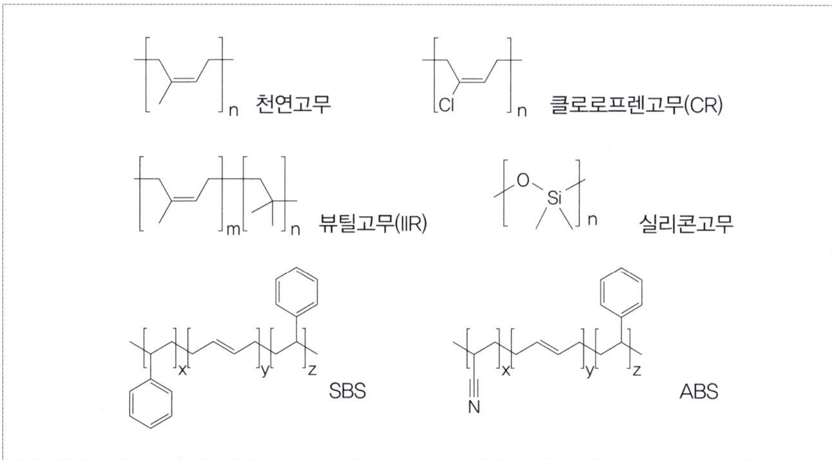

그림 8.22
각종 고무의 구조

2차 세계대전이 시작되면서 일본은 전략적으로 고무 생산량의 90%를 차지하는 동남아를 점령하여 고무의 공급을 차단하고자 하였다. 태평양 전쟁으로 2차 세계대전에 참전하게 된 미국은 극심한 고무의 부족 상태에 빠지게 되었고, 이에 따라 루스벨트 미국 대통령은 고무에 대한 비상사태를 선

그림 8.23
2차대전 당시 미국의 고무 관련 포스터

표 8.2 합성고무의 발전

년도	내용
1906	- 전 세계 천연고무 생산량: 6만 t - 자동차 산업의 급격한 성장으로 인한 천연고무의 부족
1912	- 바이엘사의 메틸 고무 생산(쉽게 산화되는 특징) - 1차 세계대전 장시 고무 농장의 대부분은 영국의 식민지
1933	- 듀폰사의 클로로프렌 고무 합성 - 비슷한 시기에 독일은 Buna-S, N이라는 공중합체 기반의 합성고무를 합성 - 태평양 전쟁 당시 일본이 동남아 지역의 고무 생산 거점을 확보
1940	- 루스벨트 미국 대통령의 고무 비상사태 선포 및 민간 사용 제한

포하였으며 민간 사용을 제한하였다(표 8.2). 이와 함께 미국 정부는 고무회사와 석유회사를 비롯하여 연구소 대학 등을 총동원하여 합성고무에 관한 연구와 개발을 추진하였다. 그 결과로 미국에서의 합성고무 생산이 급격하게 증가하였으며 전쟁이 끝날 무렵에는 연간 92만 t의 합성고무를 생산하기에 이르렀다. 이후로도 고무에 관한 연구는 꾸준히 진행되었고, 매우 다양한 종류의 기능성 고무들이 만들어지고 있으며 산업 전반에 중요한 역할을 하고 있다.

합성수지

우리는 아침에 일어나서 플라스틱으로 만들어진 칫솔을 사용하여 이를 닦으며 하루의 일과를 시작한다. 플라스틱으로 만들어진 일회용 컵에 담긴 커피를 마시기도 하며 플라스틱 부품이 잔뜩 들어간 자동차를 타고 출근을 한다. 집 안에 있는 온갖 가전제품은 모두 플라스틱으로 덥혀 있으며, 물건을 구매할 때마다 플라스틱 포장지를 사용하게 된다. 현대인의 삶에서 플라스틱을 제외하면 생활이 거의 불가능할 정도로 많은 플라스틱을 사용하고 있지만, 플라스틱이 사용되기 시작한 것은 불과 100년이 되지 않는다.

플라스틱은 열을 가하면 말랑말랑해지는 성질을 갖는 합성수지를 나타낸다. 19세기 중반 셀룰로스를 이용하여 가소성을 가진 셀룰로이드 수지가 합성되었지만, 셀룰로이드는 완전한 형태의 합성수지로 보기 어려우며 반합성수지로 분류할 수 있다. 굿이어가 개발한 고무가황법도 천연고무를 화학적인 방법으로 개질하는 기술이다.

인류 역사에서 최초의 합성수지로 알려진 물질은 베이클라이트라는 물질이다(그림 8.24). 1907년 벨기에 태생의 미국인 레오 베이클랜드(Leo Hendrik

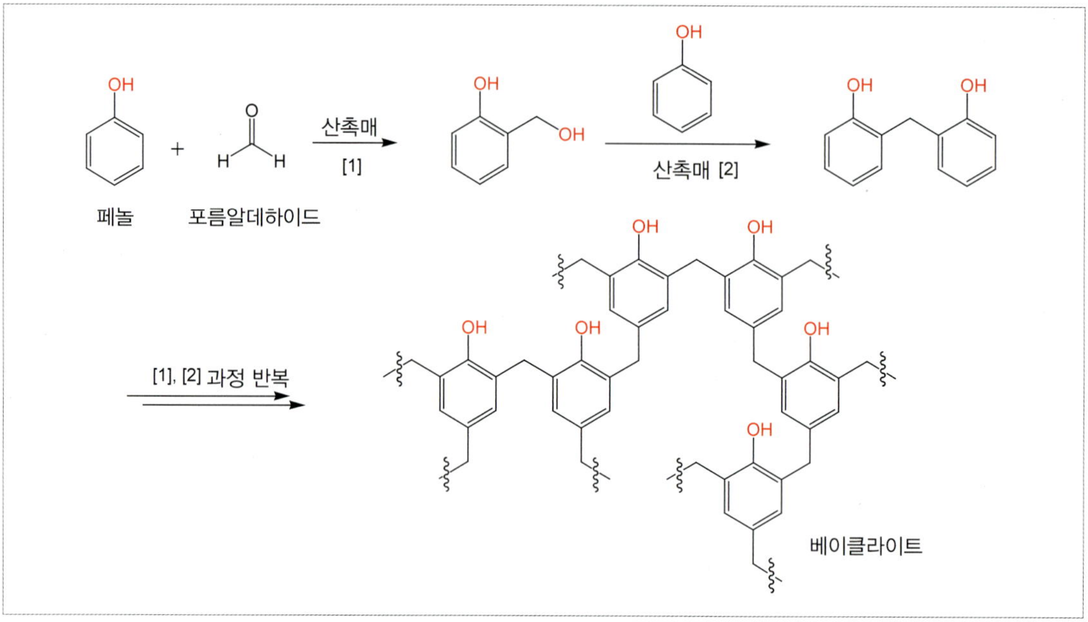

그림 8.24
페놀수지의 등장

Baekeland, 1863~1944)는 페놀과 포름알데히드를 반응시켜 단단하면서도 절연성을 가진 물질을 개발하였으며 본인의 이름을 따 베이클라이트라고 명명하였다. 베이클랜드는 전기화학회사를 운영하던 중 절연체로 사용할 수 있는 물질에 관해 연구하였으며, 독일의 화학자 아돌프 폰 바이어(Johann Friedrich Wilhelm Adolf von Baeyer, 1835~1917)가 1872년에 작성한 논문에서 페놀과 포름알데하이드를 반응시키면 수지상의 물질이 생성된다는 사실을 발견하였고, 이 방법을 사용하여 내구성이 강한 합성수지를 개발하였다. 현재는 페놀수지로 알려진 베이클라이트는 열과 압력을 가해 성형한 뒤에는 열을 가해도 다시 물러지지 않는 열경화성 수지이며 내구성이 뛰어난 특성을 가졌다. 이러한 특성으로 베이클라이트는 각종 전기제품에 절연체로 널리 사용되었다.

베이클라이트가 발명된 이후에도 사람들은 분자량이 매우 큰 물질이 존재한다는 사실을 인정하지 않았으며 저분자 화합물들이 서로 엉켜있는 것으로만 생각하였다. 1922년 독일의 화학자 헤르만 슈타우딩거(Hermann Staudinger, 1881~1965)는 천연고무의 주성분인 아이소프렌과 셀룰로스에 대해 연구하던 중 사슬처럼 길게 연결된 고분자화합물이 존재한다고 주장하였다(그림 8.25). 당시의 연구자들은 이러한 사실을 인정하지 않았지만, 이후 여러 가지 실험적 증거들이 고분자화합물의 존재를 뒷받침하면서 슈타우딩거는 1953년에 노벨화학상을 받게 된다.

그림 8.25
헤르만 슈타우딩거
자료: Wikimedia, ETH Zürich

1800년대 말 독일의 화학자 한스 폰 페히만(Hans von Pechmann, 1850~1902)은 다이아조메테인을 가열하는 실험을 하던 중 우연히 가소성을 가진 물질인 폴리에틸렌(polyethylene, PE)을 발견하였지만, 실용성이 부족하다고 판단하여 빛을 보지 못하고 잊혔다. 하지만 1933년 영국의 임페리얼 케미컬 인더스터리(ICI)에서 일하던 유기화학자, 레지널드 오스왈드 깁슨(Reginald Oswald Gibson, 1902~1983)과 에릭 포셋(Eric Fawcett, 1908~1987)이 고온 고압 조건에서 에틸렌의 변화에 대해 연구하던 중 우연히 왁스 상의 고체가 만들어진다는 사실을 발견하게 된다. 이들의 실험은 상당히 위험한 실험이었으며 좀처럼 재현되지 않았다. 이후, 2년 뒤에 또 다른 연구원에 의해서 약 8 g의 폴리에틸렌이 합성되었으며 1939년에는 약 9 t의 폴리에틸렌이 생산된 것으로 기록되어 있다. 1950년대에 들어서야 폴리에틸렌의 중합 촉매가 개발되어 낮은 압력에서도 폴리에틸렌을 생산할 수 있는 기술이 개발되었다. 폴리에틸렌은 2차대전 당시 매우 중요한 전쟁물자로 사용되었으며 현재는 가장 광범위하게 소비되는 플라스틱이다.

폴리에틸렌은 중합법에 따라 저밀도 폴리에틸렌(low density polyethylene,

LDPE) 또는 고밀도 폴리에틸렌(high density polyethylene, HDPE)이 얻어지는데, 저밀도 폴리에틸렌은 주로 필름을 얻기 위한 재료로 사용되고 고밀도 폴리에틸렌은 파이프나 연료탱크와 같이 딱딱한 제품을 얻기 위한 재료로 사용된다. 고밀도 폴리에틸렌의 중합 방법은 독일의 카를 치글러(Karl Waldemar Ziegler, 1898~1973)에 의해 1952년 발견되었다. 이탈리아의 화학자 줄리오 나타(Giulio Natta, 1903~1979)는 1953년에 프로필렌을 중합할 수 있는 촉매를 개발하였으며 치글러와 나타는 1963년 노벨화학상을 수상하게 된다(그림 8.26, 그림 8.27).

그림 8.26
카를 치글러(왼쪽)와 줄리오 나타(오른쪽)

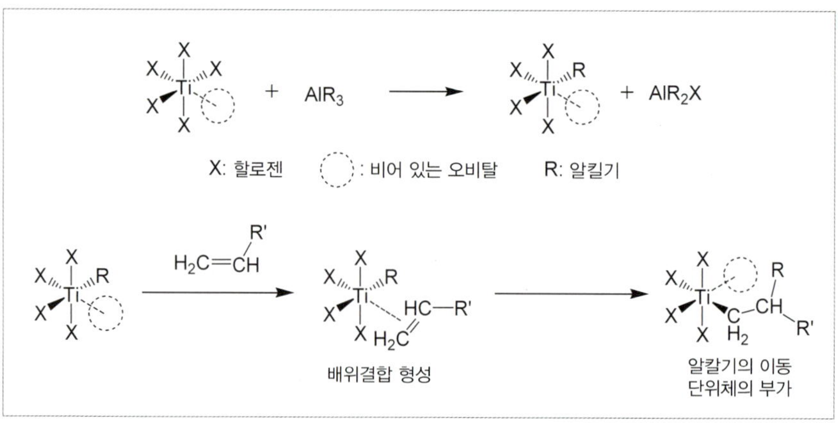

그림 8.27
치글러–나타 촉매

한편, 미국 듀퐁사의 월리스 캐러더스(Wallace H. Carothers, 1896~1937)는 1937년에 나일론을 개발하였다(그림 8.28). 캐러더스는 슈타우딩거의 이론을 신뢰하였으며 카복실산과 아민의 축합반응을 통해 아마이드 결합을 형성하기 때문에 2개의 카복실기를 가진 물질과 2개의 아민기를 가진 물질을 반응시키면 고분자화합물로 생성될 것으로 생각하였다. 결과적으로 아디프산과 헥사메틸렌다이아민이라는 두 분자가 교대로 연결된 고분자화합물을 얻었으며, 이는 나일론이라는 상품명으로 시판되었다. 듀퐁사는 나일론으로 스타킹을 만들어 판매하였으며 미국 전역에서 엄청난 매출액을 올렸다. 나일론은 낙하산과 텐트 등 군용 제품과 어망이나 로프 등의 산업용 제품으로 널리 사용되었다. 캐러더스는 인류의 역사에 남을 만큼 중요한 발명을 하였지만, 극심한 우울증으로 나일론을 개발한 직후에 41세의 나이로 생을 마감하였다.

거의 비슷한 시기에 상업화된 폴리에틸렌과 나일론은 같은 고분자화합물이지만 서로 성격이 다른 물질이다. 폴리에틸렌의 경우 이중결합을 가진 물질이 연쇄적으로 반응하여 얻어지는 연쇄중합고분자이지만, 나일론은 두 가지 서로 다른 기능기 간의 반응으로 단계적으로 분자량이 늘어나는 단계중합고분자이다. 1930년대를 전후로 폴리스타이렌(polystyrene, PS), 폴리염화비닐(polyvinyl chloride, PVC), 폴리프로필렌(polypropylene, PP)과 같은 연쇄중합고분자들이 다양하게 개발되었으며, 폴리에틸렌테레프탈레이트(polyethylene terephthalate, PET)와 같은 축합중합고분자들도 연이어 개발되면서 본격적으로 합성수지를 이용한 제품들이 등장하게 되었다.

그림 8.28
캐러더스와 나일론의 개발

20세기 후반으로 들어오면서 다양한 기능성 플라스틱이 개발되었다. 일상생활에서 흔히 사용되고 있는 일반 목적의 고분자를 범용 플라스틱이라고 구분하는데, 앞서 1930년대 전후에 개발된 대부분의 연쇄중합고분자를 범용 플라스틱으로 구분할 수 있다(그림 8.29). 반면, 기계적 강도가 뛰어나

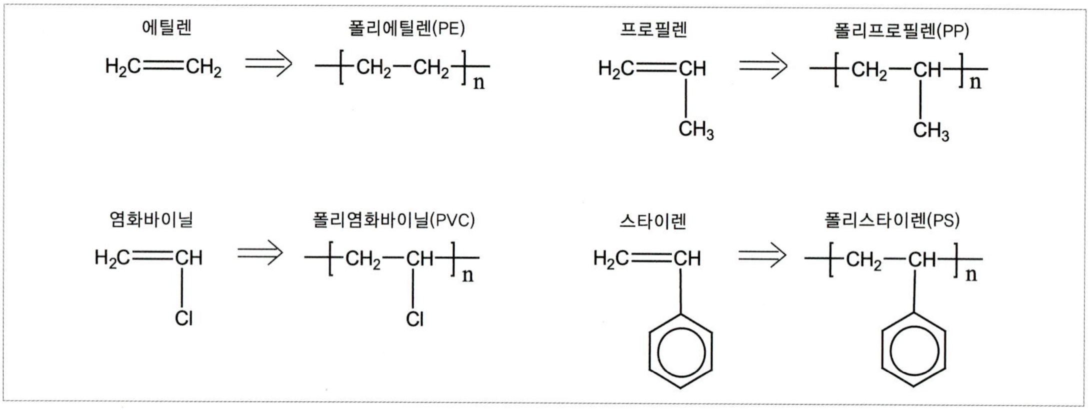

그림 8.29
범용 플라스틱

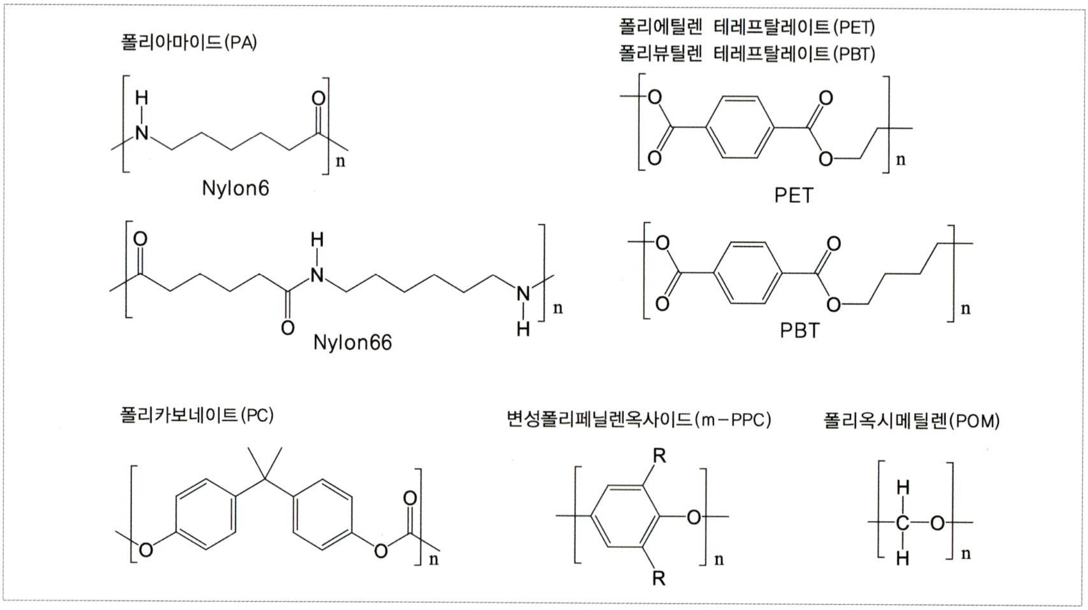

그림 8.30
엔지니어링 플라스틱

며 내마모성이 뛰어나 기계 부품으로 활용될 수 있는 고분자들을 엔지니어링 플라스틱이라고 하며, 나일론이나 PET와 같은 고분자들이 여기에 해당한다(그림 8.30). 이들 고분자는 분자 사슬 내에 극성 공유결합을 하고 있어서 고분자 사슬 사이에 강한 쌍극자 상호작용이 가능하다. 특히, 나일론의 경우 수소결합이 가능하므로 매우 질긴 성질을 갖는다. 일부 플라스틱은 300℃ 이상의 고온에도 견디며 매우 단단한 성질을 갖는데, 이러한 고분자는 슈퍼 엔지니어링 플라스틱이라고 하며 항공우주 분야나 고강도 기계 부

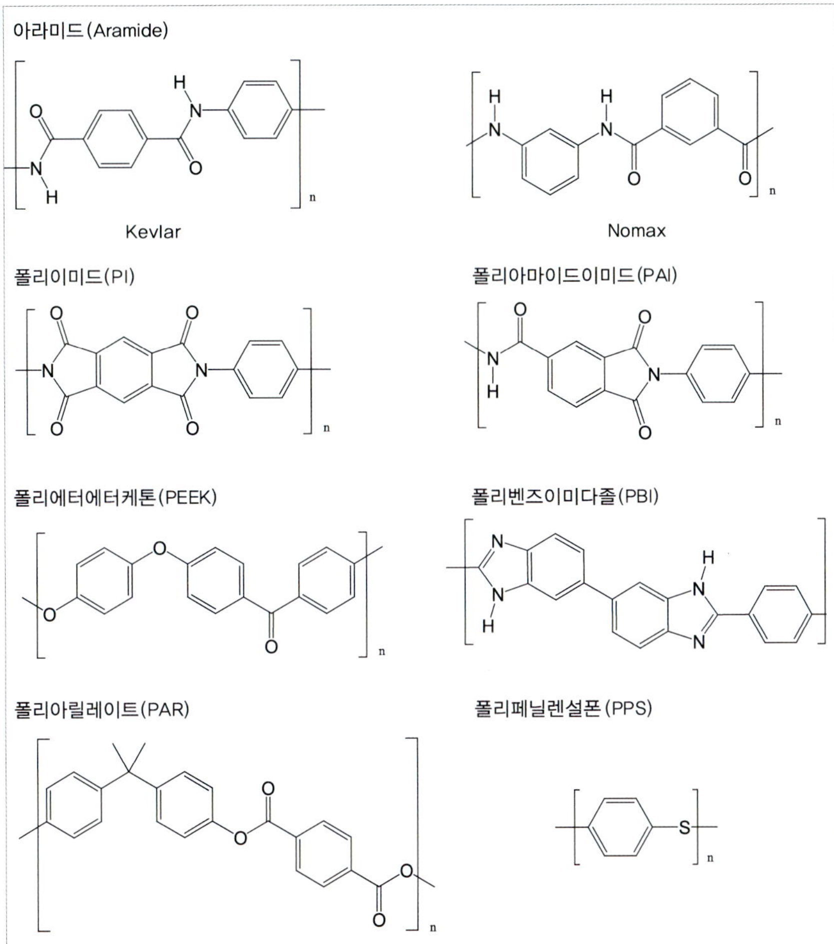

그림 8.31
슈퍼 엔지니어링 플라스틱

품, 방화복, 방탄복 등의 원료로 활용된다(그림 8.31, 그림 8.32).

합성수지는 원래 전기를 흘리지 않는 목적의 절연체로 개발되었지만, 일부 고분자 물질은 전기전도성을 가지는 유기반도체로 활용된다(그림 8.33). 앨런 맥더미드(Alan G. MacDiarmid, 1927~2007), 앨런 히거(Alan J. Heeger), 시라카와 히데키(Hideki Shirakawa) 3인은 전도성 플라스틱을 개발한 공로

그림 8.32 슈퍼 엔지니어링 플라스틱의 사용
자료: Shutterstock

아라미드(케블라)

아라미드(노멕스)

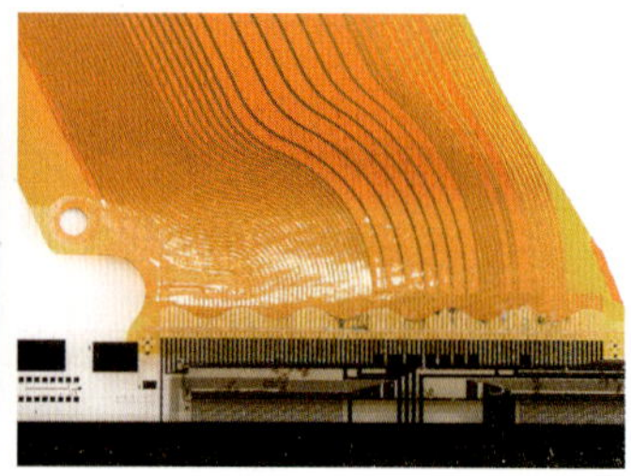

폴리이미드

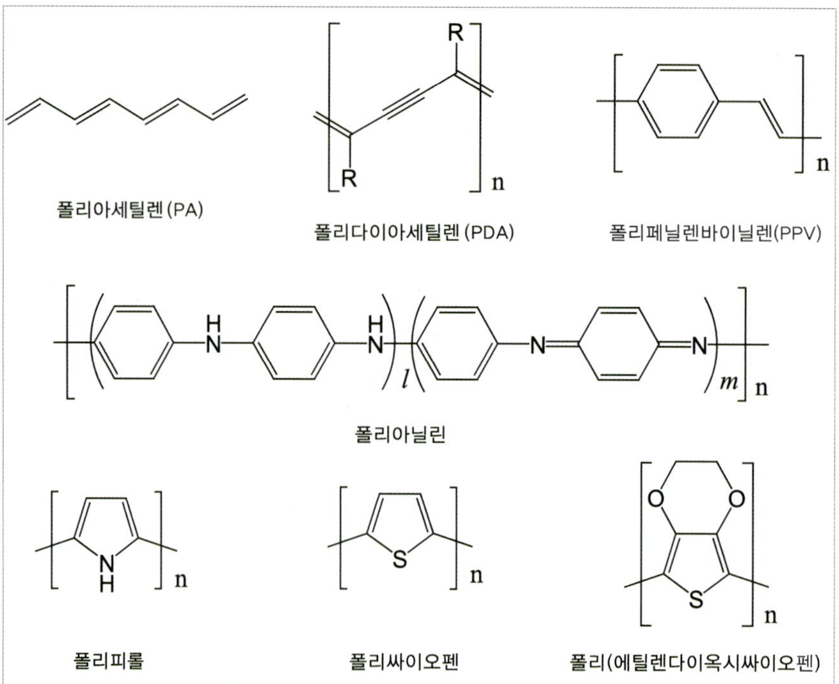

그림 8.33
전도성 고분자

앨런 히거 앨런 맥더미드 시라카와 히데키

그림 8.34
2000년 노벨화학상 수상자

로 2000년에 노벨화학상을 받았으며, 광학재료나 전기발광소자(OLED 디스플레이), 차세대 디스플레이 등 다양한 분야에서 응용연구가 진행되고 있다(그림 8.34). 일부 플라스틱 물질들은 인공 피부나 연골과 같은 인공장기의 용도로 개발되고 있다. 생분해성 고분자 물질을 이용하여 체내에서 분해될 수 있는 물질을 활용하기도 하며 일부 분야에서는 반영구적으로 활용할 수 있는 체내 이식형 소재를 개발하기도 하였다. 고분자 물질을 활용하여 생체 내에 특정 시간과 특정 위치로 원하는 약물을 전달하여 약물치료의 효과를 극대화하기 위한 연구도 진행되고 있다.

이처럼 합성수지는 최초로 개발된 이후 불과 100여 년의 시간 만에 우리의 일상생활에서 필수적인 물질이 되었으며 산업 전반에서도 매우 중요한

표 8.3 국내 생활계 플라스틱 폐기물 발생량 추이

년도	폐기물 발생량
2009	1,880,700 t
2012	2,063,747 t
2014	2,203,651 t
2016	2,654,354 t
2018	3,229,594 t

물질로 활용되고 있다. 플라스틱은 20세기 최고의 발명품 중의 하나로 현대 과학 문명의 성장 과정에 중추적인 역할을 하였다. 그동안 연구자들은 플라스틱의 용도를 확장하기 위해 강인성과 내구성을 향상하고자 노력해 왔다. 하지만 플라스틱의 사용량이 증가하면서 사용 후에 버려지는 폐기물의 양 또한 엄청나게 증가하여 심각한 환경오염을 유발하고 있다(표 8.3, 표 8.4). 사용이 끝난 플라스틱은 고형폐기물의 형태로 버려지며 쉽게 분해되지 않는 특성으로 인해 자연계에 축적된다. 환경의 영향을 받아 잘게 파쇄되어 형성된 미세플라스틱은 생태계로 유입되어 생태계의 존립을 위협한다. 바다로 유입된 플라스틱 쓰레기는 전 세계 바다를 떠다니며 한반도 크기의 수배에 이르는 쓰레기 섬을 형성하기도 한다(그림 8.35).

현재 세계 각국은 쓰레기 발생량을 줄이기 위해 노력을 기울이고 있다. 일반적으로 고형폐기물은 소각, 매립, 재활용 등의 방법으로 처리한다. 일부 플라스틱의 경우 소각 시에 맹독성의 유해가스를 발생하기 때문에 플라스틱을 소각하는 방법은 지양해야 한다. 폐플라스틱을 처리하는 가장 이상적인 방법은 재활용이다. 플라스틱의 재활용을 위해서는 같은 종류의 플라스틱을 분리해서 수거할 필요가 있다. 일상생활에서 가장 많이 사용되고

표 8.4 생활 폐기물의 분해 기간

종류	분해 기간
종이	2~5개월
우유 팩	5년
나무젓가락	20년
일회용 컵	20년 이상
금속 캔	100년
일회용 기저귀	100년 이상
알루미늄 캔	500년 이상
플라스틱 캔	
플라스틱 백	

그림 8.35
플라스틱 쓰레기의 생성
자료: Shutterstock

있는 플라스틱에 대해서 재활용순위를 고려하여 번호를 부여하고 있다(그림 8.36). 하지만 PET를 제외한 플라스틱에 대해 일반 시민들이 플라스틱의 종류를 구분하기는 쉽지 않으며, 수거업체에서도 이를 분별해서 수거하지 않는다. 플라스틱 제품의 생산 과정에서 가공성이나 유용성의 향상을 목적으로 다양한 첨가제를 혼합하는데, 이들 첨가제는 폐플라스틱의 재활용을 저해하는 요인이 된다. 재활용 플라스틱의 용도가 제한적이기 때문에 재활용률 또한 매우 낮은 것이 현실이다. 국가별로 차이는 있지만 전체 매립 쓰레기 중의 절반에 가까운 양을 플라스틱이 차지하고 있으며 쓰레기 매립지의 포화를 유발하고 있다.

이러한 관점에서 친환경 플라스틱에 대한 사회적인 요구가 꾸준히 증가

그림 8.36
재활용 번호
자료: Shutterstock

하고 있다. 친환경 플라스틱은 원유로부터 얻어지는 원료의 사용을 최대한 줄이는 방향과 사용 목적을 달성한 후에는 분해되어 환경으로 흡수될 수 있는 물질이다. 생체 유래 물질로부터 얻어지는 고분자와 생분해성 고분자를 통틀어 바이오 플라스틱으로 구분한다. 생체 유래 물질로부터 얻어지는 고분자는 탄소순환 사이클 내에 포함되기 때문에 기후협약에서 제한하는 탄소배출을 줄일 수 있는 관점에서 중요하다(그림 8.37). 생분해성 플라스틱은 사용 중에는 안정한 형태의 플라스틱으로써의 특성을 유지하고 있지만, 폐기 후에는 미생물에 의해 물과 이산화 탄소로 쉽게 분해되어 유해 잔류물을 남기지 않게 된다(그림 8.38). 생분해성 플라스틱은 폐플라스틱에 대한 환경 문제를 효과적으로 극복할 수 있을 뿐만 아니라 지구온난화에 따른 탄소배출 감축과 맞물려 그 가치가 더욱 강조되고 있다.

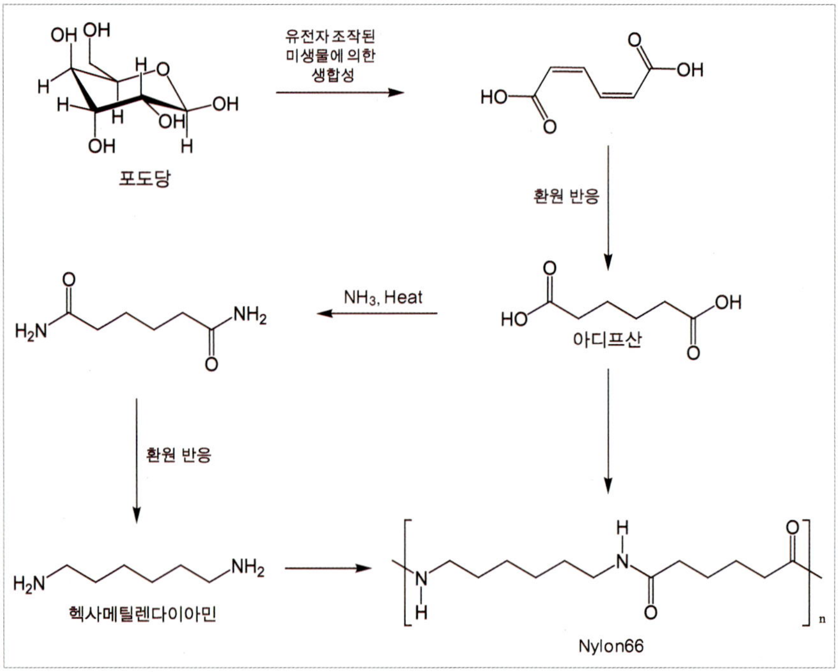

그림 8.37
바이오매스 기반 고분자

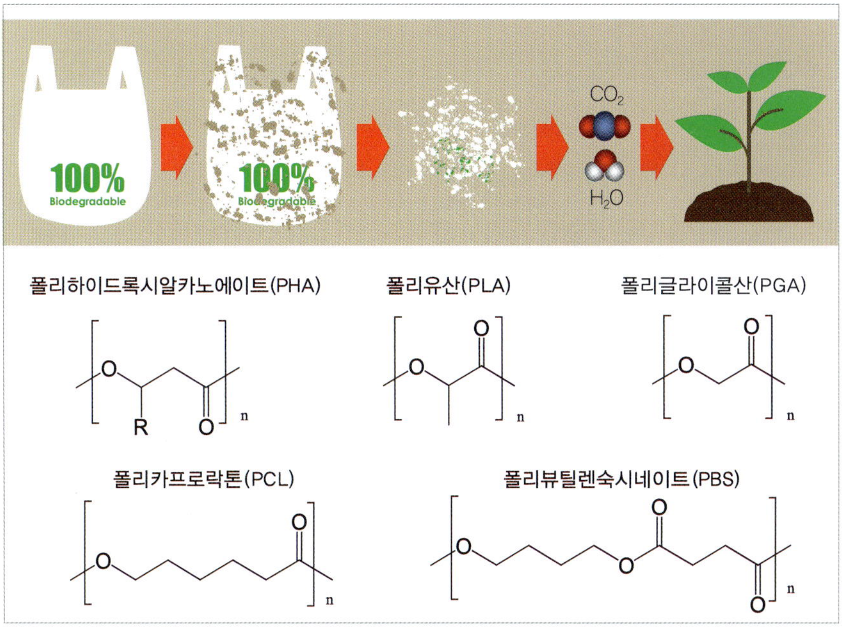

그림 8.38
생분해성 고분자
자료: Shutterstock

환경호르몬

플라스틱의 제조 공정에는 다양한 첨가제가 사용된다. 특히, PVC의 경우 다량의 가소제가 사용된다(그림 8.39). PVC는 장판이나 필름의 용도로 사용되는 연질 PVC와 창틀, 파이프와 같이 단단한 재료로 사용되는 경질 PVC로 나뉘는데, 연질 PVC의 경우 30% 이상의 가소제를 함유하고 있다. 가소제는 PVC를 부드럽게 만들어주는 역할을 하는데, 시간이 지나면서 가소제가 빠져나가는 현상이 나타나면서 PVC가 딱딱해지게 된다. 대표적인 가소제로 사용되는 물질이 다이옥틸프탈레이트(dioctyl phthalate, DOP)인데 독성이 강하며 내분비교란물질로 알려져 있다.

내분비교란물질은 호르몬 수용체에 결합하여 호르몬과 유사한 작용을

그림 8.39
PVC와 가소제
자료: Shutterstock

경질 PVC: 가소제 함량 10% 이하

연질 PVC: 가소제 함량 30% 이상

하거나 호르몬을 저해하는 역할을 하여 환경호르몬이라고도 불린다. 환경호르몬은 동식물의 생태계에 엄청난 영향을 주게 된다. 예를 들어 동물의 암수가 바뀌는 임포섹스 현상과 같은 것이 나타난다. 플라스틱의 원료나 가소제 또는 부분적인 분해 산물 중에는 다양한 종류의 환경호르몬이 발견되고 있다(그림 8.40).

엔지니어링 플라스틱으로 사용되고 있는 폴리카보네이트는 비스페놀A를 원료로 만들어진다(그림 8.41). 폴리카보네이트가 가수분해되면 비스페놀A가 녹아 나오게 되는데, 이 비스페놀A도 환경호르몬이다. 비스페놀A는 카드 영수증에 사용되는 감열지의 색상을 나타내게 하는 현색제로 사용되는데, 피부를 통해서도 흡수되는 성질을 가지기 때문에 주의가 요구된다(그림 8.42). 일부 감열지에는 'BPA free'라는 문구를 넣어 비스페놀A가 포함되지 않은 것을 강조하고 있는데, 이 경우에도 유사한 구조를 가진 화합물이 사용되며 환경호르몬으로써의 가능성을 가지고 있으므로 완전히 안전

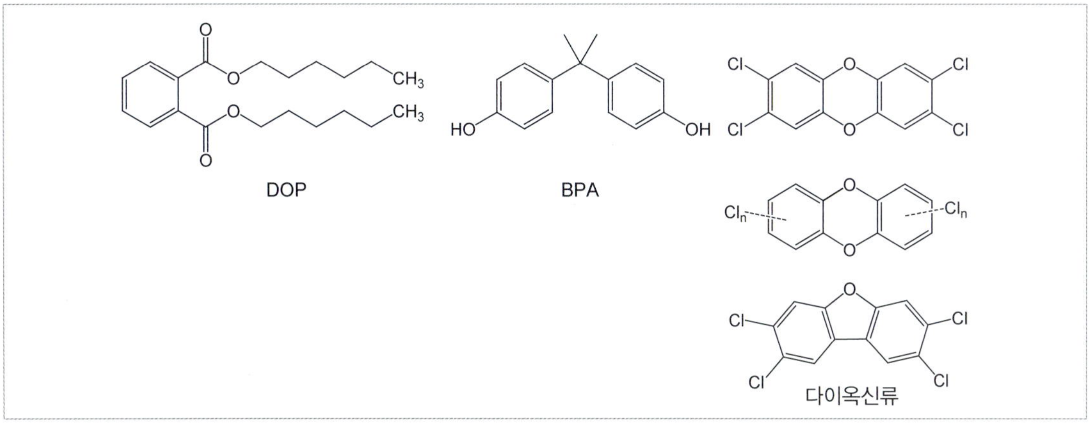

그림 8.40
대표적인 환경호르몬의 구조

그림 8.41
폴리카보네이트
자료: Shutterstock

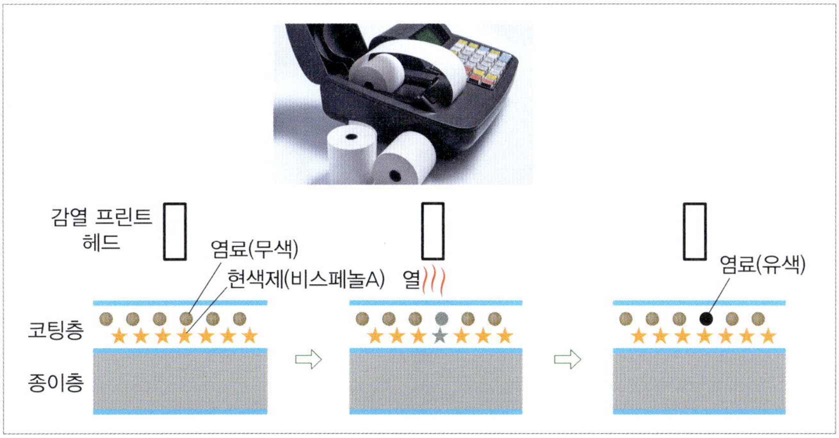

그림 8.42
감열지의 원리
자료: Shutterstock

하다고 결론을 내리기는 어렵다(그림 8.43).

PVC와 같이 염소를 포함하고 있는 고분자를 소각하게 되면, PVC 자체는 염소를 포함하고 있어서 난연성 재료이지만 다량의 가소제로 인해 고온에서 반응하면서 맹독성의 가스와 함께 다량의 다이옥신류를 생성하게 된다. 다이옥신은 환경호르몬으로 작용하며 치사량 또한 매우 낮아 청산가리로

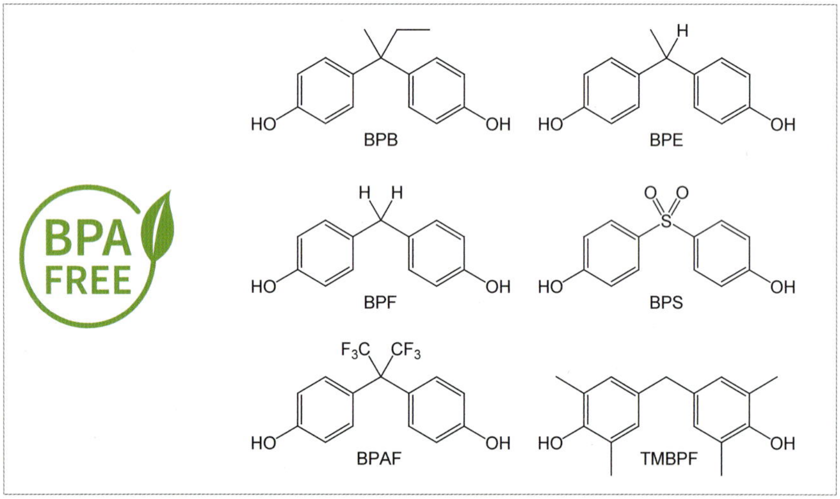

그림 8.43
다양한 BPA 대체 물질
자료: Shutterstock

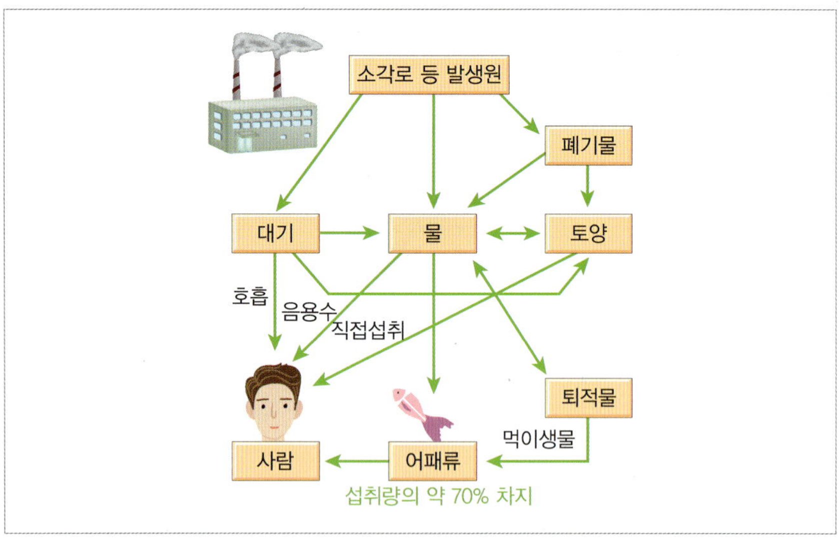

그림 8.44
다이옥신의 섭취 경로

불리는 사이안화 칼륨(KCN)의 약 10,000배에 해당하는 독성을 갖는다. 다이옥신류는 화학적으로 안정되어 쉽게 분해되지 않고, 물과 토양을 오염시키며 먹이사슬을 따라 축적된다. 다이옥신에 과다 노출되면 간 손상, 면역 및 신경계 교란 등의 다양한 영향이 일어나므로 쓰레기의 소각과정에서 다이옥신류가 생성되지 않도록 주의를 기울여야 하며 PVC와 같은 물질은 절대 소각하지 않도록 하여야 할 것이다(그림 8.44).

화학무기

인류의 역사에는 수없이 많은 전쟁이 포함되어 있다. 물질에 대한 지식수준이 향상되면서 새로운 무기를 개발하여 적군을 효율적으로 살상하기 위한 노력을 지속하여 왔다. 고대 그리스에서는 유황 가스를 사용하여 적군을 무력화했다는 기록이 있다. 현대전에서 대량살상용으로 화학무기가 처음 사용된 것은 1915년으로 1차대전 당시 독일군이 염소가스를 살포한 것이다. 1899년 1차 헤이그 회의에서 전쟁에서 독가스의 사용 금지하기로 선언하였지만, 독일은 이를 어기고 독가스를 살포하였고, 당시 프랑스군과 영국군은 15,000여 명의 사상자가 발생하는 피해를 보았다. 이때 독가스의 개발에 참여한 인물이 앞 장에서 암모니아를 합성하였던 프리츠 하버이다. 하버는 염소가스뿐만 아니라 포스젠과 겨자가스 등의 개발에도 참여하였다. 포스젠은 질식 작용제로 코, 인후, 폐 등에 손상을 주어 산소 결핍으로 사망에 이르게 하는 물질이며, 겨자가스는 피부에 작용하여 수포를 유발하는 작용제이다(그림 8.45).

1차대전 종료 후 하버는 독가스 개발에 참여했다는 이유로 엄청난 비난을 받게 된다. 독가스의 사용에 엄청난 피해를 본 연합군은 방독면과 화학

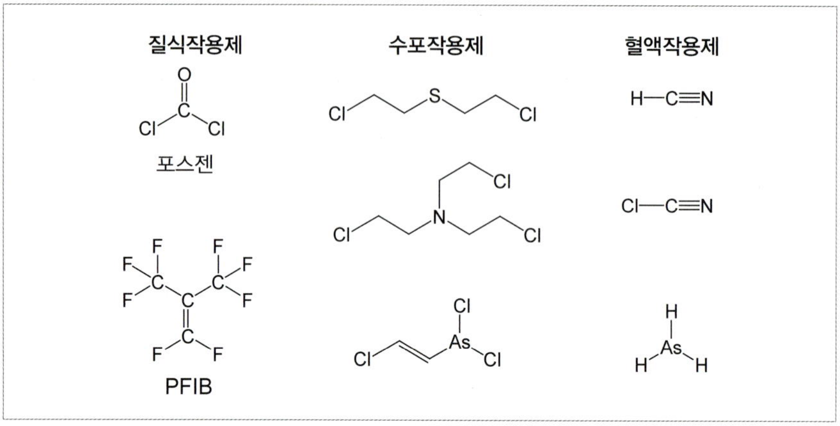

그림 8.45
각종 화학 작용제

무기를 개발하여 독일에 맞섰고, 양측은 엄청난 피해를 보게 되었다. 이후, 1925년 제네바 협약을 통해 다시 한번 화학무기 사용의 금지를 명시하게 된다. 하지만 1차대전 이후에도 화학무기의 개발은 꾸준히 이루어졌으며 1936년 독일에서 살충제에서 분리한 유기인산 계열의 신경작용제인 타분을 최초로 생산하게 된다. 이후 사린, 소만 등의 신경작용제가 연이어 개발되었다. 이들 신경작용제는 신경전달물질인 아세틸콜린의 작용에 영향을 주어 죽음에 이르게 하는 물질이다(그림 8.46). 신경세포를 연결하는 시냅스에서 전기적 자극이 전달되면 아세틸콜린이 분비되는데, 이 아세틸콜린은 곧바로 이웃하는 신경세포에 신호를 전달한 뒤에 콜린으로 분해되어야 한다. 이 과정에서 콜린에스테라아제라는 효소가 관여하는데, 이 효소를 저해하여 시냅스에 아세틸콜린이 축적되도록 한다. 결과적으로 신경 작용의 전달이 불가능해지면서 사망에 이르게 된다.

독일은 다량의 신경작용제를 보유하고 있었음에도 2차대전 당시 실제 전쟁에서 사용하지는 않았다. 단, 혈액작용제에 해당하는 사이안화 수소를 유대인의 학살에 사용한 것으로 알려져 있다. 2차대전 당시 일본은 화학작용제를 전장에서 사용한 것으로 알려져 있으며 80년대 이란과 이라크 전쟁

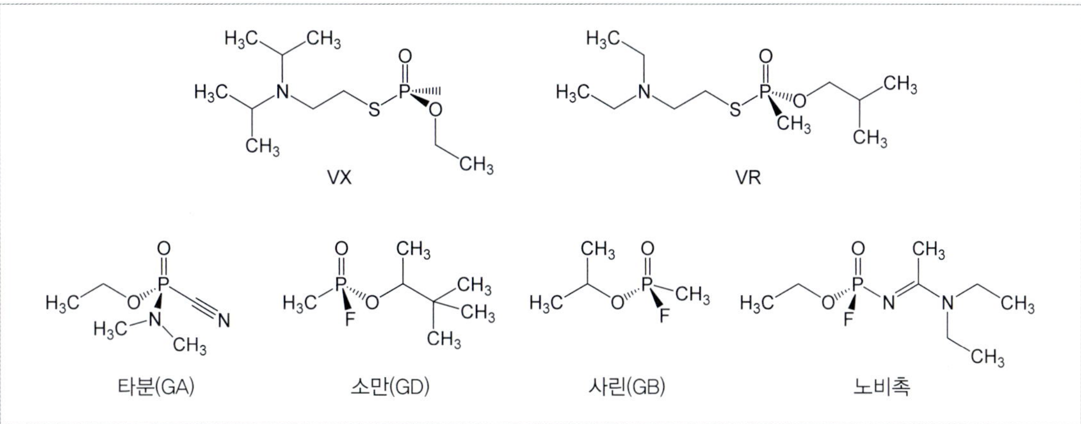

그림 8.46
각종 신경작용제

에서도 화학무기가 사용된 적이 있다. 가장 최근에는 시리아 정부군이 반군에게 화학무기를 사용하여 국제적인 비난을 받았다. 이에 1993년 화학무기의 개발, 생산, 비축, 사용금지 및 폐기에 대한 국제협약인 '화학무기금지조약'이 체결되었으며 우리나라도 이 조약에 가입되어 있다. 시리아도 '화학무기금지조약'의 가입국이기 때문에 국제협약을 위반한 것으로 볼 수 있지만, 시리아에 대한 명확한 제제가 내려지지 않고 있어서 협약의 실효성에 대한 문제가 제기되고 있다.

1995년 일본에서는 신경작용제인 사린이 민간에 적용되는 테러가 발생하였다. 종말론을 신봉하던 일본 신흥 종교집단 옴진리교 신도들이 일본의 중앙관청들이 몰려있는 가스미가세키역을 통과하는 치요다선, 마루노우치선, 히비야선 3개 노선의 5편의 열차에 사린을 살포하였으며, 이 사건으로 13명이 사망하고 6,300여 명이 치료를 받아야 하였다(그림 8.47). 옴진리교의 교주인 아사하라 쇼코는 여러 가지 강력 범죄 사건들에 연루되어 있었으며 경찰의 포위망이 좁혀 오자 경찰의 시선을 돌리기 위해 사린 가스 살포를 감행하였다. 이 사건은 전 세계적으로 엄청난 충격을 주었다. 아사하라 쇼코는 체포된 후에 오랜 기간의 재판을 거쳐 사형판결을 받았으

그림 8.47
일본 지하철 사린 사건

며 2018년에 사형이 집행되었다. 2017년 2월에는 북한 김정일의 장남 김정남이 신경작용제 VX에 의해 암살되는 사건이 발생하였으며, 러시아에서는 정보 요원에 의해 암살목적으로 신경작용제 노비촉이 사용된 정황이 포착되기도 하였다.

의약품의 발달

최근 중국 우한에서 시작된 코로나바이러스감염증(COVID−19)이 현재까지 21세기 최대의 감염증으로 기록될 것으로 보인다. 과거에도 인류는 다양한 질병들과 맞서 싸워 왔으며 새로운 질병이 출현할 때마다 엄청난 사상자들이 발생하곤 한다. 현재 우리는 각종 질병이나 질환으로부터 보호하기 위해 다양한 의약품을 개발해서 사용하고 있다. 질병에 대해 올바르게 이해를 하기 시작한 시점은 그렇게 오래되지 않다. 현미경이 발명되기 이전까지 미생물의 존재를 알지 못하였으며, 질병의 원인을 엉뚱한 곳에서 찾기도 하였다. 14세기 유럽에서 대대적으로 흑사병이 발병하였을 때는 종교적인 방법으로 치료를 하려는 노력이 오히려 사태를 악화시키는 결과를 낳기도 하였다(그림 8.48).

인류는 다양한 질병을 경험하면서 과거부터 각종 천연물이 어떠한 질병의 치료에 유용한지에 대한 경험을 쌓아왔으며, 천연물로부터 추출된 유기 화합물들에 대한 약리효과에 대해 이해하고자 노력하였다. 예를 들어, 과거부터 버드나무 껍질이 해열작용을 한다는 사실이 알려져 있었는데, 버드나무 껍질에서 유효성분인 살리신이 추출됨으로써 살리실산의 유도체인 아스피린이 개발되었다(그림 8.49).

한편, 우연한 경로를 통해서 의약품이 개발되는 일도 있었다. 1928년 영국의 알렉산더 플레밍(Alexander Fleming, 1881~1955)에 의해 발견된 페

그림 8.48
흑사병과 관련된 그림들

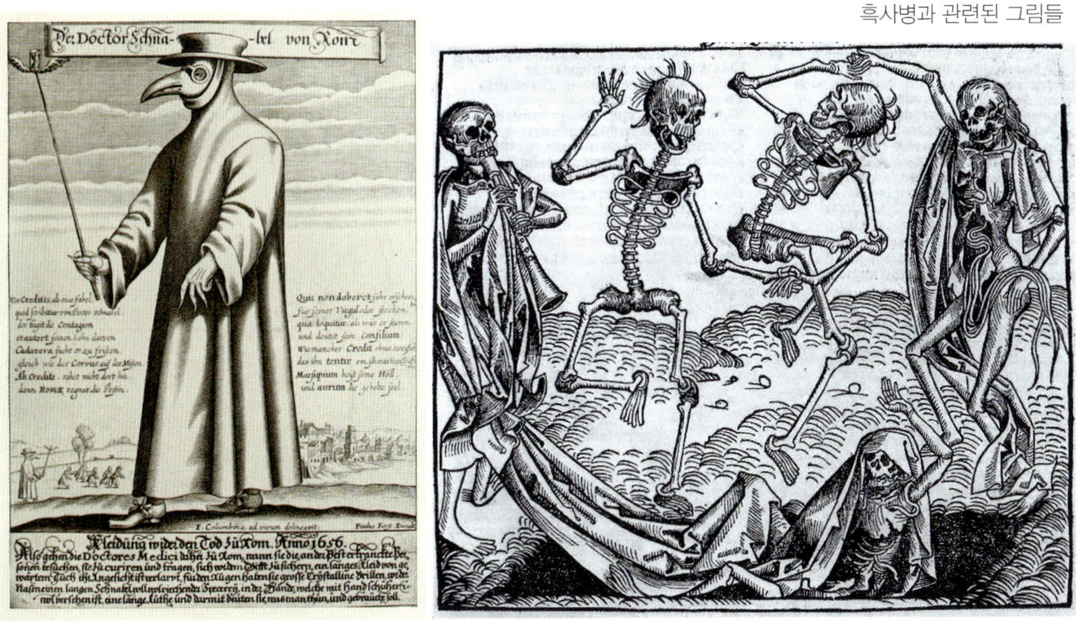

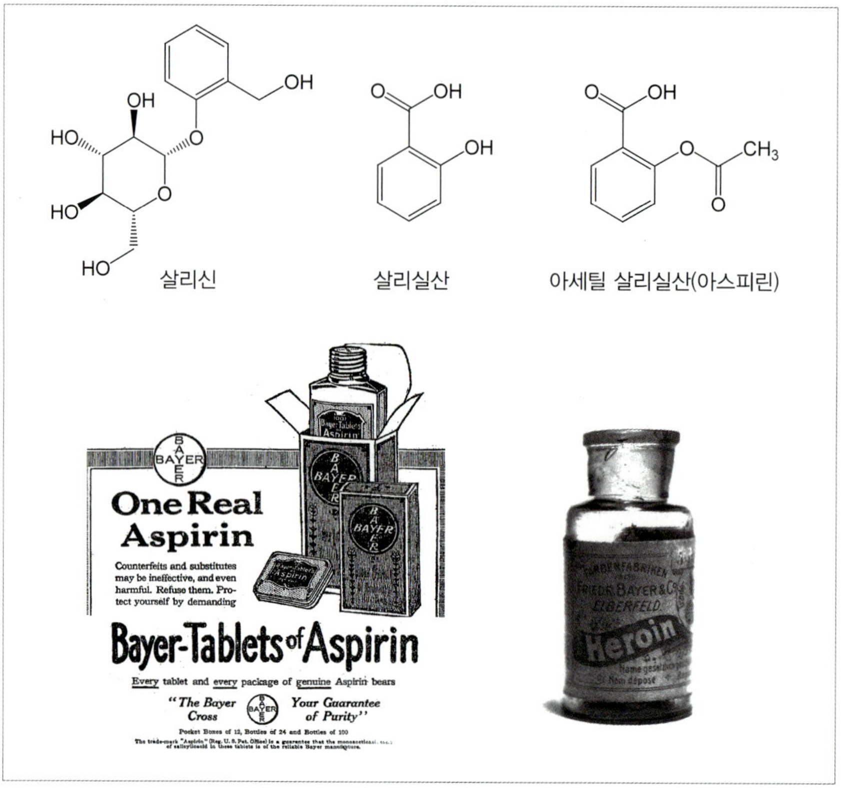

그림 8.49
진통 해열제로 개발된 아스피린과 헤로인

그림 8.50
푸른곰팡이로부터 얻어진 최초의 항생제 페니실린

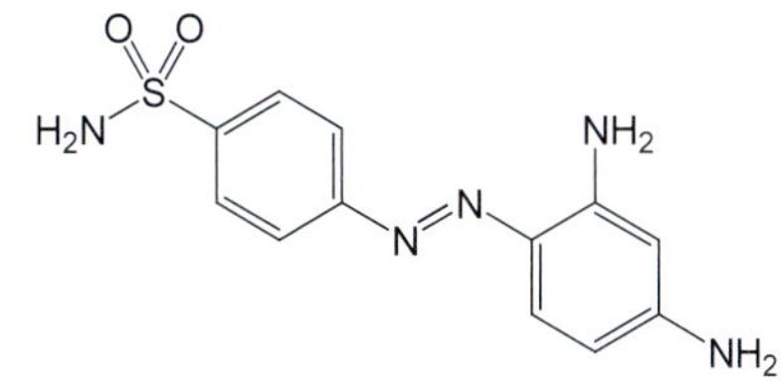

그림 8.51
항균제로 사용된 프론토실

니실린은 최초의 항생제로 알려져 있다(그림 8.50). 하지만 페니실린은 상용화되기까지 상당한 시간이 걸렸다. 1935년 독일의 게르하르트 도마크(Gerhard Johannes Paul Domagk, 1895~1964)는 염료로 개발된 '프론토실'이라는 설파닐아마이드 유도체가 항균 작용을 한다는 사실을 발표하였으며, 이후 다양한 설파닐아마이드 유도체가 의약품으로 개발되어 시판되었다(그림 8.51). 이 공로로 도마크는 1939년에 노벨생리의학상을 받았다. 페니실린은 2차 세계대전 중에 상업화되었으며 엄청나게 많은 사람의 생명을 구하는 물질이 되었고, 그 공로로 플레밍은 1945년에 노벨생리의학상을 받았다.

표 8.5 하루 인구 천 명당 항생제 사용자 수

종류	사용자 수
터키	40.6명
한국	34.8명
프랑스	30.3명
체코	19.3명
스웨덴	13.6명
네덜란드	9.7명
OECD 평균	21.1명

자료: OECD, 2016년 기준

페니실린은 포도상구균을 배양하던 중 푸른곰팡이에 의해 포도상구균의 생장이 억제되는 사실로부터 우연히 발견된 물질로 동물 세포에는 없는 세균의 세포벽 형성을 억제함으로써 작용하는 물질이다. 유기화학의 발달과 함께 다양한 유기 화합물들이 합성되기 시작하였으며 의약품으로 유효한 물질들이 합성을 통해 얻어지게 되었다. 현재는 페니실린 이외에도 다양한 종류의 항생제가 개발되어 있으며 세균 사멸의 경로 또한 다양하다.

약물의 오남용은 심각한 문제를 초래할 수 있다. 페니실린의 놀라운 효과 덕분에 단순히 세균 감염증으로 인해 사망하는 환자는 거의 사라지게 되었다. 사람들은 다양한 질병의 치료를 위해 항생제를 지속해서 사용하기 시작하였지만, 이에 따라 항생제를 처리해도 죽지 않는 내성을 가진 세균도 등장하게 되었다. 가장 먼저 발견된 페니실린의 경우 이미 대부분의 병원성 세균이 내성을 가진 상태이다. 내성균의 등장은 환자의 치료를 곤란하게 만드는 요인이 된다. 어떤 항생제에도 죽지 않는 내성균이 등장하게 된다면 인류의 생존마저도 위협받을 수 있을 것이다.

인공적으로 합성된 항생제는 자연 상태에서 쉽게 분해되지 않으며 비록 미량이기는 하지만 하천으로 유입된다(그림 8.52). 하천에서 서식하는 각종 미생물이 항생제에 대한 내성을 가질 수 있다는 이야기이다. 이러한 관점에서 가벼운 질환에 대해서는 항생제의 처방 없이 치료하여 항생제의 오남용을 줄이는 것이 매우 중요하다. 우리가 사용하고 있는 약물들은 생체 내에서의 일어나는 생물학적 작용들을 억제하거나 활성화하는 방법으로 치료 효과를 발휘하게 된다. 항생제의 경우에는 미생물의 성장을 억제하지만, 인간의 몸에는 아무런 영향을 주지 않거나 최소한의 영향을 주는 물질이어야 한다. 페니실린의 경우 세포벽의 형성을 억제하는 역할을 하지만, 동물의 세포에는 세포벽이 존재하지 않아서 아무런 영향을 주지 않는다. 세균들이 항생제에 내성을 가지면서 더 강력한 항생제의 개발이 요구되고

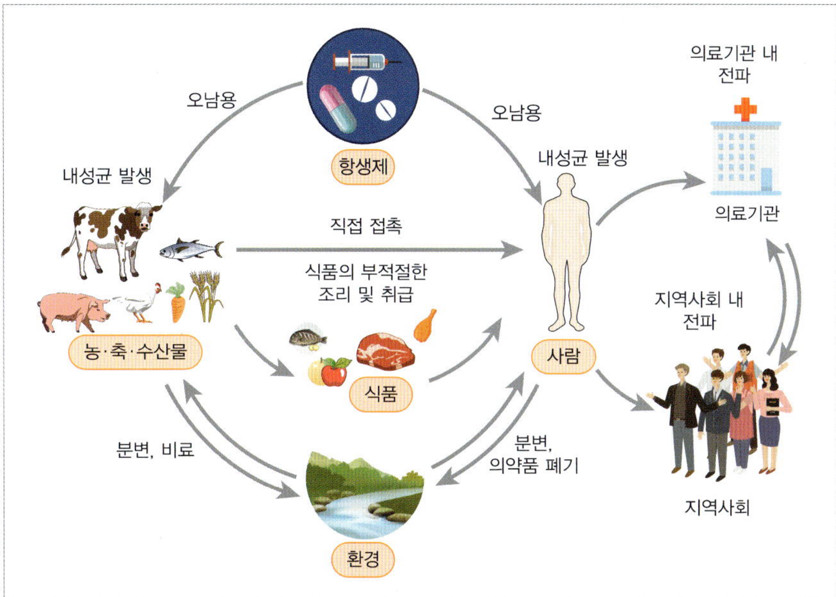

그림 8.52
항생제 오남용에 따른 내성균의 발생 경로

있으며 최근 개발된 항생제의 경우에는 사람의 몸에도 영향을 주는 물질도 있지만, 다른 방법이 없어서 불가피하게 사용되는 경우도 발생하고 있다.

우리가 사용하고 있는 의약품의 종류는 매우 다양하다. 소화제나 진통제와 같은 일반 의약품에서부터 의사의 처방이 필요한 항생제, 항바이러스제, 항알레르기제, 항암제 등의 전문의약품이 있으며, 진단을 위해 사용되는 시약들과 외과적인 치료나 수술을 위해 사용되는 소독제와 수술용 마취제 등이 있다. 각각의 의약품은 용도에 맞게 적절한 양이 사용되어야 하므로 전문가의 지시를 잘 따라야 한다. 의약품의 개발과정에는 철저한 임상시험이 진행되며 안전성이 입증되어야 비로소 의약품으로 시판될 수 있다.

약물의 잘못된 사용으로 인해 발생하는 사고를 약화사고라고 하는데, 약화사고는 의약을 잘못된 제조를 비롯하여 오용, 남용, 부작용 등 다양한 원인에 의해 발생할 수 있다. 페니실린은 많은 사람의 생명을 구한 의약품이지만 일부 사람들에게는 심각한 부작용을 일으킨다. 페니실린계 항생제에 알레르기를 일으키는 사람들이 있으며 심한 경우 저혈압, 호흡곤란에 빠지며 사망에 이를 수 있다. 이를 페니실린 쇼크라고 하며 현대에도 가끔 페니실린 쇼크에 의한 사망사례가 보고되고 있다. 따라서 페니실린계 항생제를 사용하기 전에는 반드시 알레르기 반응에 대해 먼저 확인해야 한다. 특정 물질에 의해 전신에 발생하는 급격한 알레르기 반응을 아나필락시스라고 하며 페니실린 이외에도 다양한 물질이 아니필락시스 반응의 원인이 된다.

아나필락시스의 원인

- 주요 원인 식품: 달걀, 우유, 땅콩, 호두 등 견과류, 밀, 키위, 갑각류 등
- 주요 원인 약물: 항생제, 항히스타민제, 혼합백신, 복합약물 등
- 국내 소아 청소년의 아나필락시스의 주요 원인은 식품(85%), 약물(7%)
- 드물지만 운동 전 · 후에 먹은 특정 음식으로도 발생

약화사고로 유명한 사건 중의 하나는 1937년 미국에서 발생한 사건이다(그림 8.53). 마센질(Massengill)이라는 제약회사에서는 어린이들도 쉽게 약을 먹을 수 있도록 액화한 설파닐아마이드를 다이에틸렌 글리콜(Diethylene glycol)이라는 용제에 녹여 아이들이 좋아하는 딸기 향을 첨가한 제품을 개

그림 8.53
마센질의 설파닐아마이드 사고

발하였다. 다이에틸렌 글리콜은 무색무취의 액체로 자동차의 부동액 등으로 사용되는 물질로서 당시에는 이 물질에 대한 독성이 전혀 알려지지 않은 상태였다. 하지만 판매 수주 후 이 약을 처방받은 환자가 죽었다는 소식이 전해졌고, 이 약을 먹은 353명 가운데 105명이 사망한 것으로 보고되었다.

1960년대 초 유럽에서는 인류 역사상 최악의 약화사고가 발생하였다. 독일 그뤼넨탈사는 1957년 탈리도마이드(thalidomide)를 '콘테르간'이라는 이름의 진정제로 출시하였다. 탈리도마이드는 동물실험에서 부작용이 드러나지 않았기 때문에 그뤼넨탈사는 임상 시험을 거치지 않았음에도 '부작용이 없는 기적의 약'이라고 광고하였고, 전 세계의 많은 임부가 이를 복용하였다. 그런데 이 약을 먹은 임부들에게서 사지가 없거나, 사지가 있어도 매우 짧은 기형아들이 태어나는 일이 발생하였다(그림 8.54). 게다가 이 아이들에게서는 단지증, 심장 기형, 뇌 손상, 시력 상실, 청력 상실, 자폐증 등의 부작용도 나타났으며 생존율 자체도 낮았다. 이렇게 태어난 아이들을 탈리도마이드 베이비(Thalidomide Baby)라고 불렀으며, 1962년 최종적으로 판매가 금지될 때까지 48개국에서 1만2천여 명 이상의 기형아가 태어났다. 탈리도마이드의 경우 거울상이성질체(enantiomer)를 가지는데, 두 가지 성분이 분리되지 않은 상태에서 시판되었으며, 이중 한쪽 성분이 심각한 부작용을 일으킨 것으로 알려진다. 탄소는 4개의 결합을 하는데 탄소 원자에

그림 8.54

1957년 유럽에서 발생한 탈리도마이드 사건

자료: flickr, Otis Historical Archives National Museum of Health and Medicine

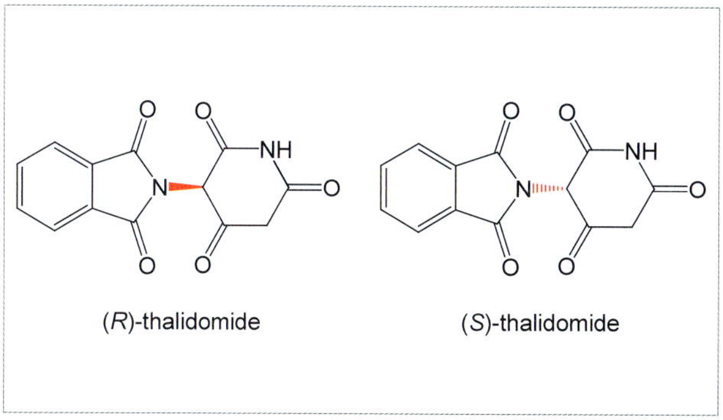

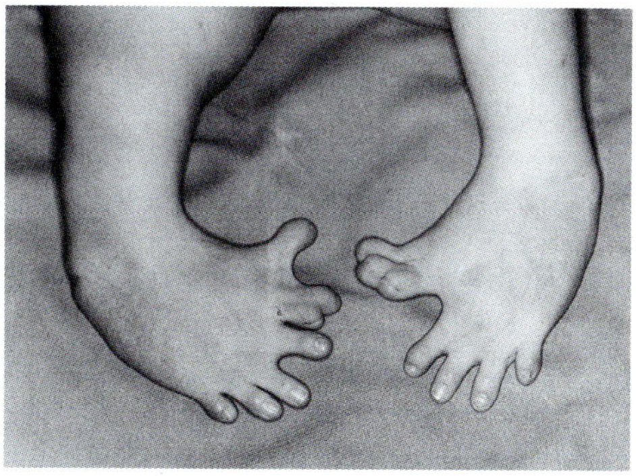

4개의 결합이 모두 다른 경우 입체이성질체를 생성하게 되며 이를 카이랄리티(chirality)라고 한다. 카이랄리티에 대해서는 유기화학에서 매우 중요하게 다루고 있는 부분이다. 생체분자를 구성하는 아미노산, 탄수화물 등도 카이랄리티를 가지며 거울상이성질체는 단백질과 상호작용할 때 서로 다른 작용을 할 수 있다.

일본에서는 80년대에 미국으로부터 수입한 혈액으로 만든 비(非)가열 혈우병 치료제가 에이즈 바이러스에 오염된 채 투여되어 혈우병 환자 1,800여 명이 에이즈에 걸렸으며, 그중에서 2000년대 초반까지 500명 이상이 사망한 사건이 발생하였다. 프랑스에서도 이와 비슷한 사고가 발생한 적이 있다. 이처럼 의약품의 잘못된 사용은 예기치 않은 피해를 유발하며 심각한 후유증을 유발할 수 있으므로 사회적으로 매우 큰 파급효과를 남기게 된다. 따라서 의약품의 개발과 유통에는 전문성을 갖춘 철저한 관리가 필요하다.

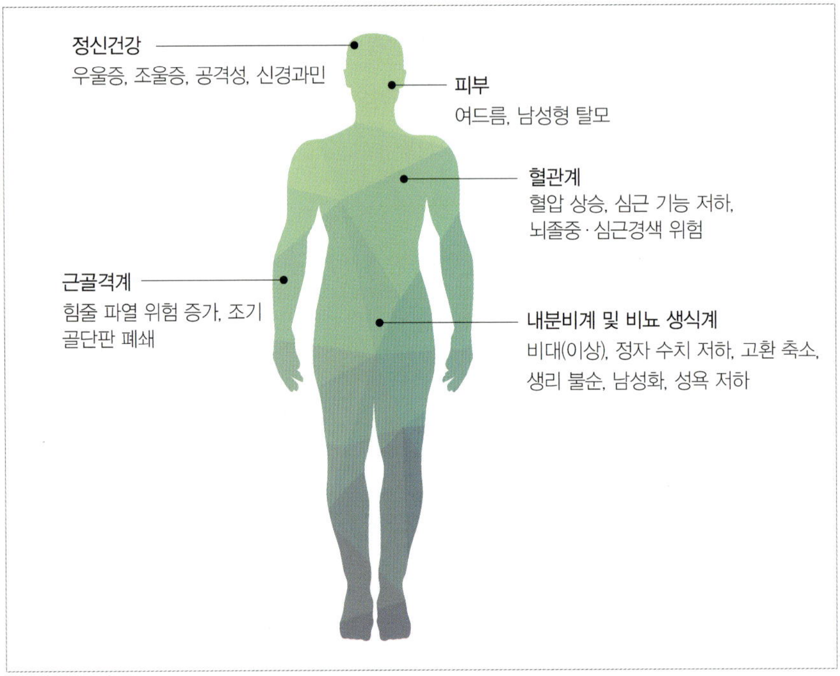

그림 8.55
단백질 동화 스테로이드의 부작용
자료: Shutterstock

표 8.6 스테로이드제의 주요 형태

형태	내용
먹는 약	700~100% 체내 흡수되며 형태(정제, 가루약, 시럽)에 따른 효과 차이가 없다.
주사	알레르기성 쇼크 등 긴급 상황 시에 정맥 주사로 스테로이드 대량 투여한다.
바르는 약	연고, 크림, 젤 등 바르는 스테로이드제는 강도에 따라 7단계로 구분된다.

표 8.7 스테로이드 계통의 감염증 치료제 분류

등급	성분함량
1단계 (Superpotent)	더모베이트, 데마론, 도모호론, 크로베손크림, 베타베이트, 크로베이트연고, 크러벤액, 디프론크림, 디프라크림, 크로베손 크림, 디푸코, 네리소나연고, 태썬크림
2단계 (Potent)	네오덤, 아몰지 크림, 모다덤, 믹스겐, 스칸지, 실크론, 크로바겐 아몰지, 타미코트, 트리마손, 트리칸, 파나덤크림, 라벤다, 디프로겐타, 베타크로지, 스타손, 데옥손겔, 메타파손겔, 에스파손겔, 라이덱스, 베로단연고, 에로콤연고, 데다손연고 0.25%
3단계 (Upper Mid-Strength)	비스덤크림, 리베카, 데옥손로션, 데타손로션, 에스파손로션, 데타손연고10g, 나이드, 라이덱스, 엑스엘완겔
4단계 (Mid-Strength)	로지나, 베베, 제크, 데타손연고 0.05%, 더메타손, 더모타손, 라벨리아, 모리코트, 씨트리 모메타손, 에로콤, 인푸라, 테리손, 프레타손, 아더반, 아드반탄연고 10g, 아디코트크림 10g, 프레반탄연고 10g, 메디덤, 신스킨, 오라메디연고 10g, 제미코트
5단계 (Lower Mid-Strength)	다나손, 더모니아, 더마코트에스, 라밴덤, 모다덤에스, 바이스톤지, 베다덤지, 베타겐, 베타코트, 세라손지, 세르나, 센스타지, 쎄레손, 쎄레스톤지, 쎄코론지, 셀레덤지, 엘스킨크림, 크로베겐에이, 트리겐타지, 베대스타지크림, 아몰지크림, 안타손크림, 데마코트크림, 베로신연고, 유모베이트, 플로린크림, 큐티베이트크림, 톨로이드로션, 하이드코트크림, 코티손크림, 하이티손크림, 더마톱연고 0.25%, 더마키드크림, 데르민, 데모큐, 아토톱, 락티케어제마지스, 티티베, 카르손, 프레벨, 베스톱, 더미소론, 베이드, 보드미, 더모프레드, 트리코트, 데우트리암시놀론크림, 아미솔, 후르모트크림, 후르시론 0.025%, 베베킨, 지오톱, 드레드나, 프레딘, 스테라민, 트리나, 리도멕스
6단계 (Mild)	알크로반, 알타손, 프로코트, 데스원, 데소나(한국콜마), 데소덤(나노팜), 데소크린(고려), 데스오웬
7단계 (Least Potent)	맥시덱스, 락티손, 락티케어 2.5%, 하티손 2.5% 로션, 더모케어로션 2.5%, 스무스케어, 코디케어로션, 하이로손로션 2.5%, 바나론크림, 대한프레드니솔론, 리도멕스크림, 보송크림(안국), 스몰, 베로아크림

일부 약물들은 체내에서 분비되는 호르몬과 같이 내분비계를 제어함으로써 치료 효과를 얻을 수 있다. 대표적으로 스테로이드 계통의 약물들이 여기에 해당한다(표 8.6). 일부 스포츠 선수들이 근육 강화의 목적으로 불법적으로 사용하는 스테로이드제는 세포 내에서 단백질 합성을 촉진하는 역할을 한다. 단백질 동화 스테로이드의 사용은 단기간에 근육을 강화할 수 있는 기능을 가지지만, 골다공증, 갑상선 기능 저하, 불임 등의 심각한 부작용을 낳는다.

코르티솔은 스트레스에 반응하여 분비되는 스테로이드 계통의 부신 피질 호르몬이다. 코르티솔과 유사한 작용을 하는 다양한 스테로이드가 개발되어 있으며 환자의 염증을 줄여주는 역할을 하므로 감염증의 치료를 위한 목적으로 활용되고 있다(그림 8.56). 스테로이드 연고제들은 그 세기에 따

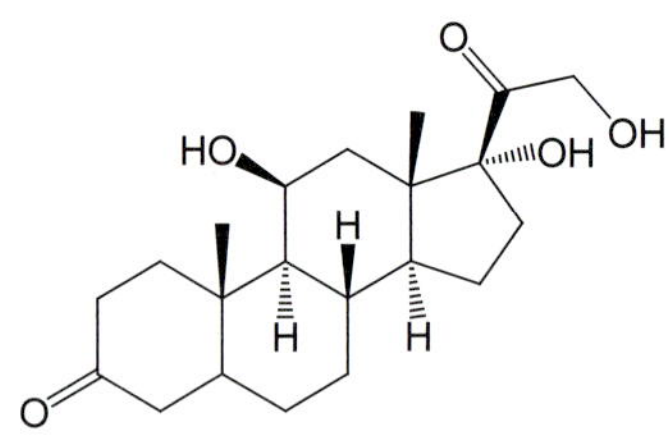

그림 8.56
코르티솔

그림 8.57
스테로이드계 피임약

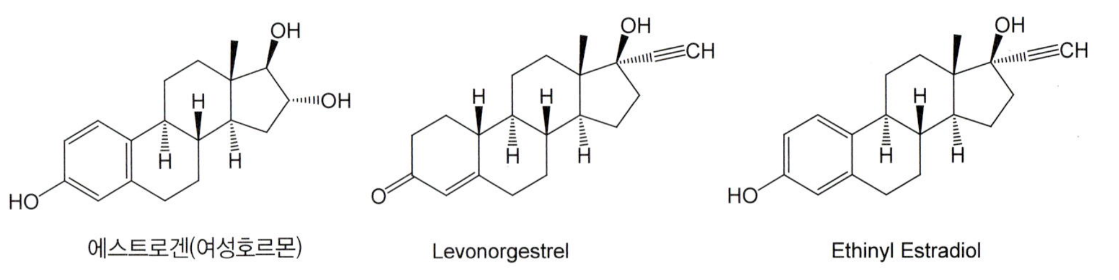

라 7단계로 분류하고 있는데, 단계가 높을수록 효과가 크지만 그만큼 부작용도 강하게 나타날 가능성을 가진다. 따라서 치료목적에 맞는 적절한 사용이 요구된다. 또 다른 형태의 스테로이드계 약물로는 안드로겐(androgen)이나 에스트로겐(estrogen)과 같은 성호르몬과 비슷한 기능을 하는 물질들이 피임약으로 개발되어 활용되고 있다(그림 8.57).

일부 의약품들은 향정신성약물으로 분류된다(그림 8.58). 이들 약물은 각성제, 진정제, 환각제 등으로 분류되며, 코카인이나 암페타민과 같은 약물은 각성제로 분류된다. 또한, 인지작용을 민감하게 하며 흥분시키는 역할을 한다. 알코올이나 아편과 같은 물질들은 외부로부터 들어오는 자극에 무뎌지게 만드는 역할을 하므로 진정제로 분류되고, 대마초나 LSD와 같은 물질은 사물을 인지하는 방법의 변화를 일으켜 환각작용을 유도하므로 환각제로 분류된다. 이들은 뇌에서 일어나는 신경전달물질을 대신하여 수용체에 결합하게 되며 흥분상태나 환각 상태를 장시간 유지하도록 한다. 각성제 또는 진정제 중의 일부는 정신과 질환의 치료나 진통제로 매우 유용

그림 8.58
향정신성 약물류
자료: Shutterstock

필로폰

아편

코카인

헤로인

대마초

대마수지

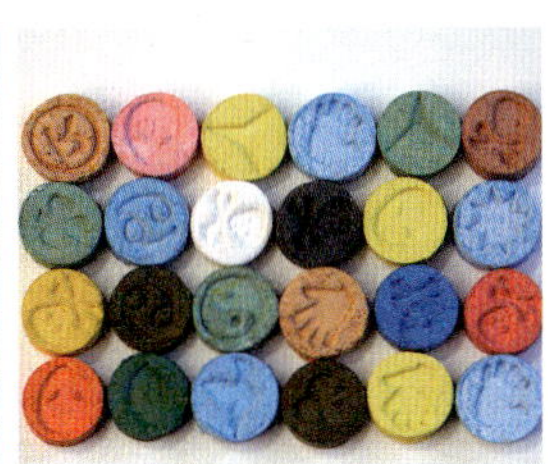

MDMA(엑스터시)

케타민

하게 사용될 수 있지만, 이들은 대부분 마약으로 분류되며 심각한 중독증상을 유발한다. 전 세계에 유통되고 있는 마약의 양은 엄청나며 금액은 식량 거래액보다 많은 것으로 추정된다.

마약의 유통은 엄격하게 금지되어 있으며 철저하게 관리되어야 한다. 최근 일부 유명인들 사이에서 상습적인 프로포폴의 사용이 문제가 된 바 있다. 프로포폴은 수면내시경을 위해 사용되는 수면마취제이다. 정맥 주사로 투여되며 다른 계통의 마취제보다 쉽게 잠이 들며 빠르게 회복되는 특징을 가진다. 심각한 중독성을 보이지는 않지만 수면장애를 앓고 있는 사람에게는 짧은 수면효과를 얻을 수 있으리라 생각할 수 있다. 하지만 프로포폴의 지속적인 사용은 내성을 만들게 되며 환각효과를 보여 정신적으로 의존하게 되는 중독증상이 나타날 수 있다.

계면활성제

비누는 세탁과 우리 몸의 청결을 위해서 필요한 생필품이다(그림 8.59). 하지만 비누가 대중적으로 보급된 것은 그리 오래된 일이 아니다. 비누가 보급되기 이전에 우리 조상들은 세탁을 위해 잿물을 사용하였다. 잿물은 나무를 태운 재를 걸러낸 물인데, 탄산 칼륨을 포함하여 알칼리성을 띠고 있어 세탁에 효과가 있었다. 개항 이후에 가성소다(NaOH, 수산화 나트륨)가

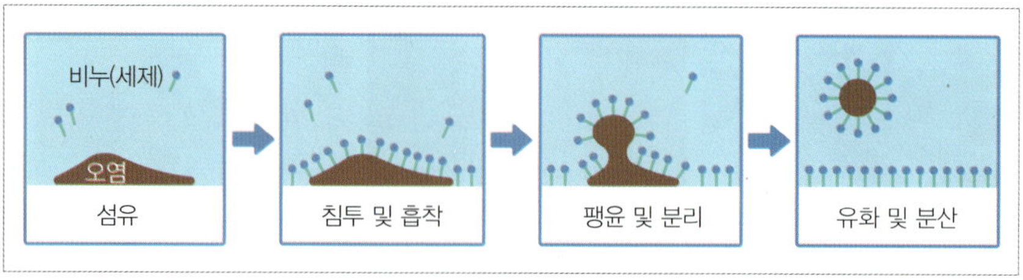

그림 8.59
비누의 작용
자료: Shutterstock

들어오면서 잿물을 대신하여 세탁에 쓰였는데 이를 양잿물이라고 불렀다.

비누에 대한 기록은 고대 바빌론까지 거슬러 올라가며 과거에도 식물의 재와 기름을 이용하여 비누를 만들었다는 기록은 다양하게 남아 있다. 하지만 현대적인 방식의 상업 생산이 이루어진 것은 니콜라스 르블랑(Nicolas Leblanc, 1742~1806)에 의해 탄산 나트륨을 대량 생산하는 방법이 확립된 이후이며 그 이전까지 비누는 엄청난 사치품이었다(그림 8.60). 비누가 대중화되면서 사람들은 자주 몸을 씻기 시작하였으며 주기적인 세탁을 통해 청결도를 높일 수 있었다. 이에 따라 질병에 걸릴 가능성도 낮아졌으며 인류의 평균수명을 최소 20년 이상 연장하는 효과를 거두었다고 평가된다.

비누는 지방산 에스터가 알칼리금속인 나트륨에 의해 가수분해되어 만들어진다. 물속에서 비누 분자들은 극성을 가진 머리 부분이 바깥쪽을 향하고, 소수성을 가진 꼬리 부분이 안쪽을 향하는 분자 집합체인 마이셀(micelle)을 형성하게 되며 기름때가 소수성 부분에 위치하여 물에 녹을 수

그림 8.60
비누의 생산

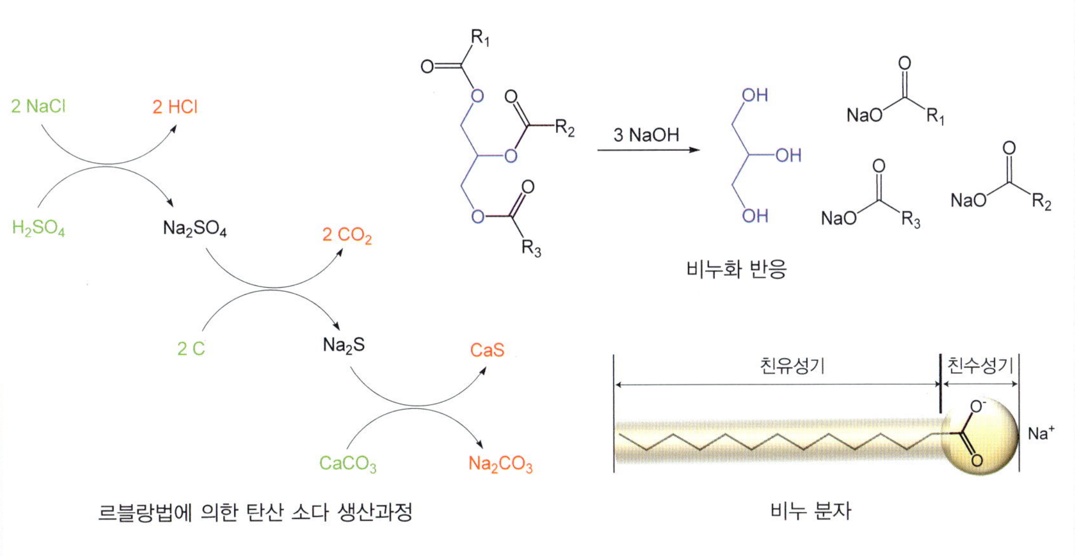

르블랑법에 의한 탄산 소다 생산과정

비누화 반응

비누 분자

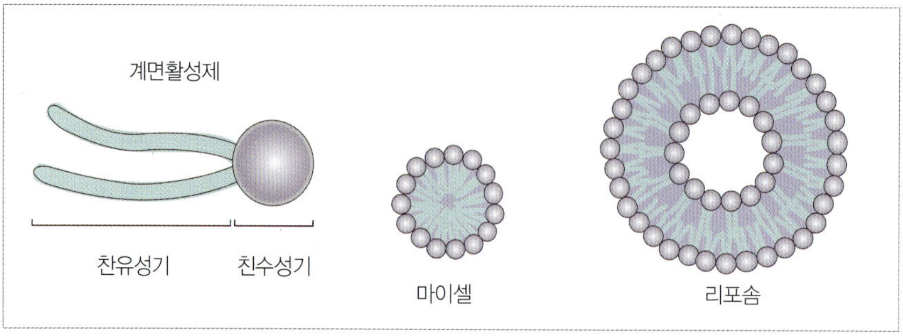

그림 8.61
계면활성제의 구조
자료: shutterstock

있도록 한다(그림 8.61). 이처럼 비누와 같이 물과 기름의 계면에서 표면의 자유에너지를 낮추어 성질을 변화시키는 물질을 계면활성제(surfactant)라고 한다.

일반적인 비누에는 동식물성 지방이 원료로 사용되며 나트륨의 카복실산염이 친수기로 사용되기 때문에 Ca^{2+}, Mg^{2+}, Fe^{3+}와 같은 다가 이온을 많이 포함된 센물에는 비누가 잘 풀리지 않아서 사용하기가 어렵다. 이러한 문제점은 합성세제가 개발되면서 해결되었다. 합성세제가 개발된 것은 비누의 원료가 부족했기 때문이지만, 일반적인 비누보다 훨씬 뛰어난 세척력을 가진 세제가 개발된 것이다. 현재 시판되고 있는 세제에는 계면활성제 이외에도 형광증백제, 섬유유연제, 표백제 등의 다양한 성분들이 포함되어 있다. 하지만 일부 합성세제는 미생물에 의해 분해되지 않으며 훨씬 많은 거품을 형성하여 환경에 심각한 영향을 주게 된다. 이에 따라 미생물에 의해 분해되지 않는 세제는 사용이 엄격하게 제한되어 있다.

현재는 다양한 형태의 계면활성제가 개발되어 가정용 세제를 비롯하여 농약, 화장품, 바이오 분야, 산업 분야에서 폭넓게 사용이 되고 있는데, 친수기 말단의 특성에 따라 양이온성, 음이온성, 양쪽성, 비이온성 등으로 구분한다(그림 8.62). 친수기로 설폰산염, 인산염, 암모늄염 등이 사용되기도 하며, 에틸렌글리콜과 같은 비이온성 고분자 사슬이 사용되기도 한다.

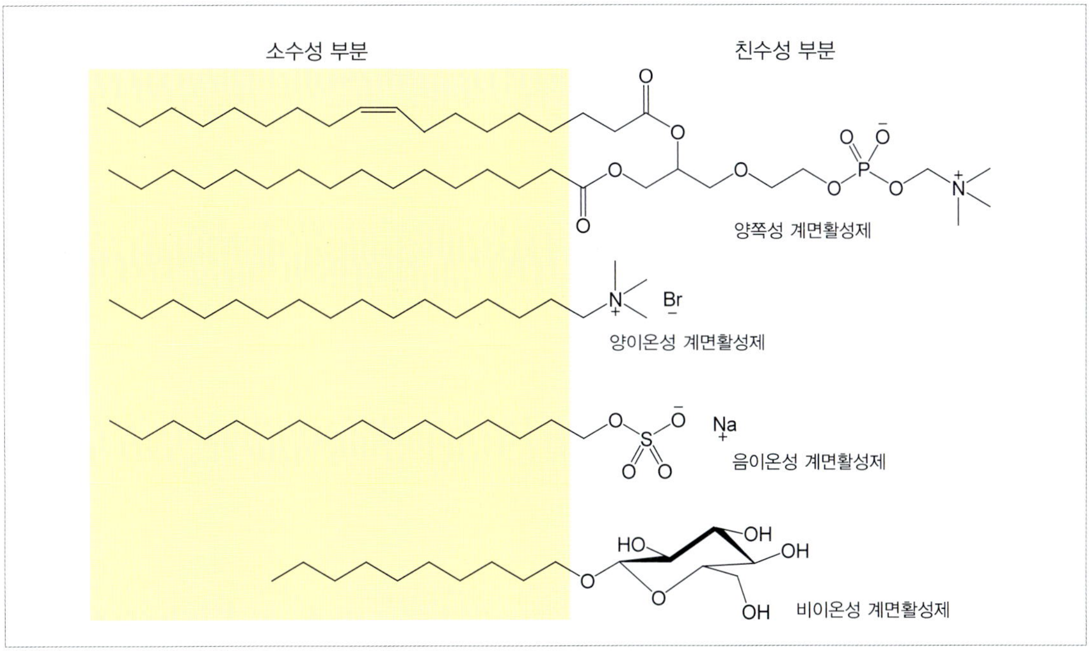

그림 8.62
계면활성제의 유형

일반적으로 세제로 활용되는 계면활성제의 경우에 피부로 흡수되는 것은 매우 제한적이지만 호흡기나 소화기로 흡입되면 치명적인 독성을 나타낼 수가 있다. 국내에서는 가습기 살균제에 의해 엄청나게 많은 사람이 상해를 입는 사건이 발생한 바 있다. 가습기 살균제에 사용된 물질은 계면활성제의 일종으로 비교적 독성이 낮은 물질들이었지만, 이들 물질이 호흡기로 흡입될 때 발생하는 독성에 관해서는 연구되지 않았기 때문에 피해자가 발생할 때까지 아무런 제재가 없이 판매되었다(그림 8.63). 이 사건으로 환경부에 피해를 신고한 인원만 6,800여 명이며, 1,500명 이상이 사망하였다고 전해진다.

화장품에도 계면활성제가 주요 성분으로 포함되어 있다. 화장품법에 따르면 '화장품이란 인체를 청결·미화하여 매력을 더하고 용모를 밝게 변화시키거나 피부·모발의 건강을 유지 또는 증진하기 위해 인체에 바르고 문

그림 8.63
가습기 살균제에 사용된 계면활성제

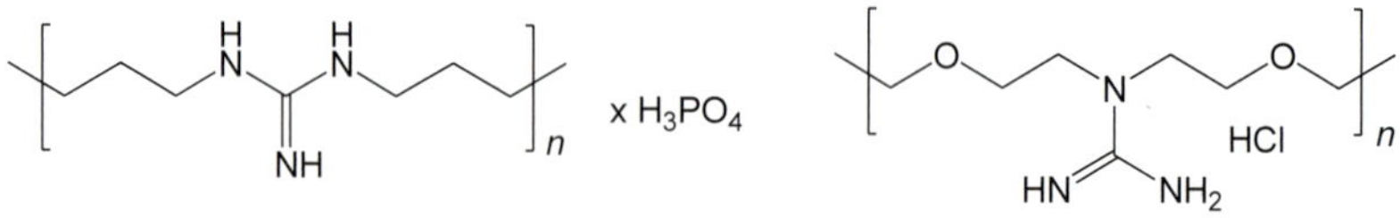

PHMG Phosphate　　PGH

지르거나 뿌리는 등 이와 유사한 방법으로 사용되는 물품으로서 인체에 대한 작용이 경미한 것을 말한다.'라고 정의되어 있다. 미용을 위해 사용되는 제품이지만 건강증진이라는 기능성을 추구하는 경향이 있어서 의약품과의 구분이 모호한 부분이 발생하며, 인체에 적용되는 물질인 만큼 안전성에 대한 평가도 철저하게 이루어져야 한다(그림 8.64).

화장품의 제조에는 수성원료로 정제수, 에탄올, 글리세린과 같은 물질이 사용되며 유성원료로 동·식물성 오일, 왁스 및 자연원료의 합성으로 얻어지는 탄화수소류, 알코올류, 지방산류 등이 포함된다. 수성원료와 유성원료는 서로 혼합되지 않기 때문에 계면활성제를 이용하여 콜로이드 형태로 제조하게 된다. 이들 재료 이외에 점도를 높이기 위한 점증제, 염료 또는 안료와 같은 착색제, 연마제, 향료, 보습제, 방부제, 자외선 흡수제 등의 성분이 포함되며, 기능성 화장품에는 항염증제, 비타민, 미백 성분, 등의 다양한 기능성 성분이 포함되기도 한다. 또한, 기능성 샴푸나 향수, 염색약, 파마약, 헤어스프레이 등도 화장품으로 분류된다. 이들 역시 의약품과 마찬가지로 안전성에 대한 검증이 요구되기 때문에 안전성 테스트에 많

그림 8.64
의약품과 화장품의 관계

은 동물들이 이용된다. 예를 들어, 립스틱 제품의 평가를 위해 토끼의 눈에 립스틱 제품을 얇게 썰어 넣는 실험을 하기도 한다. 이러한 실험은 동물 보호 단체의 반발을 불러왔으며 현재 유럽에서는 완제품 화장품에 대한 동물실험을 금지하고 있다.

화장품에 사용되는 모든 성분에 대해 안전성이 입증된 것은 아니다. 지금처럼 화학적 지식이 풍부하지 않았던 과거에는 색조화장품을 만들기 위해 인체에 해로운 성분이 포함된 안료를 사용하기도 하였다. 현재도 일부 성분의 경우 꾸준히 논란이 되고 있는데, 방부제로 사용되고 있는 파라벤이라는 물질은 환경호르몬으로 작용할 가능성을 가지고 있으며 알레르기를 유발할 가능성도 있는 것으로 알려졌다(그림 8.65). 하지만 화장품에는 극미량의 파라벤이 사용되며 안전성이 입증된 물질이라는 반론도 존재하고 있다.

이러한 논란은 식품첨가물에서도 나타난다. 각종 가공식품에는 방부제, 착색제, 감미료, 향료 등의 다양한 성분이 첨가된다. 인공감미료인 사카린

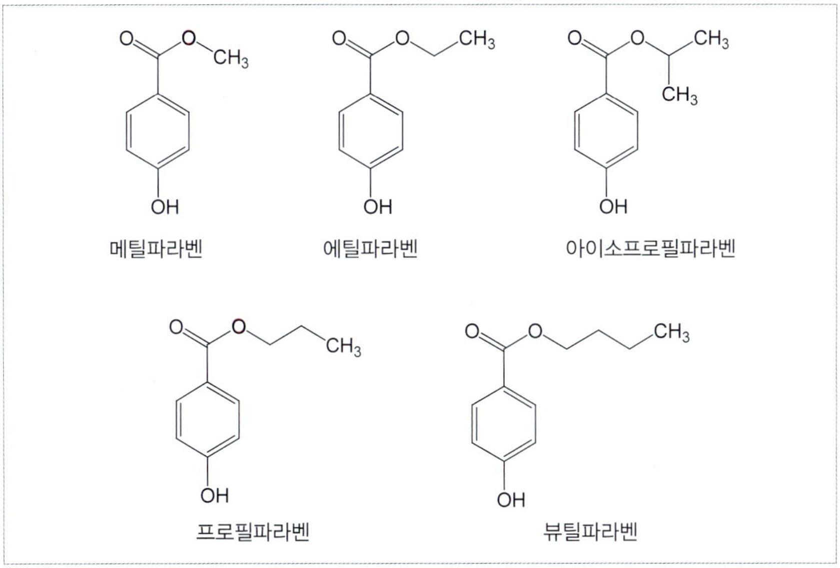

그림 8.65
화장품에 첨가된 파라벤

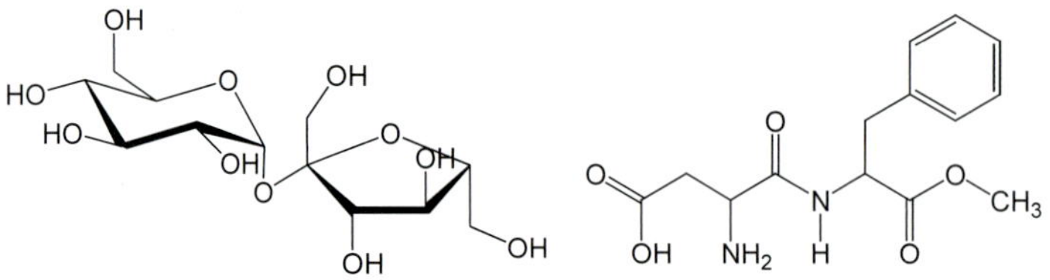

설탕 아스파탐 사카린

그림 8.66
설탕, 아스파탐, 사카린의 구조

은 설탕보다 300배 이상의 단맛을 가진 것으로 알려져 있다(그림 8.66). 사카린은 전쟁이 끝난 뒤 물자가 부족하던 시기에 설탕을 대신하여 주목받는 물질이었으며, 열량이 거의 없어서 당뇨병 환자에게 유용한 물질이었다. 하지만 1970년대에 동물실험에서 사카린이 방광암을 유발할 수 있다는 보고가 나온 뒤부터는 사용이 금지되기에 이르렀으며 다른 대체 물질을 찾기 시작하였다. 이에 국내에서도 소주에 사용되던 사카린을 아스파탐으로 대체하였는데, 시간이 흐르면서 사카린을 이용한 동물실험 과정에서 문제점이 드러났다. 실험 자체가 설탕 제조업체의 지원을 받아 이루어졌고, 1일 허용량의 500배에 달하는 사카린을 투여한 것으로 밝혀진 것이다. 이후 사카린은 여러 가지 실험을 통해 안전성이 입증된 감미료로 세계보건기구(WHO) 및 미국식약청(FDA)에서 인정하게 되었다.

국내에서는 카제인나트륨을 둘러싼 마케팅이 쟁점이 된 적이 있다. 카제인은 우유에 포함된 단백질인데, 커피믹스에 사용되는 첨가제로 물에 대한 용해도를 높이기 위해 염으로 만든 것이다. 하지만 한 업체에서 마치 카제인나트륨이 해로운 물질인 것처럼 광고하면서 논란이 된 것이다. 나트륨이 문제가 된다는 주장을 할 수도 있지만, 카제인나트륨에 포함되는 나트륨의 양은 문제가 될 정도의 양이 될 수 없다.

이렇게 화학물질에 대한 공포를 이용한 마케팅이 곳곳에서 이루어지고 있으며 화학물질에 대한 혐오와 기피 현상인 '케모포비아(chemophobia)' 현상이 확산되고 있다. 케모포비아가 확산하는 데는 화학물질에 대한 부정확한 정보와 편견이 큰 몫을 한다. 따라서 비전문적이고 과장된 정보가 공유되고 확산하는 것을 방지하기 위해 많은 전문가들의 노력이 요구된다.

농약의 등장

합성 비료의 등장은 농업혁명을 일으키는 중요한 사건이다. 암모니아의 합성에 따라 식물 생장의 필수 무기 성분인 질소의 공급이 자유로워졌으며 식량의 증산에 크게 이바지하게 되었다. 반면, 유기화학의 영역에서는 농약이 개발됨으로써 농업 생산성의 향상에 이바지하게 되었다. 각종 농작물을 식량으로 하여 살아가는 것은 인간만이 아니며 박테리아나 곤충, 조류들 또한 농작물에 의존하여 살아간다. 매년 생산되는 곡물의 상당 부분이 해충에 의해 손실되는데, 이를 지키기 위해 각종 농약 성분을 개발하고 있다. 현재 사용되고 있는 농약은 그 종류가 2,000종이 넘으며, 종류도 다양하여 살균제, 살충제, 제초제, 식물 생장조절제 등 여러 가지 목적으로 사용되고 있다. 2차 세계대전 이전까지만 해도 효과적인 살충제는 많지 않았으며, 니코틴과 같이 식물에서 얻어지는 성분과 비소계, 석유 성분과 같은 물질들이 해충을 방제하는 목적으로 활용되었다.

1939년 스위스 화학자 폴 뮐러(Paul Hermann Muller, 1889~1965)는 DDT(dichlorodiphenyltrichloroethane)가 살충제 성분으로 유효하다는 사실을 보고하였다. DDT는 발진티푸스, 말라리아와 같은 전염병의 숙주인 모기를 퇴치함으로써 인류의 생명을 지키는 데 큰 공헌을 하였다(그림 8.67). 폴 뮐러는 살충제 연구의 새로운 분야를 개척한 공로로 1948년에 노벨생리의학상을 받았고, 이후 매년 엄청난 양의 DDT가 농작물에 살포되었다. 하지만

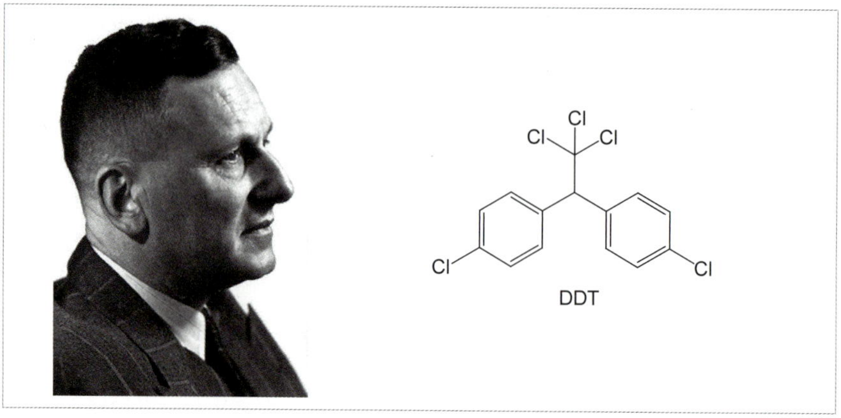

그림 8.67
폴 뮐러와 DDT

체내에 흡수된 DDT가 대사과정에서 쉽게 분해되지 않고 체내에 축적되며, 여러 동물들에게 대사 변이를 발생시킨다는 사실이 밝혀졌다. 대량의 농약 사용이 생태계에 미치는 영향에 대해 간과하고 있었던 것이다.

1962년 생물학자 겸 작가였던 레이첼 카슨(Rachel Carson, 1907~1964)은 '침묵의 봄(Silent Spring)'을 출간하여 DDT의 위험성과 피해를 집중적으로 알렸다. 결국, 엄청난 환경재난을 경험한 후에 현재는 대부분 국가에서 DDT의 사용을 금지하고 있다(그림 8.68).

DDT와 마찬가지로 파라티온도 과거 매우 유용한 살충제로 사용되었지만, 현재는 많은 국가에서 사용을 금지하고 있는 살충제이다. 파라티온은 아세틸콜린에스테라아제의 작용을 억제하여 신경계를 교란하는데, 곤충뿐만 아니라 사람에게도 매우 강한 신경독성을 보인다(그림 8.69). 파라티온을 살포하던 농민들은 급성 중독으로 다양한 증상을 보였으며 심할 때는 사망에까지 이르렀다.

살충제 이외에도 다양한 종류의 제초제가 사용되었는데, 제초제에는 선택성 제초제와 비선택성 제초제가 있다. 선택성 제초제는 특정 식물만을 죽게 만드는 것이고, 비선택성 제초제는 모든 식물을 제거하기 위해 사용

그림 8.68
DDT의 위험성을 알린 레이첼 카슨

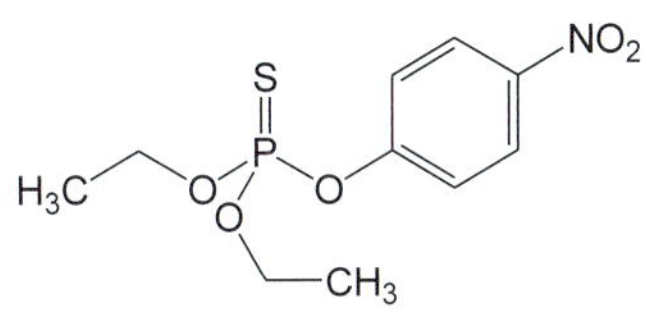

그림 8.69
급성 중독을 유발하는 파라티온

한다. 베트남 전쟁에서 미군은 적군이 숨어 있을 것으로 생각되는 밀림지대에 에이전트 오렌지라는 고엽제를 살포하였는데, 이때 피해를 본 군인들은 현재까지도 고엽제의 후유증을 겪고 있다(그림 8.70). 고엽제에는 두 가지 제초제 성분이 혼합되어 사용되었는데, 제초제의 생산 과정에서 다량의 다이옥신이 생성된 것이 그 원인이다.

유기물로 만들어진 각종 농약은 계면활성제를 사용하여 물에 녹이는데, 농약의 살포과정에서 만들어지는 계면활성제가 포함된 비말 또한 상당히 위험할 수 있다. 농업 생산성의 향상을 위해 다양한 농약을 사용하고 있지만, 농약의 사용 자체가 매우 심각한 환경오염을 유발하기도 하며, 각종 농작물에 남아 있는 잔류 농약 성분에 의해 피해를 볼 수도 있으므로 농약의 사용은 최소화할 필요가 있다. 하지만 농약의 사용에 따른 이득이 사용하지 않았을 때보다 훨씬 큰 것도 사실이다. 그래서 최근 농약을 사용하지 않

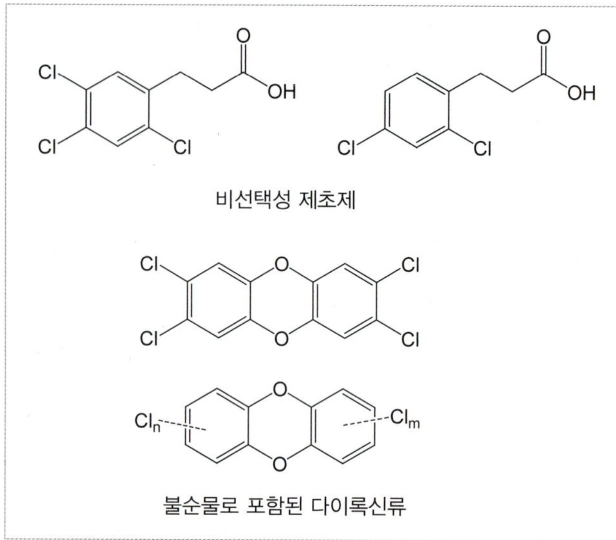

그림 8.70
베트남 전쟁에 사용된 고엽제

는 유기농 농법이 많은 관심을 끌고 있으며 유기농으로 재배된 작물들이 훨씬 비싼 가격에 거래되고 있다. 하지만 유기농이라고 해서 모든 면에서 더 뛰어나며 안전하다고 보기는 어려운 면이 있다. 적절한 양의 농약 사용은 식물을 더 건강하게 자라게 할 수 있으며, 현재 사용되고 있는 농약 대부분은 대사과정을 통해서 쉽게 분해될 수 있는 성분들을 이용하고 있으므로 철저한 검사와 적절한 처리를 거치면 안전성 면에서는 문제가 없다고 볼 수 있다.

안료와 염료

가시광선 영역의 빛을 흡수하거나 반사하여 색상을 띠는 물질을 색소(colorant)라고 한다. 색소는 크게 염료(dye)와 안료(pigment)로 구분된다(표 8.8). 염료는 용매에 녹아 있는 상태의 물질로 빛을 흡수하는 형태의 색소를 칭하며, 안료는 액체에 입자 형태로 분산된 상태에서 빛을 반사하는 형태의 색상을 나타내는 색소이다. 염료와는 달리 안료의 경우 분산된 형태이므로 용매라는 표현보다는 분산매라는 표현이 더 적절하다. 염료는 의류 등의 섬유에 색을 입히기 위해 사용되며, 안료는 니스나 합성수지의 용액에 혼합 분산하여 사용하는 도료나 물감으로 사용된다.

과거 동굴벽화를 그리기 위해 사용했던 재료들은 대부분 무기안료를 사용한 것이다. 검은색을 표현하기 위해 숯을 사용하였으며 진흙이나 광물을 갈아 만든 재료로 색상을 표현하였다(그림 8.71). 무기안료 대부분은 광물에서 얻어진 것들이었는데, 예를 들어 빨간색은 진사라 불리는 황화 수은 광물에서 얻어졌으며, 파란색은 청금석이라는 돌을 갈아서 만들었다. 납이나 주석이 포함된 재료들은 노란색 안료로 사용되었으며, 고대 이집트에서는 공작석을 갈아 만든 녹청색을 눈꺼풀에 발랐다고 전해진다.

각종 미술품에서 안료는 매우 중요한 물질이었다. 천연색을 표현하기 위해 다양한 금속이온이 포함된 광물들을 찾았으며 그중에는 중금속 성분이 함유된 물질들이 많이 있었다. 흰색을 띠는 탄산 납은 매우 오랜 기간 흰색 안료로서 사용되었는데, 탄산 납을 제조하는 사람들이 납중독에 노출되는 일이 많이 있었다. 붉은색을 띠는 진사는 독성이 강한 수은을 주성분으로 하고 있다. 일부 안료는 희귀한 광물에서 얻어지기 때문에 귀족들만이 사용할 수 있었다.

표 8.8 안료와 염료

분류	안료	염료
정의	물이나 기름에 녹지 않는 유색의 착색제	물이나 기름에 녹아 섬유, 종이 등에 고착되는 유색의 착색제
사용	종이, 도자기, 벽화 등	섬유, 가죽, 종이의 염색
매개체	아교, 부레풀, 해초, 기름, 달걀, 물 등	물, 알루미늄, 크로뮴, 철 등의 매염제

그림 8.71
각종 무기안료
자료: Shutterstock

무기물로만 이루어져 있던 안료는 유기합성화학이 발달하면서 유기 화합물에 금속염을 가하여 침전시킨 레이크 안료와 불용성 유기색소를 이용한 유기안료로 등장하게 되었다. 유기안료는 탄화수소를 기본골격으로 하고 있으므로 무기안료보다는 색상이 선명하며 착색력도 뛰어나다. 따라서 색상을 자유롭게 조절할 수 있다는 장점이 있지만, 빛이나 열에 약하다는 단점도 있다. 유기안료는 인쇄용 잉크나 페인트, 플라스틱 착색제 등으로 널리 활용되고 있다.

염료는 옷감이나 종이 또는 가죽에 색을 입히기 위해 사용되는 물질로 색을 입히는 과정을 염색이라고 한다. 염색은 염료가 섬유와 화학적인 결합 또는 물리적인 흡착을 통해 결합하는 과정이다. 대부분 염료는 유기물질로 이루어져 있으며, 합성화학이 발달하기 이전의 모든 염료는 천연물로부터 채취하였다. 예를 들어, 로마 시대의 최고급 염료인 티리언 퍼플(tyrian purple)은 지중해에서 서식하는 뮤렉스 브란다리스(murex brandaris)

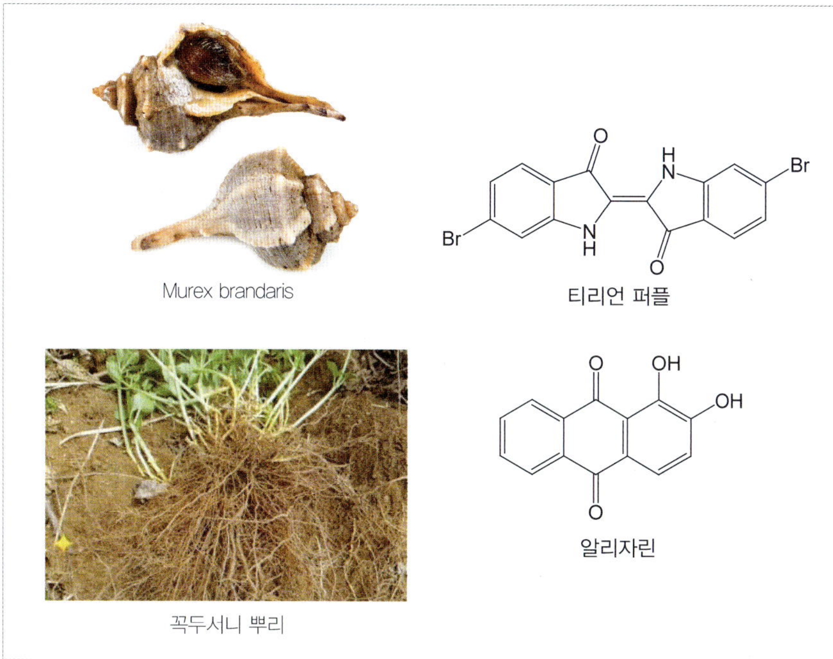

그림 8.72
티리언 퍼플과 알리자린 염료
자료: Shutterstock

라는 뿔소라의 분비물로부터 추출된다. 하지만 1만2천 마리의 뿔소라에서 추출 가능한 양이 고작 1.4 g 정도로 높은 희소가치를 가진 염료였다(그림 8.72). 따라서 왕이나 귀족만이 사용할 수 있었으며 일반인들이 사용하는 것은 금지되어 있었다. 티리언 퍼플을 이용한 염색에는 명반과 같은 물질이 추가로 필요하였으며, 당시의 염색 기술은 중요한 국가 비밀로 취급될 정도였다.

고대 인도, 페르시아, 이집트에서는 알리자린(alizarin)이라는 빨간색 염료를 사용하였는데, 이 염료는 꼭두서니라고 하는 식물의 뿌리에서 추출되었다(그림 8.72). 또한, 케르메스(kermes) 참나무에 기생하는 깍지 진디나 열대 선인장에 기생하는 연지벌레로부터는 안트라퀴논 계통의 빨간색 염료를 추출할 수 있었다(그림 8.73). 케르메스 참나무는 가지 일부에 빨간색 시럽의 덩어리를 형성하는데, 여기에 깍지 진디가 알을 낳게 된다. 케르메스

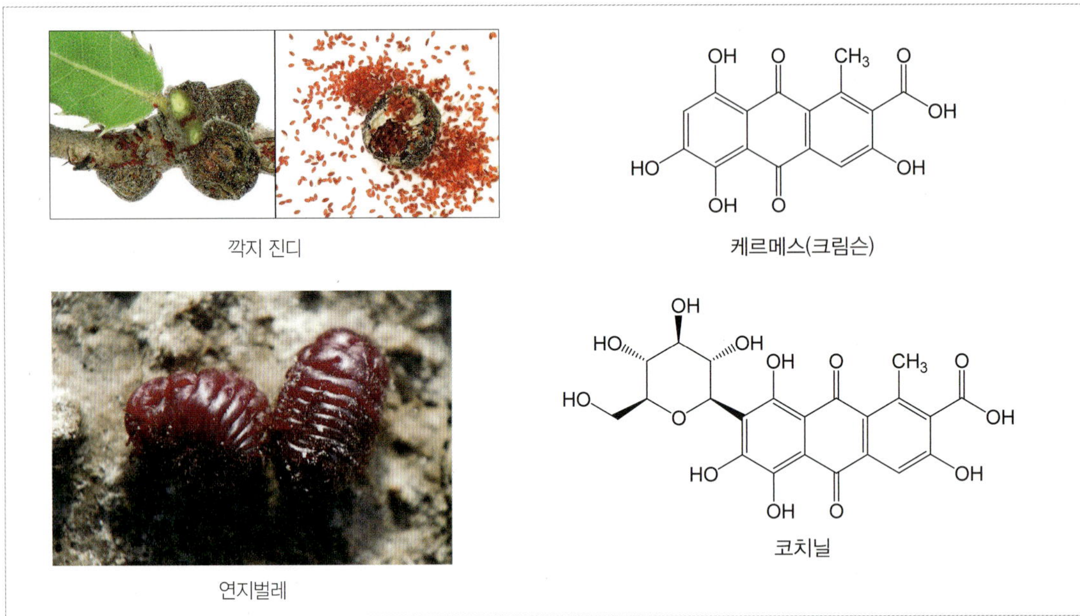

그림 8.73
케르메스와 코치닐 염료
자료: Shutterstock / flickr, Vahe Martirosyan

염료는 오래전부터 사용되어 온 염료였지만, 코치닐(cochineal)이라는 염료가 알려지면서부터 코치닐 염료를 더 사용하게 되었다. 연지벌레에서 추출된 코치닐은 멕시코 원주민들이 오래전부터 사용하던 것으로 스페인 사람들에 의해 유럽에 알려졌으며 립스틱과 같은 화장품의 원료로 사용되었다(그림 8.73). 코치닐은 식용색소로도 사용되는데 우리가 마시는 딸기우유의 빨간색 착색을 위해 사용되기도 한다. 하지만 코치닐도 대량 생산은 어려웠다. 7만 마리의 연지벌레로부터 고작 450 g의 코치닐이 얻어진다. 16세기 초 스페인 정복자에 의해 유럽으로 전해진 코치닐은 매우 비싼 가격에 거래되었으며 중요한 물자로 취급되었다.

인디고(indigo)는 인도가 원산지이며 국내에서는 쪽풀로 잘 알려진 인디고페라라는 식물의 잎에서 얻어지는 남색의 염료로 아시아 지역에서는 매우 오래전부터 사용되고 있었다(그림 8.74). 인디고가 유럽에 전파되면서

인디고페라 쪽풀

그림 8.74
인디고페라, 쪽풀, 인디고 염료
자료: Shutterstock

유럽의 곳곳에서 쪽의 재배가 이루어졌지만, 여전히 인디고는 귀족들의 전유물이었다. 이로 인해 식량 생산을 위한 경작지가 줄어들게 되면서 서민들의 생활이 더욱 궁핍해지게 되었다. 19세기 후반에 이르러 티리언 퍼플이 인디고의 유도체임이 밝혀졌고 합성법이 개발되었다.

19세기 중엽에는 석탄을 가공하여 만든 코크스가 제철 산업에 사용되기 시작하였다. 코크스의 생산을 위해 석탄을 처리하면 콜타르라고 하는 검은색의 점도가 높은 액체가 얻어지는데, 일부는 철도 침목에 바르는 목제 보호제로 사용되기도 하였지만 뚜렷한 용도가 없는 물질이었다. 독일의 호프만(August Wilhelm von Hofmann, 1818~1892)은 콜타르에서 아닐린과 벤젠과 같은 유용한 물질을 분리하는 방법에 대해 연구하였다(그림 8.75). 그는 1856년 윌리엄 퍼킨(William Henry Perkin, 1838~1907)과 함께 말라리아 치료제인 퀴닌을 합성하던 도중 우연히 보라색 염료를 얻었다(그림 8.76). 퍼킨은 이 염료로 비단을 아름다운 자색으로 염색할 수 있다는 사실을 확인하였으며, 프랑스의 보라색 들꽃의 이름을 따라 '모베인

그림 8.75
독일의 호프만

그림 8.76
퍼킨이 합성한 보라색 염료 모베인

(mauvein)'이라고 이름을 붙였다. 퍼킨은 1857년에 '모브'라는 합성염료회사를 설립하였고, 이후에 알리자린 염료의 합성법도 개발하여 영국의 섬유산업을 획기적으로 발전시키는 계기를 만들었다. 이후 호프만은 독일로 돌아가 콜타르에서 50여 가지의 유용한 화학물질을 분리하는 방법을 개발하였으며 새로운 염료의 개발에도 참여하였다.

독일의 아돌프 폰 바이어(Johann Friedrich Wilhelm Adolf von Baeyer, 1835~1917)는 1880년에 최초로 인디고를 합성하였고, 이는 1897년 BASF사에 의해 상업화되었다(그림 8.77). 독일의 바이엘이나 영국의 ICI도 염료 생산을 위한 경쟁을 했던 회사들이다. 바이어는 인디고를 합성한 공로로 1905년에 노벨화학상을 받았다. 합성 인디고가 만들어지면서 귀족들의 전유물이었던 남색 염료는 청바지나 작업복에 널리 사용되었다. 저렴한 비용으로 대량 생산이 가능한 합성염료들이 탄생하면서 누구나 원하는 색상의

그림 8.77
바이어에 의해 합성된 인디고 염료
자료: Shutterstock

옷을 입을 수 있게 되었으며 염료를 채취하기 위한 천연물의 무분별한 남획 또한 사라지게 되었다.

섬유를 염색하기 위해 사용되는 염료는 염색 방식과 특성에 따라서 다양하게 분류된다. 염기성 또는 산성 염료는 양모나 비단과 같은 동물성 섬유의 염색에 유용하게 사용된다. 동물성 섬유는 아미노산으로 구성되어 있어서 카복실기나 아미노기를 많이 가지므로 염기성 또는 산성의 치환기와 염을 또는 수소결합을 형성하여 강하게 결합할 수 있다. 반면, 셀룰로스로 구성된 식물성 섬유의 경우 이온성기가 없어서 주로 수소결합을 통해 결합할 수 있는 염료를 사용하게 된다. 이러한 염료를 직접 염료라고 한다. 섬유에 존재하는 기능기와 화학결합을 할 수 있는 염료들도 있는데, 이러한 염료를 반응성 염료라고 한다. 반응성 염료는 섬유와 공유결합으로 연결되기 때문에 가장 강한 결합력을 가지며, 이염이나 탈염 현상이 거의 일어나지 않는다. 인디고와 같이 산화-환원 반응 또는 pH의 변화에 따라 특성이 변화하는 염료가 있는데, 이러한 염료를 건염 염료라고 한다.

인디고는 물에 녹지 않으며 섬유와의 친화력이 없는 물질이다. 인디고를 환원제로 처리하면 이온성을 띠면서 물에 녹게 되는데, 이렇게 물에 녹은 상태에서 섬유에 흡착시킨 뒤, 다시 산화 처리를 진행하면 원래의 남색으로 변하면서 녹지 않는 상태가 된다. 건염 염료의 경우 용해도의 차이를 이용한 염색이기 때문에 시간이 지나면서 탈염이 진행되며 환원 조건에서 쉽게 이염이 발생할 수 있다. 청바지의 색상이 시간이 지날수록 옅어지는 것도 이 때문이다. 섬유에 매염제라는 물질을 처리하여 염색할 수 있도록 해주는 방식의 염색을 매염이라고 하며 이때 사용되는 염료를 매염 염료라고 한다. 합성섬유의 경우 천연섬유와 달리 대부분 강한 소수성을 띠고 있어서 상대적으로 염색이 쉽지 않다. 소수성 섬유를 염색하기 위해서는 소수성의 염료를 물속에 분산시켜 흡착시키는 방식을 사용하여 염색할 수 있다. 소수성의 섬유 염색을 위해 사용되는 염료들을 분산 염료라고 한다.

섬유의 염색을 위해서는 많은 양의 물을 사용해야 하며 염색을 위해서 다양한 약품처리가 동반되므로 대량의 폐수가 발생하게 된다. 폴리에스터와 같은 합성섬유의 경우에는 염색을 쉽게 하려고 가성소다 수용액에 담가 일부 에스터 결합을 가수분해시키는 공정을 거치는데, 이를 감량 가공이라 한다. 감량 가공을 거친 섬유는 다수의 카복실기와 하이드록시기를 가지게 되어 염색이 쉬워지며 섬유의 촉감이 개선되는 효과를 가진다. 하지만 감량 가공과정에서 강염기성을 띠며 다량의 테레프탈산과 에틸렌글리콜이 녹아 있는 폐수가 대량으로 만들어진다.

섬유의 염색을 위해 사용되는 각종 처리제와 염료를 포함한 폐액은 심각한 오염원이 될 수 있으므로 염색산업은 심각한 공해산업으로 분류되고 있다. 국내에서는 과거 대구 지역에 섬유와 염색산업 관련된 업체들이 밀집해 있었으며 심각한 수질오염을 경험한 바 있다. 현재는 중국 등 신흥공업국들의 저가 공세에 밀려 염색산업 자체가 사양산업으로 변모해 가고 있다. 하지만 섬유 및 염색산업은 필수적인 산업이므로 적극적인 투자를 통해 경쟁력을 갖춤과 동시에 공해산업의 오명을 벗고 친환경 산업으로 발전할 수 있도록 노력해야 할 것이다.

액정과 유기발광소자

액정은 액체상태의 물질로 유동성을 가지고 있지만, 분자들이 일정한 방향으로 배향되는 특징을 가진다. 고체가 가진 결정성과 액체가 가진 유동성을 동시에 가지고 있는 물질로서 디스플레이 장치에 사용된다. 액정의 특성이 최초로 발견된 것은 1880년대 후반으로 오스트리아의 식물학자 프리드리히 라이니처(Friedrich Reinitzer, 1857~1927)가 최초로 벤조산 콜리에스테릴(cholesteryl benzoate)이 어는점 이상의 온도에서 색상이 변화되는 특이한 성질을 나타내는 것을 확인한 것이다. 이후, 독일의 물리학자 오토 레만(Otto Lehmann, 1855~1922)이 1904년에 최초로 '액정(liquid crystal, LC)'이라는 명칭으로 논문을 발표하였다. 1927년 러시아의 물리학자 프레데릭스(Vsevolod Frederiks, 1885~1944)가 전기장을 이용하여 액정의 분자 배열을 변화시킬 수 있다는 것을 발견하였는데, 이것이 액정을 이용한 디스플레이 장치인 LCD로 발전하게 되었다. LCD가 실용화되기 이전에는 음극선관을 이용한 디스플레이(cathode ray tube, CRT)가 사용되었으나 현재는 거의 사용되지 않는다.

액정은 온도에 따라 고체와 액체상태 사이에 액정상태를 나타내는 서모트로픽(thermotropic) 액정과 용액상태에서 액정상태를 나타내는 라이오트로픽(lyotropic) 액정이 있다. 앞서 설명한 계면활성제의 경우 라이오트로픽 액정으로 볼 수 있다. 서모트로픽 액정은 일반적으로 유동성을 부여할 수 있는 부드러운 알킬 사슬과 메소겐(mesogen)이라고 불리는 단단하면서도 극성을 가진 부분으로 구성된다(그림 8.78).

액정은 액정 분자들의 배향 방향에 따라서 각각 독특한 액정상(phase)을 갖는다(그림 8.79). 액정 분자가 1차원적인 배열을 하고 있는 것을 네마틱(nematic) 상이라 하며, 2차원 방향으로 배향을 하고 있는 것을 스멕틱

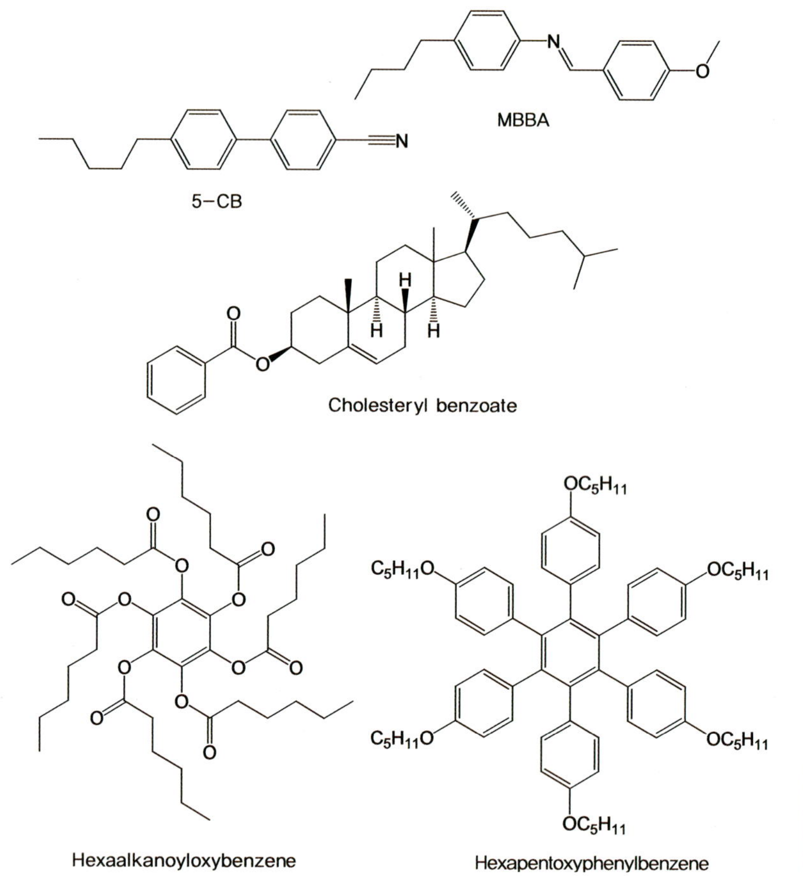

그림 8.78
액정을 형성하는 물질들의 예

A(smectic A) 상이라 한다. 2차원 방향의 배향을 가지면서 기울기를 가진 것을 스멕틱 C(smectic C) 상이라 부르며, 강유전성 액정이라 한다. 최초로 발견된 액정인 벤조산 콜리에스테릴의 경우 1차원 배향을 가진 액정 분자들이 배향축 방향의 수직 방향으로 회전면을 가지고 있는데, 이를 콜리스테릭(cholesteric) 상이라고 한다.

극성을 가진 액정 분자에 전기장을 걸어주게 되면, 전기장의 방향에 대해 수직 또는 수평 방향으로 액정 분자들이 배향한다(그림 8.80). 이를 전계

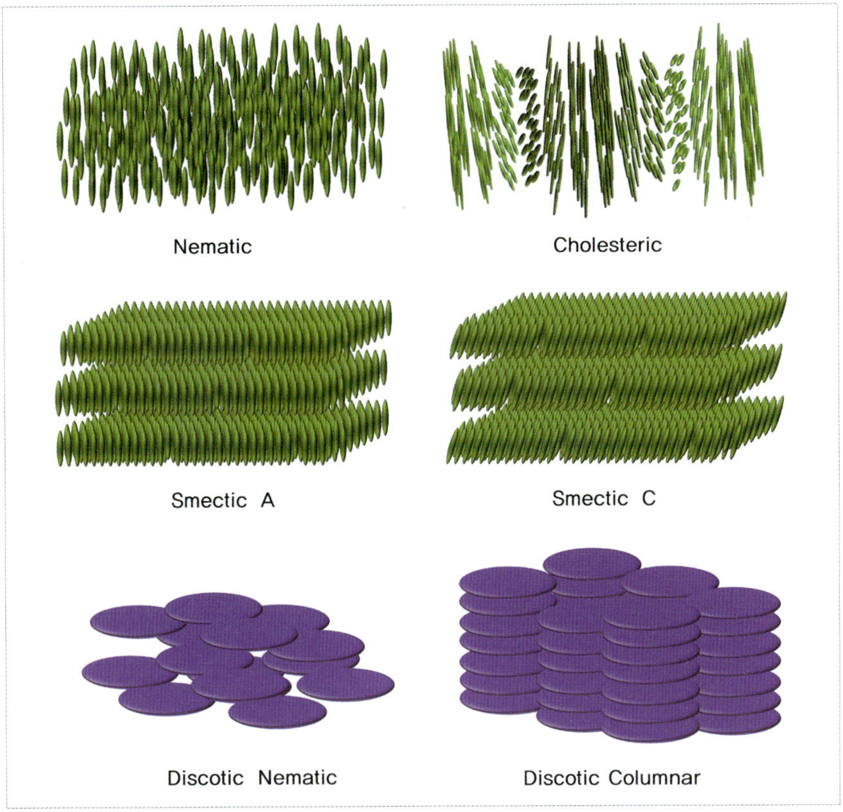

그림 8.79
액정이 형성하는 다양한 액정상

효과라고 하며 1962년에 이르러 미국 RCA사에서 얇은 박막 형태의 투명한 액정에 전압을 가해 뿌옇게 변화시킬 수 있는 동적 광산란(DLS) 현상에 대한 특허를 출원하였다. 높은 전압에서 극성을 가진 액정 분자들이 전류를 흘리기 위해 움직이게 되는 현상이다. RCA사는 세계 최초로 액정을 이용한 시험용 디스플레이를 1968년에 완성하였으며 70년대에 접어들면서 액정을 이용한 디스플레이가 실제로 시계나 전자계산기 등에 탑재되기 시작하였다.

얇은 유리판 사이에 액정을 가두고 배향막을 이용하여 호메오트로픽(homeotropic), 호모지니어스(homogeneous), 프리틸트(pretilted), 하이브리드(hybrid), 플래나(planar), 트위스트(twisted), 포칼코닉(focalconic) 등 다양

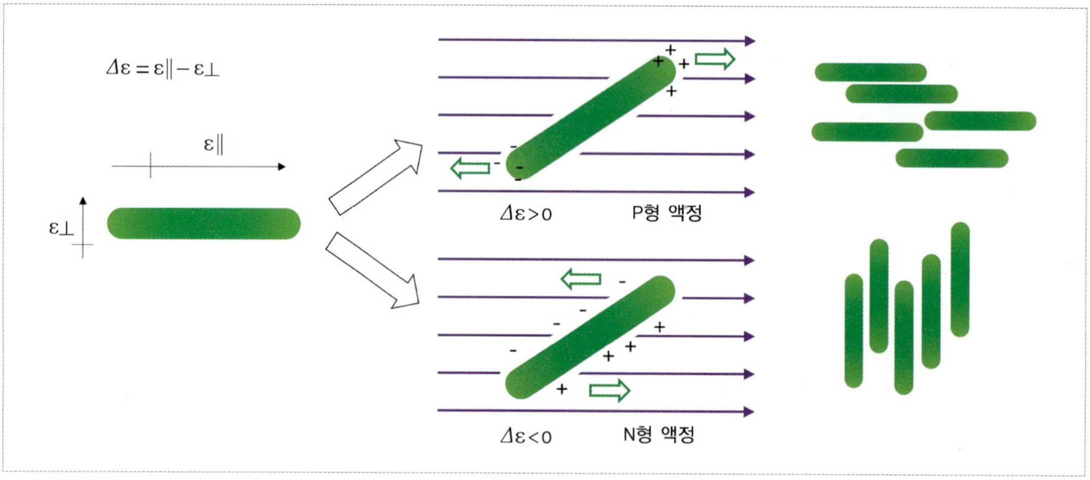

그림 8.80
액정의 전계효과

한 형태의 배열을 유도할 수 있다(그림 8.81). 각각의 배열 구조들은 빛이 통과하거나 반사될 때 다른 영향을 주게 되며, 분자들의 배열 구조를 전기적으로 변화시킴으로써 표지용 디스플레이로 활용되게 된다.

〈그림 8.82〉는 전자시계 또는 전자계산기와 같이 흔히 검은색으로 숫자나 기호가 표현되는 액정 디바이스에 사용되는 호스트-게스트 방식(host-guest mode)을 나타낸다. 액정에 포함된 검은색 류코 염료는 액정의 배향 방향과 일치되는 방향으로 배향된다. 호모지니어스 배열에서는 모든 염료 분자가 수평 방향으로 배열되며, 이때 가장 큰 흡광 특성을 가지게 되어 검은색으로 보이게 된다. 반대로 액정이 수직 방향으로 배향되면 염료는 빛을 흡수하기 어려운 방향으로 배열되므로 투명한 상태로 바뀌게 된다. 호스트-게스트 방식의 디바이스는 주로 반사형으로 사용되며 백라이트가 필요하지 않다.

LCD로 가장 잘 알려진 방식은 트위스트 네마틱(twist nematic, TN) 방식이다(그림 8.83). TN 방식은 배향막을 이용하여 90° 각도로 트위스트된 배열로 액정을 채운 디바이스이다. 액정 디바이스의 양면에 액정의 배향 면과 일

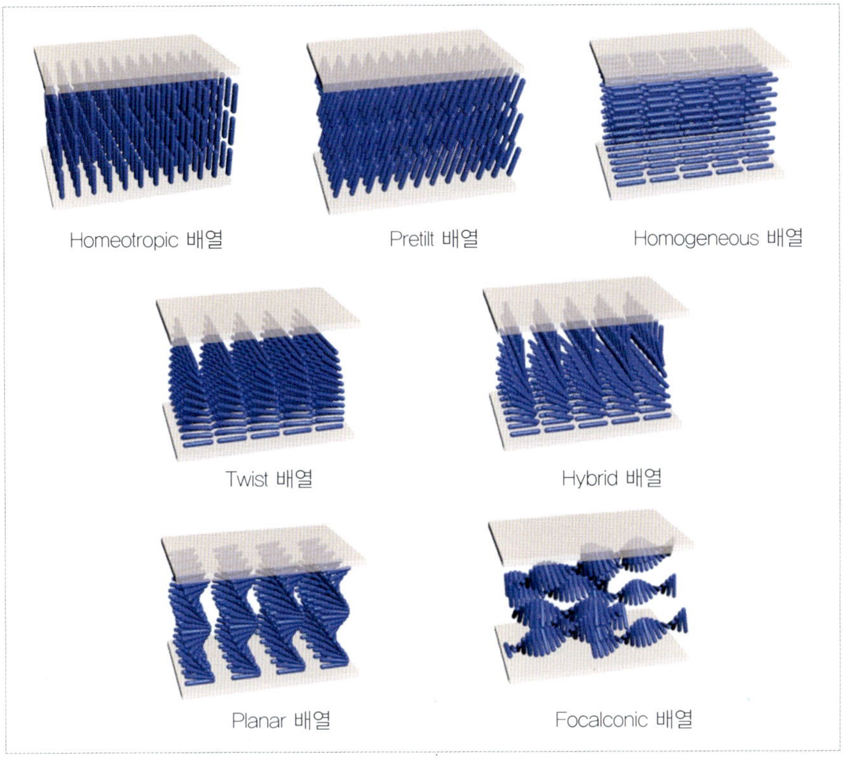

그림 8.82
호스트-게스트 방식에 의한 액정 구동

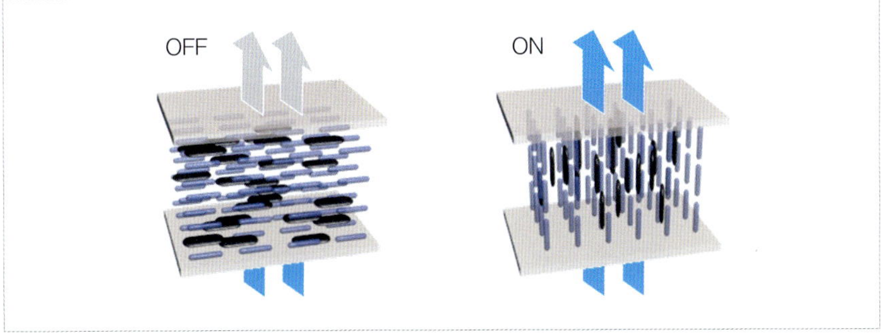

그림 8.81
다양한 형태의 액정 배향

치하는 방향으로 편광필름을 설치하게 되면, 편광된 빛은 액정의 배향 면을 따라 회전하면서 빠져나오게 된다. 하지만 액정에 전압을 인가하게 되면, 액정은 수직 방향으로 배향이 되면서 편광된 빛은 직진하게 되며 90°로

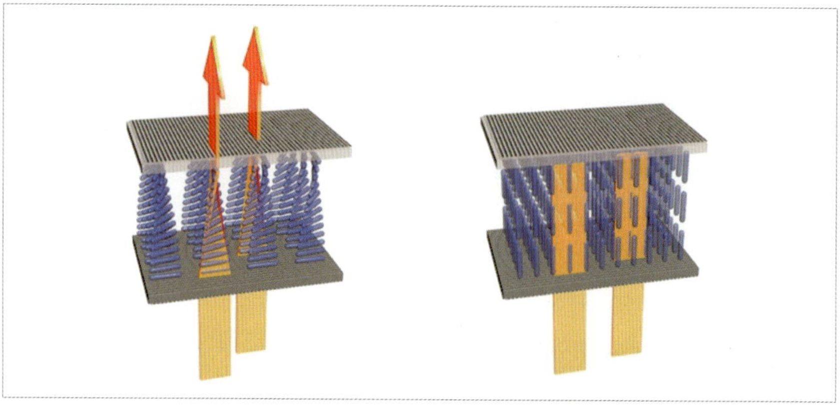

그림 8.83
TN 액정 패널의 구동

직교하는 편광필름을 통과할 수 없어지며 빛이 빠져나오지 못하게 된다. TN 패널에서는 백라이트를 사용하고 있으며 편광필름을 사용하기 때문에 전체 빛의 절반만을 사용하게 된다. 또한, TN 패널의 전면에 RGB 색상의 컬러필터를 적용하게 되면, 천연색의 컬러를 표현할 수 있는 디바이스의 설계가 가능해진다.

LCD는 무게가 가벼우면서도 얇은 평판형 디스플레이로 소비전력이 작은 장점을 무기로 2000년대에 접어들면서 기존의 CRT가 지배하던 텔레비전, 컴퓨터용 모니터를 발 빠르게 대체하였다. 하지만 초기의 LCD에서는 다양한 문제점이 존재하였다. 대표적으로 LCD는 액정 분자의 움직임에 의해서 구동되는 방식이므로 응답 속도가 느리다는 단점을 가지고 있다. 따라서 화면에 잔상이 남게 되며 연속적이며 빠르게 변화하는 화면 구성에서는 피로감을 주는 특징을 가지고 있었다. 현재는 이러한 문제들이 보완되어 전압의 조정이나 액정의 화면 구성의 변화 등을 통해 사람의 눈으로 쉽게 잔상을 느낄 수 없는 빠른 응답 속도를 가진 액정 패널들이 시판되고 있다.

최근 시판되고 있는 LCD의 대표적인 액정 배열방식은 수직배향(vertical alignment, VA) 방식과 인플레인 스위칭(in-plane switching, iPS) 방식이다. VA 방식은 수직으로 배향된 액정을 이용한다. 액정이 수직으로 배향되어 있어서 OFF 상태에서 빛을 투과하지 않으며 순수한 검정을 표현할 수 있다. 이는 OFF 상태에서 빛을 투과하는 TN 액정과 가장 큰 차이점이기도 하다. 전압이 인가되면 액정은 수평 방향으로 배향이 바뀌게 되며, 이때 빛의 산란이 일어나 빛이 투과된다. 따라서 ON-OFF 상태의 위상차가 작은 TN 패널보다 매우 뛰어난 명암비를 보이게 되며, 시야각 또한 매우 넓어서 상하좌우 어떤 방향에서 보더라도 명암의 역전현상이 일어나지 않는다. 단, TN 패널보다 응답 속도가 떨어지는 단점이 있다. 이러한 특징으로 인해 정적인 작업에 적절한 디스플레이로 유용하며, 게임용 디스플레이와 같이 빠른 동작이 요구되는 화면에서는 다소 불리한 점을 가진다. 또한, VA 패널에서는 수직 방향으로 배열된 액정에 압력을 가하면, 쉽게 액정의 배향이 뒤틀어지게 되며 복원에 시간이 걸리기 때문에 터치패드 형태의 디스플레이에서는 사용하기 어려운 특징이 있다. 최근 VA 패널의 응답 속도와 색 재현성을 개선하기 위해 다양한 패턴이 도입된 패널들이 제작되고 있는데, 이러한 패널을 PVA(patterned vertical alignment) 패널이라고 한다.

TN 패널이나 VA 패널의 경우 액정 층의 위아래에 위치하고 있는 전극에 전압을 인가한다. 이와 달리 iPS 방식의 패널에서는 액정 층의 측면에 전극들이 위치한다. 수평 방향으로 배열된 액정의 측면에서 전압을 인가하며 전압이 인가되는 방향으로 액정 분자들이 회전되게 된다. iPS 방식은 VA 패널보다 월등히 뛰어난 시야각을 가지고 있으며 응답 속도 또한 빠른 특징을 가진다. 단, 명암비 면에서는 VA 패널에 비해서 다소 떨어진다.

최근 유기물 기반 디스플레이 소자로서 유기발광다이오드(OLED)가 주목을 받고 있다. OLED는 유기물 반도체 화합물에 전류를 흘려 전자와 정공이 만나면서 빛을 내도록 해주는 장치이다. OLED 장치는 정공주입층(HIL), 정공수송층(HTL), 발광층(EML), 전자수송층(ETL), 전자주입층(EIL) 등의 여러 층의 박막으로 이루어져 있으며 음극에서 주입된 전자와 양극에서 주입된 정공이 발광층에서 서로 만나 빛으로 변환된다(그림 8.84). 발광층은 물질의 종류에 따라 색상이 결정되며 RGB 삼원색을 사용함으로써 천연색의 표현이 가능하다.

OLED는 LCD보다 완전한 고체상태의 소자이며 자체발광을 통해 높은 휘도를 나타낸다. LCD의 경우 배향막과 컬러필터를 사용함으로써 상당히 많은 양의 빛의 손실이 존재한다는 측면에서 OLED와 큰 차이가 있다. 낮은 구동 전압을 가지며 에너지 효율 측면에서 매우 뛰어난 소자이다. 색 표현력이 뛰어나며 매우 가벼운 특징을 가진다. 매우 얇게 가공할 수 있으며 시야각의 제한이 없다. 박막형 디바이스이므로 굽혀지거나 접을 수 있는 형태의 제품으로도 진화할 수 있다. LCD의 경우에는 액정의 배향을 통해 빛의 통과를 제어하고 있어서 다바이스가 굽혀지거나 접히면, 액정이 배향구조가 뒤틀어지기 때문에 근본적으로 곡면을 구현하는 것은 불가능하다.

현재 사용되고 있는 OLED가 가진 단점으로는 EML에 사용되는 유기반도체 물질이 산소와 수분에 취약하며 장시간 전기적 자극에 노출되기 때문에 상대적으로 짧은 수명을 나타낸다는 점이다. 따라서 OLED 발광층

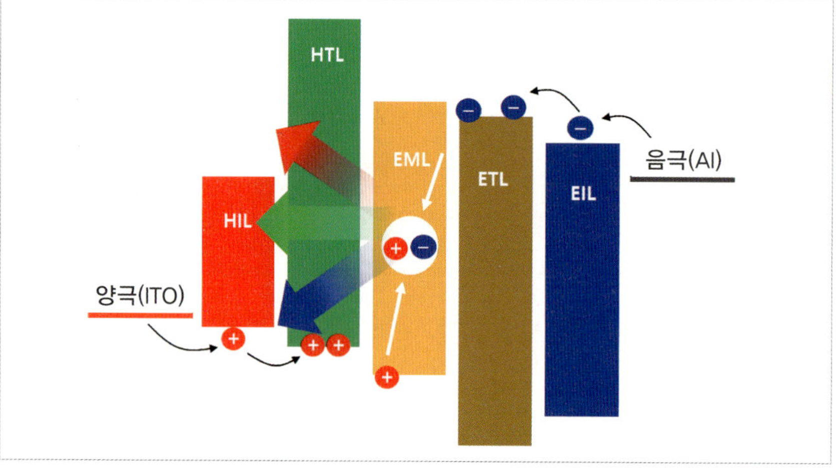

그림 8.84
OLED의 기본적인 구조

의 안정성을 확보하기 위해서는 수분이나 산소를 원천적으로 차단할 수 있는 봉지기술이 요구되고 있다. 최근 시판되고 접이식 스마트폰(foldable smartphone)에 OLED가 사용되고 있는데, 여기서는 박막 유리를 사용하여 수분과 산소를 차단하고 있다. OLED 소자의 구성을 위해서는 LCD보다 월등히 높은 수준의 기술력이 요구된다. 진공증착을 통해 디바이스를 생산하기 때문에 증착 면의 균일성을 갖추는 것이 매우 중요한데, 자연색의 디스플레이를 얻기 위해서는 RGB 삼원색의 마이크로 패터닝(micro patterning)이 요구된다. 따라서 디바이스의 생산에 있어서 상대적으로 높은 불량률을 나타내게 되며, 현시점에서 OLED를 이용한 디스플레이의 단가는 LCD와 비교하여 매우 높은 편이다.

OLED를 이용한 스마트폰 화면을 구성하기 위해 사용되는 컬러패터닝 기술은 미세금속마스크(fine metal mask, FMM)를 활용하고 있지만, 대면적 화면에 컬러패터닝은 아직 불가능하다. 따라서 대면적 화면의 OLED 패널은 여전히 컬러필터를 사용하고 있다. 현재 OLED는 고가의 스마트폰과 프리미엄 TV를 중심으로 상업 생산이 진행되고 있다. OLED의 대중화를 위해서는 앞으로 생산단가를 낮추는 것이 매우 중요하다. 지금 현재의 경쟁 대상인 LCD보다 고휘도와 빠른 응답 속도는 커다란 장점임이 틀림없지만, 수명의 측면에서 추가적인 개선이 요구되며, 대면적 화면에서의 RGB 삼원색의 독립 구동 방식의 디스플레이를 확보하기 위한 기술의 확보 역시 필요하다. 이를 위해 대면적 유기박막성형기술과 패터닝기술, 안정적인 봉지기술 등에 많은 투자가 진행되고 있다.

9장

핵물질과 방사선

핵반응과 방사성 붕괴
방사능의 위험성
자연방사선
방사선의 활용
핵무기의 개발
원자력과 환경

핵물질과 방사선은 직간접적으로 우리의 생활에 매우 큰 영향을 주고 있다. 원자력발전으로 얻어지는 전력은 전 세계에서 사용하고 있는 에너지의 사용량의 10%를 넘어서고 있으며, 국내 전력 생산의 25%를 담당한다. 방사선을 이용한 진단과 치료는 우리의 건강을 지켜주는 중요한 수단이며 과학 기술 및 산업 분야에서 매우 중요한 역할을 한다. 이 장에서는 핵물질의 반응과 방사선의 응용 및 그에 따른 문제점 등에 대해서 다루고 있다.

핵반응과 방사성 붕괴

원자는 전자와 원자핵으로 구성되어 있으며 원자핵은 양성자(proton)와 중성자(neutron)로 구성된다. 핵을 구성하는 양성자와 중성자를 핵자(nucleon)라고 한다. 원자핵에는 양전하를 가진 양성자와 중성의 중성자가 매우 좁

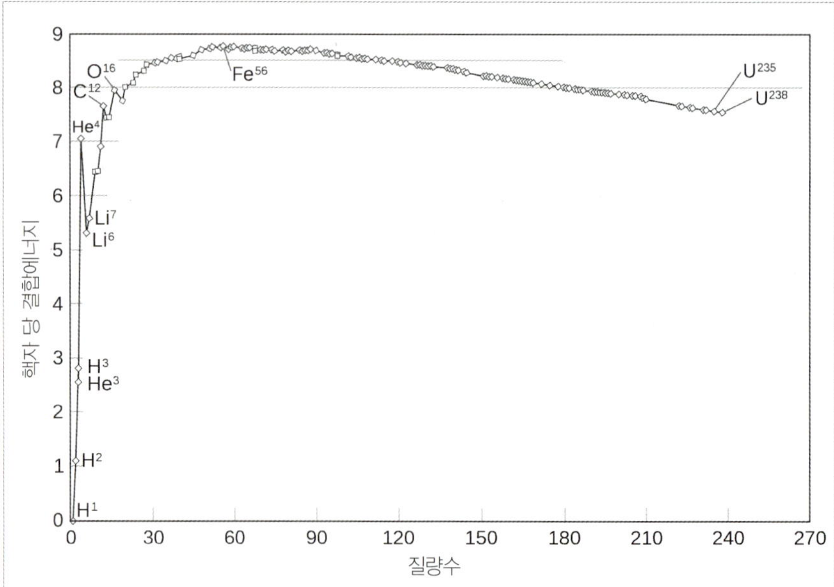

그림 9.1
핵자 당 결합에너지

은 공간에서 밀집해 있다. 양전하를 띤 양성자 간의 반발력을 고려할 때 원자핵 내에는 강한 인력이 작용하고 있다는 사실을 알 수 있는데, 핵자들 사이에 작용하는 힘을 핵력이라고 하며 핵자 사이의 결합을 끊는 데 필요한 최소한의 에너지를 핵결합에너지라고 한다(그림 9.1). 이 에너지는 화학결합의 결합에너지와는 구별할 필요가 있으나 편의상 결합에너지로도 표현한다. 각각의 원자가 가진 결합에너지는 핵종에 따라서 차이가 있으며, 핵자 1개에 대한 평균 결합에너지가 클수록 원소는 안정적인 상태를 갖게 된다. 평균 결합에너지가 큰 원소는 질량수 60 부근의 원자로 철이나 니켈이 여기에 해당한다. 따라서 질량수가 큰 원소들은 작은 원소로 쪼개져 철에 가까워질수록 안정화되며 질량수가 작은 가벼운 원소들은 서로 합쳐져 질량수가 큰 원소로 바뀔 때 안정화 될 수 있다.

질량수가 큰 원소가 쪼개지는 반응을 핵분열이라고 하며, 질량수가 가벼운 원소가 합쳐지는 반응을 핵융합이라고 한다(그림 9.2, 그림 9.3). 핵융합과 핵분열 반응은 거대한 에너지를 방출하는 반응이다. 핵반응에 의해 질

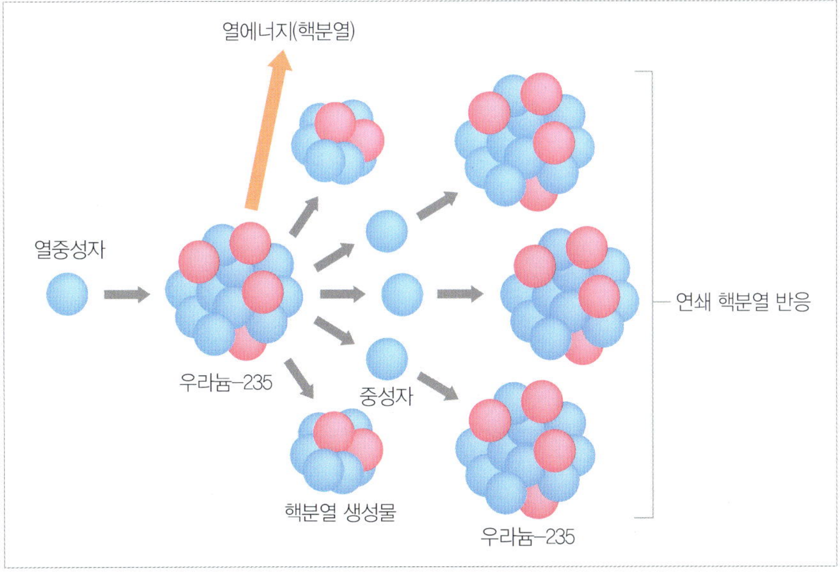

그림 9.2
핵분열 반응
자료: Shutterstock

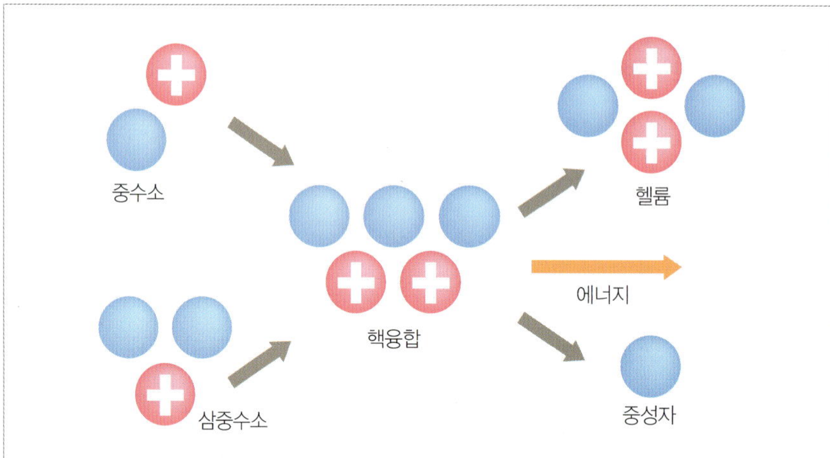

그림 9.3
핵융합 반응
자료: Shutterstock

량이 줄어들게 되면 이를 질량결손이라고 한다. 핵반응을 통해 줄어든 질량은 아인슈타인(Albert Einstein, 1879~1955)의 질량에너지 등가원리($E=mc^2$)에 따라 에너지로 방출된다.

태양에서는 수소 원자의 핵융합 반응을 통해 헬륨이 생성되며 이 과정에서 엄청난 에너지를 방출하고 있다. 핵분열 반응은 원자폭탄이나 원자로에서 일어나는 반응이다. 우라늄과 같이 무거운 원소가 중성자와 충돌하면, 두 개의 작은 핵으로 쪼개지면서 줄어든 질량만큼 에너지를 방출하게 된다. 이때 2~3개의 중성자가 함께 방출되는데, 이는 또 다른 우라늄 원소와 충돌해 연쇄적인 핵분열 반응을 일으키게 된다. 제어되지 않은 연쇄적인 핵분열 반응이 핵폭탄이며, 핵분열 반응의 속도를 제어하여 활용하고 있는 것이 원자로이다.

원소 중에는 전자기파나 입자를 방출하면서 스스로 다른 원소로 변하는 것들이 있는데 이러한 원소를 방사성 물질이라고 하며, 원소가 변하는 현상을 방사성 붕괴라고 한다(그림 9.4). 일반적인 상태에서 방사성 붕괴를 일으키지 않는 원소를 안정 원소라고 한다. 같은 원소 중에서도 중성자의 숫자가 달라지면서 방사성 붕괴를 일으키는 동위원소가 있는데 이를 방사성

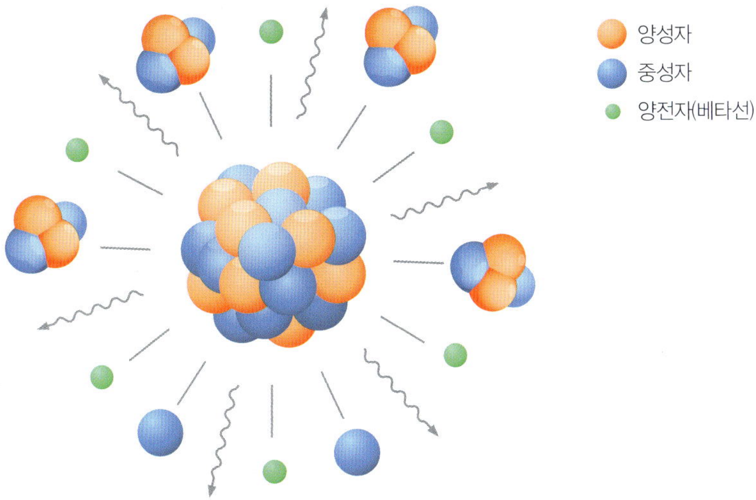

입자선	베타선	전자
	알파선	헬륨(양성자 2개, 중성자 2개)
	중성자선	중성자
전자기파	감마선	전자기파

그림 9.4
방사성 붕괴

동위원소라고 한다(그림 9.5). 주기율표에서 납보다 원자번호가 큰 원소는 모두 방사성 동위원소이며, 납보다 작은 원소도 질량수에 따라 방사성 붕괴를 일으키는 동위원소를 갖는다. 예를 들어, 탄소의 경우에는 질량수 12와 13을 갖는 안정 동위원소가 대부분을 차지하지만, 질량수가 14인 방사성 동위원소도 극미량 존재한다(표 9.1).

표 9.1 탄소의 동위원소

동위원소	원자량	성질	구성비
^{11}C	11	방사성	인공원소
^{12}C	12	안정	98.9%
^{13}C	13	안정	1.1%
^{14}C	14	방사성	극미량 (반감기 5730년)

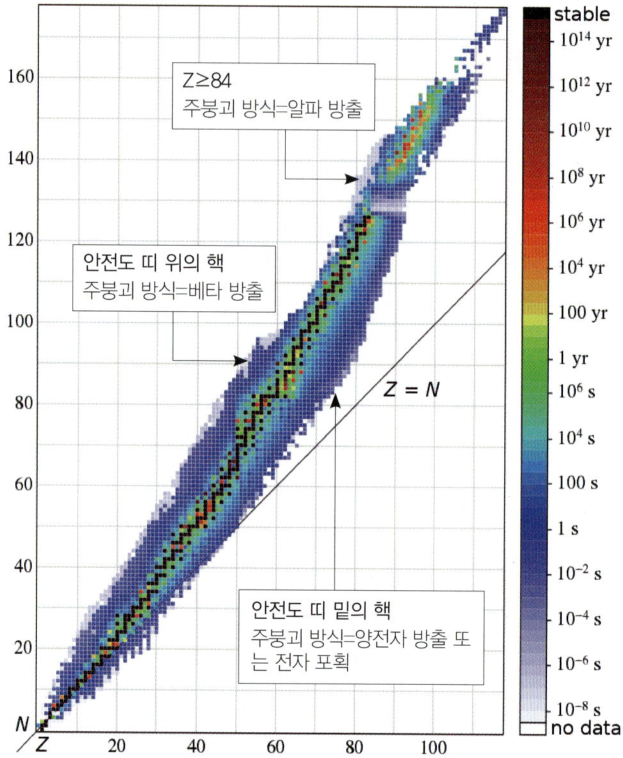

그림 9.5
안정 동위원소와 방사성 동위원소

방사성 물질이 다른 원소로 변화하는 데 걸리는 시간은 원자의 종류에 따라 달라진다. 방사성 물질의 양이 절반으로 줄어드는 시간을 반감기라고 하며 반감기는 최초의 양과는 무관하게 일정하다(그림 9.6). 반감기는 방사성 물질의 영향과 위험성을 파악할 수 있는 요소 중 하나로 반감기가 짧다는 것은 안정된 핵종으로 빠르게 변화한다는 것을 의미한다. 하지만 핵종마다 내놓는 방사선의 종류와 양이 다르므로 방사선의 특성 및 세기를 포함하여 고려해야 한다.

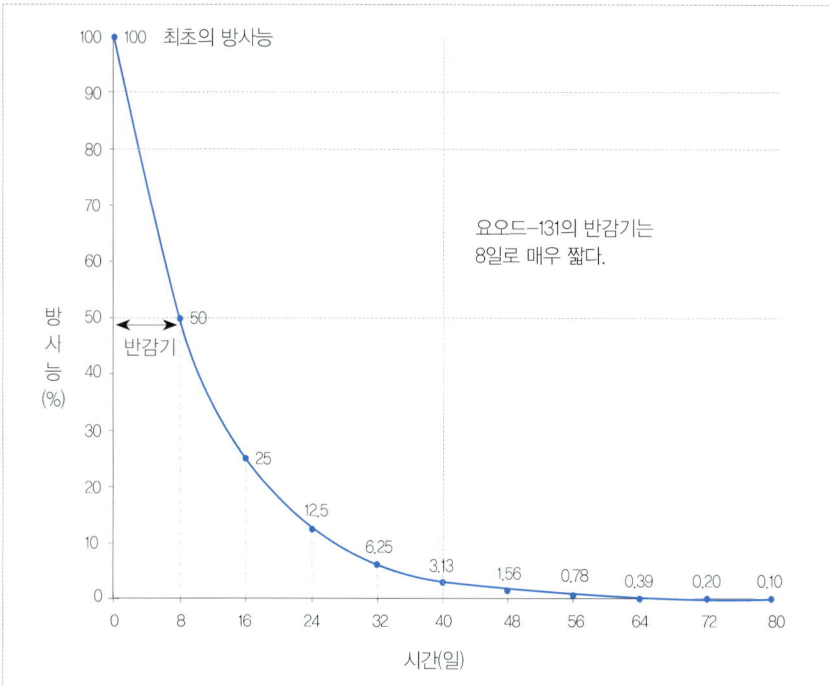

그림 9.6
요오드-131의 반감기

방사능의 위험성

방사능은 불안정한 방사성 동위원소의 원자핵이 스스로 붕괴하면서 알파선, 베타선, 감마선, 중성자선, X선 등의 방사선을 방출한다(그림 9.7). 방사선 일부는 공유결합을 파괴할 수 있을 정도의 강한 에너지를 가지며, 세포 내의 단백질이나 유전자를 변형시키는 역할을 한다. 따라서 암, 백혈병, 빈혈 등의 다양한 질환을 유발하기도 한다.

방사능을 최초로 발견한 사람은 프랑스의 과학자 베크렐(Antoine Henri Becquerel, 1852~1908)이다. 베크렐은 우라늄 광물에서 발생하는 약한 방사선을 확인하였고 이를 베크렐선이라 불렀다. 퀴리 부부는 베크렐선을 방출

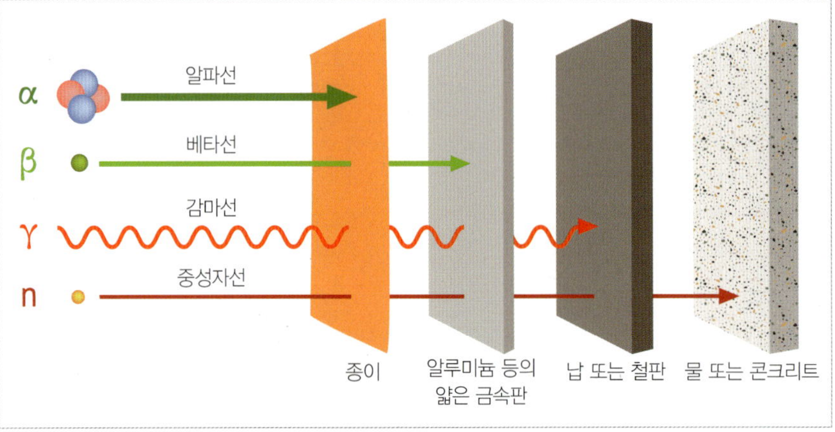

그림 9.7
방사선의 세기
자료: Shutterstock

하는 물질을 화학적으로 분리하기 위해 노력하였으며, 이 과정에서 우라늄 광물에 존재하는 우라늄과 토륨만으로 설명되지 않는 강한 방사능을 확인하게 된다(그림 9.8). 이후 1902년에 1 t의 우라늄 폐광석에 화학적인 처리를 하여 0.1 g의 라듐을 정제할 수 있었다고 한다.

마리 퀴리(Maria Skłodowska-Curie, 1867~1934)는 불의의 사고로 남편을 잃은 후에도 방사선과 관련된 연구를 지속하였다. 초기에 방사선을 연구하던 학자들의 많은 수가 방사선 피폭에 따른 질환으로 사망하였음에도 불구하고, 이들 질환의 원인이 방사선임을 인정하지 않으려 하였다. 사실 마리 퀴리가 라듐을 발견하는 순간부터 피폭한 방사선의 양은 보통 사람이라면 견디기 어려운 정도의 양이었기에 마리 퀴리는 방사선에 대한 엄청난 내성을 가진 사람으로 볼 수 있다. 아마도 그녀가 가진 방사선에 대한 내성과 학문적 열의가 놀라운 발견을 이끄는 원동력이 되었을 것이다. 하지만 마리 퀴리도 결국 과도한 방사선 피폭에 따른 골수암, 백혈병, 재생불량성 빈혈 등으로 고생하다가 향년 67세의 나이로 세상을 떠났다. 라듐의 방사선 반감기는 1,600년으로 마리 퀴리가 기록한 연구 노트는 지금도 방사선을 방출하고 있다고 한다.

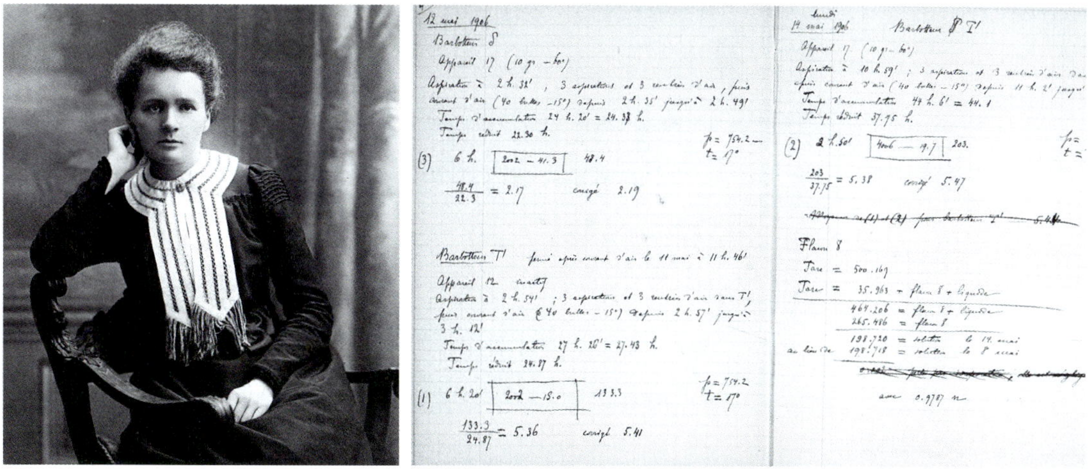

그림 9.8
마리 퀴리와 그녀의 연구 노트

라듐이 처음 발견되었을 당시에는 방사선의 위험성을 인지하지 못하고 있었다. 어두운 곳에서 빛을 내는 성질로 인해 라듐은 신비의 영약이라는 오해를 불러왔다. 이에 따라 라듐이 첨가된 초콜릿, 비누, 생수, 건강용품 등이 만들어져 팔리기도 하였다. 장식을 위해 손톱, 입술, 치아에 바르는 일도 있었다고 한다(그림 9.9).

라듐의 유해성이 본격적으로 알려진 것은 1925년 미국 뉴저지의 시계의 공장에서 일어난 '라듐걸즈(Radium Girls)' 사건이다(그림 9.10). 당시 라듐은 시계의 야광도료로 사용되었으며, 도장공들이 시곗바늘과 눈금에 라듐을 칠하는 작업을 하였다. 문자판의 작은 점이나 선을 그리기 위해 입으로 붓

그림 9.9
라듐을 포함한 각종 제품
자료: Wikimedia

을 뾰족하게 한 뒤 수작업으로 라듐이 포함된 도료를 칠해야만 했었다. 젊은 여성들로 구성된 도장공들은 재생불량성 빈혈, 골절 등의 심각한 증상을 나타냈다. 이에 '라듐걸즈'라 불리던 5명의 소녀가 회사에 소송을 제기하였으며 라듐의 위험성이 주목을 받게 되었다. 하지만 당시 정부는 기업의 편을 들었고 의사들이 작성한 보고서는 왜곡되거나 은폐되었다. 회사측에 고용된 의사들은 라듐의 유해성을 부정하는 보고서를 내기도 하였다. 10년 이상 동안 진행된 재판은 1939년에 원고가 재판에서 승소하였지만, 원고 대부분이 방사능 후유증으로 사망한 뒤였다. 이러한 사건들은 방사능의 위험성에 대한 무지로 발생하였지만, 방사능의 위험성을 모두가 인지하고 있는 현재에도 방사선 피폭에 의한 사건·사고는 이어지고 있다.

방사성 물질에 의한 피폭은 크게 외부피폭과 내부피폭으로 나뉜다. 외부피폭의 경우 외부에서 방출되는 방사선에 의한 노출을 의미하며, 내부피폭은 음식물을 통한 섭취나 호흡을 통해 체내로 들어온 방사성 동위원소에 의해서 발생하는 방사선에 의한 노출이다. 외부피폭은 방사선원을 회피하거나 차단하는 것으로 피폭을 감소시킬 수 있지만, 내부피폭은 체내에 유입된 방사성 동위원소가 완전히 빠져나갈 때까지 지속적인 피폭이 이루어

그림 9.10
라듐걸즈 사건
자료: Wikimedia

진다. 또한, 투과도가 낮은 알파선의 경우 외부피폭에서는 거의 영향이 없지만, 내부피폭의 경우에는 매우 큰 유해성을 가진다. '라듐걸즈'의 경우 외부피폭과 내부피폭이 동시에 이루어졌다고 볼 수 있다. 방사성 동위원소에 대한 반감기로 생물학적 반감기가 있는데, 이는 체내로 들어온 방사성 물질이 호흡, 배설을 통해 몸 밖으로 빠져나가면서 그 양이 절반으로 줄어드는 데 걸리는 시간을 나타낸다. 실질적인 방사선의 피해를 계산하기 위해서는 방사성 동위원소의 물리적인 반감기와 생물학적 반감기를 동시에 고려해야 한다.

자연방사선

방사선의 세기를 나타내는 단위는 베크렐(Bq), 큐리(ci), 그레이(Gy), 라드(rad), 시버트(Sv) 등 여러 가지가 있지만, 현재는 베크렐과 시버트 단위를 많이 사용하고 있다(표 9.2).

베크렐은 매초 1개의 원자핵이 붕괴할 때 방출되는 방사능의 강도를 의미하며, 농산물, 수산물, 해양, 토양의 오염 정도를 나타내기 위해 사용한

표 9.2 방사선·방사능의 단위

종류	용도	정의
베크렐(Bq)	방사능의 단위	1초에 방사성 붕괴가 1번 일어나는 것을 1 Bq이라 한다.
시버트(Sv)	인체에의 영향의 단위	1 kg의 인체 조직에 흡수된 방사선 에너지가 1 J이면 1 Sv라 한다.
그레이(Gy)	방사선량의 단위	1 kg의 물질에 흡수된 방사선 에너지가 1 J이면 1 Gy라 한다.

다. 시버트는 방사선에 의해 전달되는 에너지의 양을 나타낸다. 베크렐 단위로는 같은 값을 갖더라도 투과력이 낮은 알파선에 노출되었을 때와 투과력이 강한 감마선에 노출되었을 때 인체에 전달되는 에너지가 크게 차이 난다. 따라서 방사선의 종류에 따른 영향도를 고려하여 시버트 단위를 사용한다. 예를 들어, 흉부 X선 촬영 1회에 따른 피폭의 정도는 0.03~0.05 mSv이다. 한꺼번에 100 mSv 이상의 방사선에 피폭되는 경우 암 발생 확률은 방사선량이 많을수록 증가하는 것으로 알려져 있다. 세계보건기구와 국제방사선방호위원회는 일반인에 대한 피폭의 연간 허용기준치를 1.0 mSv

표 9.3 방사선 노출 수준에 따른 증세

시버트(Sv)	증세
0.0035	자연 상태의 방사능 조사량
0.05~0.2	증세 없음
0.2~0.5	인지 가능한 증세 없음, 적혈구 일시적 감수
0.5~1	두통을 포함한 미약한 방사능 반응, 면역 세포의 교란을 통한 감염 가능성 증가, 일시적인 남성 불임증
1~2	가벼운 피폭 증세, 메스꺼움, 식용부진, 남성 불임증 (노출 후 3~6시간부터 하루 정도 지속)
2~3	심각한 피폭 증세(30일 이후 35%의 사망률), 구토, 탈모, 피로 대량의 백혈구 손실, 감염 위험 증대, 영구적인 여성 불임증
3~4	심각한 피폭 증세(30일 이후 50%의 사망률), 입, 피하, 신장 등에 심각한 출혈 발생
4~6	중대한 피폭 증세(30일 이후 60%의 사망률), 내부 출혈 및 감염으로 인한 사망
6~10	중대한 피폭 증세(14일 이후 100%의 사망률), 골수의 완전 파괴, 내장 조직에 심각한 피해, 감염이나 내부 출혈로 사망
10~50	중대한 피폭 증세(7일 이후 100%의 사망률), 극도의 피로, 내장 조직 세포의 괴사, 내부 출혈, 탈수 증세, 사망을 피할 수 없음
50~80	수 초, 수 분 이내에 방향감각 상실과 혼수상태에 돌입, 수 시간 이내에 사망
80~	즉각적인 사망 위험

로 권고하고 있으며, 먹는 물의 연간 허용기준치는 0.1 mSv로 권고하고 있다. 단, 이 허용기준치에는 자연방사선은 포함되지 않는다(표 9.3).

방사선 피폭 후 발생 위험이 큰 질병

만성 빈혈, 백내장, 소화기 증상, 백혈구 감소, 폐렴, 화상,
감상선암, 유방암, 폐암, 대장암, 방광암 외 다양한 유전병

지구에는 다양한 방사성 물질들이 존재하며 방사성 붕괴를 통해 여러 가지 방사선을 방출하고 있다. 또한, 우주에서도 다양한 방사선과 방사성 물질들이 지구 대기권으로 유입되고 있다. 대부분 우주방사선은 지표에 도달하기 전에 소멸하지만, 일부는 빗물로 낙하하거나 동식물에 흡수되어 호흡이나 먹이사슬을 통해 인체에 흡수되고 있다. 이처럼 자연계에 존재하는 방사선을 자연방사선이라고 한다(표 9.4, 표 9.5).

표 9.4 방사선의 유형과 세기(단위: 밀리시버트, mSv)

세기	방사선 유형	내용
0.026	자연	1주일간 북알프스 등산(1회)
0.05	인공	원자력 발전소 주변의 방사선량 목표치 (연간 실제 방사선량 0.01 미만)
0.07	자연	비행기 여행(유렵 왕복 1회)
0.1~0.3	인공	흉부 X선 촬영(1회)
1	인공	일반인의 선량 한도(연간)
2.4	자연	1년간 평균 자연방사선량(대기, 대지, 우주, 음식물 등)
2.5	인공	위의 X선 촬영(1회)
10	자연	브라질 가라바리시의 자연방사선
50	인공	방사선 종사자의 허용선량(연간)
6000	인공	암 치료(1회)

표 9.5 대한민국 국민 1인당 연평균 자연방사선 피폭선량

종류	비율	피폭 유형	피폭량(mSv/y)
내부 선량	46%	공기 중의 라돈 가스 등의 흡입	1.40
	12%	음식물로부터의 섭취	0.38
외부 선량	34%	지각으로부터의 피폭	1.04
	8%	우주선으로부터의 피폭	0.248
	1% 미만	해외여행 등 기타	0.007
총량	100%	자연방사선에 의한 연간 선량	3.08

자연방사선은 나라와 지역마다 차이가 있으며, 전 세계 연평균 자연방사선량은 2.4 mSv이다. 우리나라의 연평균 자연방사선량은 약 3.0 mSv로 세기는 강하지 않지만, 국제방사선방호위원회에서 권고하고 있는 연간 허용기준치의 3배 정도의 자연방사선에 노출되고 있다.

라돈(Rn)은 기체상태의 방사성 물질이다. 우라늄과 토륨이 방사성 붕괴

그림 9.11
우라늄의 붕괴 계열
자료: Shutterstock

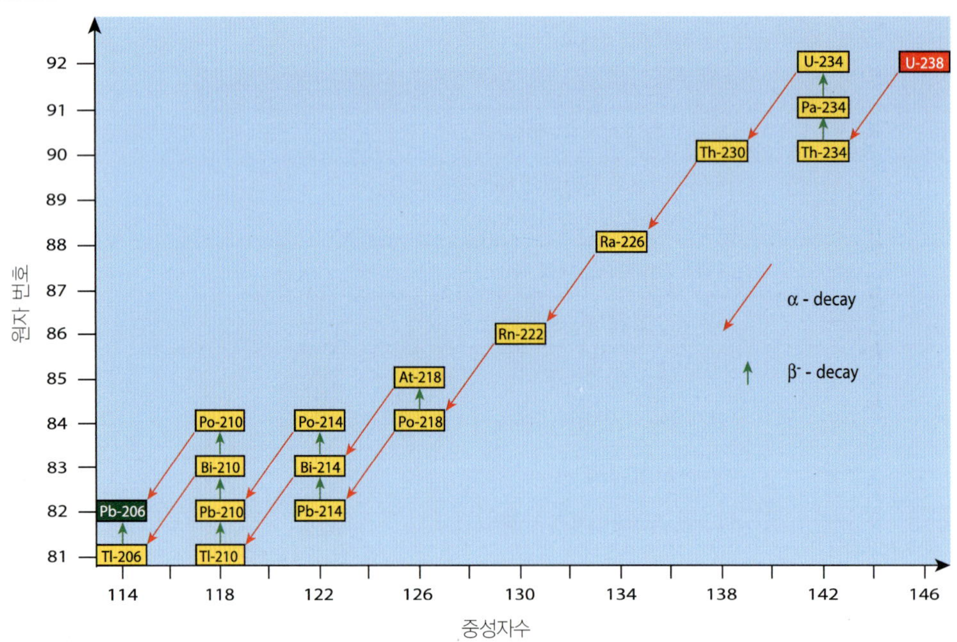

과정을 거치면 라듐이 되며 라듐은 다시 방사성 붕괴를 거쳐 라돈이 된다(그림 9.11). 라돈은 몇 가지 동위원소가 존재하는데, 가장 긴 반감기를 가진 동위원소의 반감기는 3.8일로 비교적 짧은 편이다. 하지만 라돈은 지구상에 흔하게 존재하는 우라늄과 토륨의 방사성 붕괴로 미량이지만 꾸준히 생성되고 있다. 라돈은 무색, 무취, 무미의 비활성기체이며 공기보다 무거운 성질을 가진다. 따라서 지하나 밀폐된 실내 공간에 축적될 수 있으며 기체로서의 특성 때문에 호흡을 통해 흡수되어 내부피폭을 일으킬 수 있는 물질이다. 폐로 들어간 라돈은 여러 단계의 방사성 붕괴를 거쳐 안정 원소인 납으로 변환된다. 라돈은 폐암의 원인으로 지목되고 있으며 라돈에 의한 방사선 피폭은 전체 자연방사선 피폭의 약 절반을 차지하고 있다(표 9.6).

국내에서도 아파트나 지하철역 등에서 고농도의 라돈이 검출되는 예가 있다(그림 9.12). 한반도의 지질은 화강암 지대가 많은 편이며 토양에 포함된 우라늄의 함량도 높은 지역이 많이 있어서 라돈의 발생이 비교적 많은 편이기도 하다. 하지만 아직도 일반 대중에게는 라돈의 폐해에 대해 크게 알려지지 않은 상태이다. 2018년에 국내에서 라돈이 크게 주목받는 사건이 발생한 바 있다. 국내 유명 브랜드의 침대 매트리스에서 라돈이 검출된 것

표 9.6 라돈 노출에 따른 폐암 위해도

노출 수준 (pCi / 공기 1 L)	천 명당 발암도(명)	
	흡연자	비흡연자
20	250	36
10	150	18
8	120	15
4	62	7
2	32	4

※ pCi(피코큐리)는 라돈 방출량 측정 단위
자료: 미 환경보호국, EPA

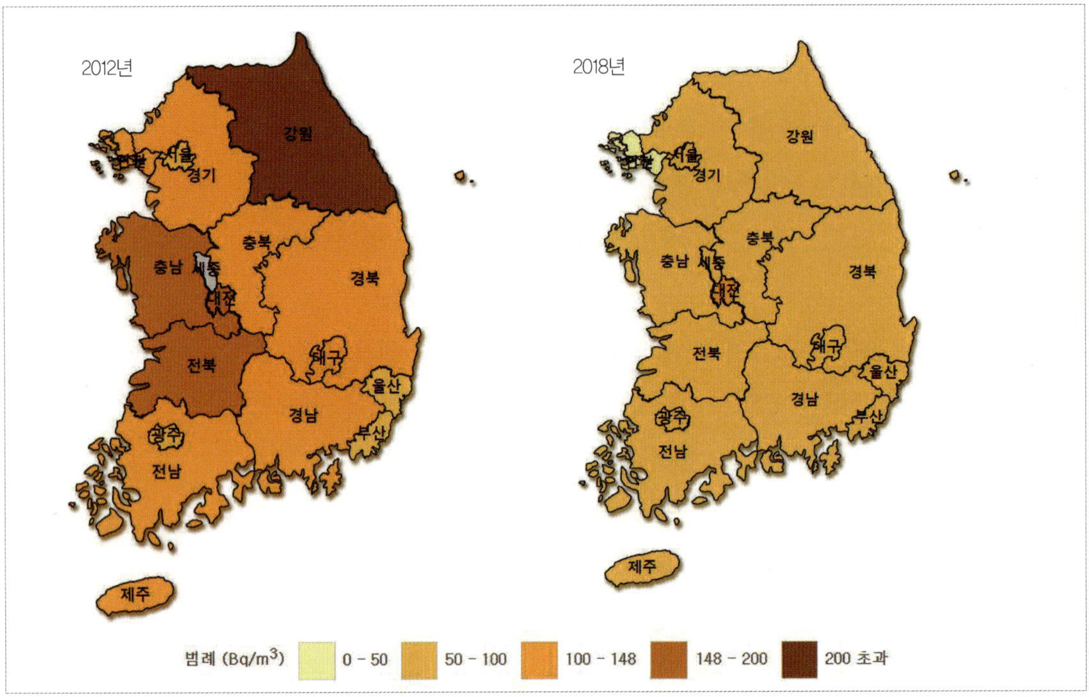

그림 9.12

국내 실내 라돈 농도 조사

자료: 생활환경정보센터

이다(그림 9.13). 이 사건은 한 소비자로부터 침대에서 라돈이 검출되었다고 언론에 제보되면서 알려지게 되었으며, 당시 약 10만 개의 매트리스가 유통된 상황이었다. 현재 매트리스를 판매한 업체는 폐업한 상태이며, 회수된 매트리스는 분리 · 해체되었다. 매트리스에서 라돈이 검출된 이유는 모나자이트(monazite)라고 하는 광물을 섞어 만들었기 때문인데, 모나자이트에는 소량의 우라늄과 토륨이 포함되어 있어서 그 자체로 방사선을 방출한다. 매트리스 제조업체는 모나자이트가 포함된 제품을 음이온 발생 제품으로 광고하였는데, 사실은 모나자이트에서 나오는 방사선이 음이온을 생성한 것이었다. 사실 요즘도 음이온을 이용한 다양한 마케팅을 하고 있지만, 음이온이 몸에 좋다는 근거는 어디에도 없다. 이 사건은 잘못된 정보를 이용한 광고와 상술로 인해 엄청난 사람들이 피해를 본 사건이라고 볼 수

그림 9.13
라돈 침대 사건
자료: Shutterstock

있다. 라돈 침대 사건 이후 사람들이 라돈에 대해 관심을 가지기 시작하면서 일부 아파트의 내부 건축자재에서도 라돈이 검출되었다는 보고가 있었으며, 이에 따라 국토교통부와 환경부 등 관련 부처에서 '건축자재 라돈 저감·관리 지침서'를 발표한 바 있다.

방사선의 활용

자연방사선과 달리 인공적으로 만들어진 방사선을 인공방사선이라고 한다. 예를 들어, X선 진단 장비에서 발생하는 방사선이 있으며 원자로를 구동하면서 발생하는 방사선이나 핵실험 등에 의해 발생하는 방사선도 있다. 원자로나 핵폐기물들에서 발생하는 고농도 방사선은 엄격한 관리가 요구되므로 일반인들이 노출되는 경우는 거의 없다. 하지만 의료용 방사선의 경우 진단과 치료를 위해 일반인들에게 불가피하게 사용된다. 연구를 위해서 사용하는 방사성 동위원소나 X선 발생 장치와 같은 장비들에서도 강한 방사선이 방출된다.

화학결합을 파괴할 수 있는 강한 에너지를 가진 방사선은 살아있는 세포에 엄청난 악영향을 줄 수 있지만, 다양한 분야에서 매우 유용하게 활용되고 있다(표 9.7). 특히, 의료 분야에서 방사선은 매우 중요한 역할을 한다(그림 9.14). 병원에서는 진단용 X선을 이용하여 여러 가지 조직이나 뼈에서의 병변을 확인하며, 건강검진에서 빠지지 않는 흉부X선 촬영은 폐 조직의 염증이나 결핵의 검진에 유용하다. 컴퓨터단층촬영(computer tomography, CT)은 여러 각도에서 얻어진 X선 영상을 조합하여 조직의 3차원적인 구조를 확인하는 장비이다. 양전자방출단층촬영(positron emission tomography, PET)는 양전자를 방출하는 방사성 동위원소를 포함하는 화합물을 환자의 혈액에 주입한 뒤에 양전자 소멸과정에서 방사되는 감마선을 검출하는 장치로 암 조직의 검출에 매우 유용하게 사용된다.

국제방사선방호위원회에서 권고하고 있는 인공방사능에 대한 최대 연간 피폭량이 1.0 mSv이므로 일반인이 일상적인 상황에서 과도하게 피폭되는 일은 거의 없다. 하지만 불가피하게 사용되는 방사선 진단 장비나 실험용 장비 등에 대해서는 특별히 주의를 기울여야 한다. 특히, PET의 경우 환자에게 방사성 동위원소를 직접 주입하므로 내부피폭이 이루어지며 1번의 측정으로 흉부 X선 촬영의 180배에 이르는 피폭량을 입게 된다. 따라서 암

표 9.7 방사능의 활용

분야	종류
생명자원	식품 조사, 품종 개량, 기능성 식품 개발, 미생물 체제 분석
의료	의료용 기구 소독, 핵의학 영상, X선 검진, 암치료
공업	방사선 가교, 비파괴 검사, 반도체 가공, 계측 제어
환경	하수 처리, 대기오염 정화
첨단연구	정밀검색, 나노 신소재, 첨단 방사선 센서

발견에 의한 이득보다 방사선 피폭으로 인한 암 발생 가능성이 훨씬 커질 가능성도 있다.

방사선은 검진뿐만 아니라 직접적인 치료에도 응용된다. 감마선을 종양 부위에 집중하여 조사하게 되면 종양을 선택적으로 파괴할 수 있다. 특히, 수술이 어려운 뇌 병변을 감마선으로 치료하는 것은 환자의 삶의 질 향상에 큰 도움이 된다. 하지만 방사선 치료는 높은 강도의 방사선 피폭이 불가피하다는 단점을 가진다. 그 밖에 중이온 입자를 조사하는 방법이나 붕소를 이용한 중성자포획치료 등 다양한 기술들이 암 치료 분야에서 이용되고 있다.

산업 및 학술 분야에서도 방사선이 매우 유용하게 활용되고 있다. 방사성 동위원소로부터 방출되는 방사선은 다양한 화학, 생물, 물리 분야의 연구에서 추적자로 사용된다. 특정 화합물에 방사성 동위원소를 도입하여 화합물의 생체 내에서의 이동 경로를 추적할 수 있으며 화학반응에서 반응과정을 확인하기 위해 사용된다. 방사선은 불투명한 물체의 내부를 파괴하지

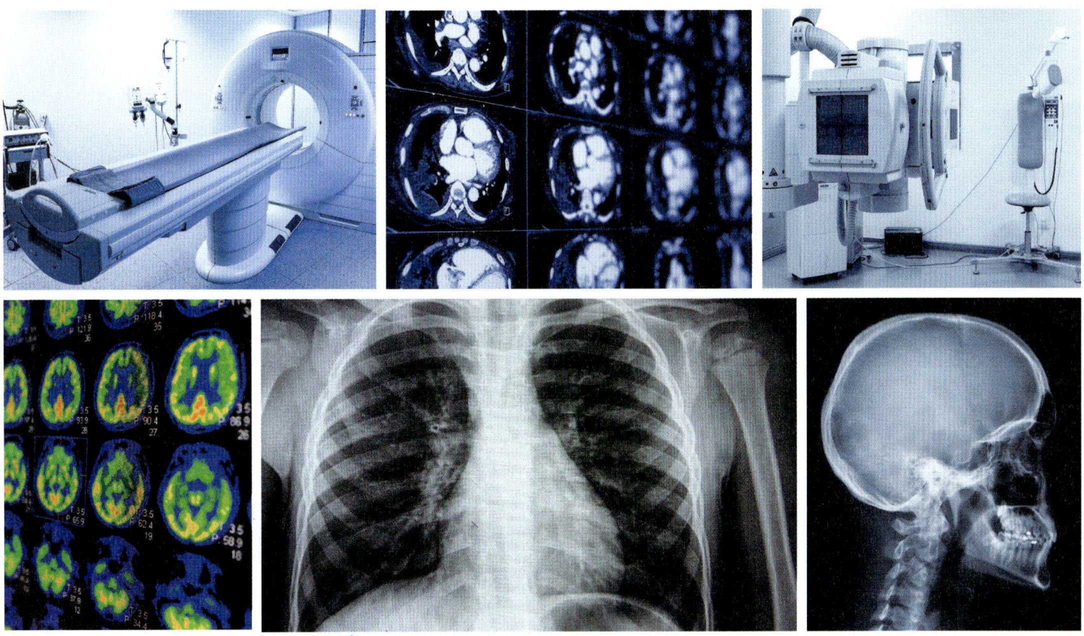

그림 9.14
치료 및 진단 분야에서의 방사선의 활용
자료: Shutterstock

않고도 들여다볼 수 있게 해준다. 따라서 비행기의 날개나 교량 내부의 결함을 방사선으로 쉽게 발견할 수 있으며, X선을 이용하여 원소의 분석이나 분자 물질의 결정 구조를 확인할 수도 있으므로 화학 분야에서 매우 유용한 분석 수단을 제공한다.

일부 방사성 동위원소는 반감기가 매우 길어서 지질이나 고고학적 유물의 연대를 측정하기 위해 활용된다(그림 9.15). 우라늄-238(^{238}U)은 반감기가 45억 년이나 되는데, 우라늄-238이 붕괴하면서 생성되는 생성물도 방사성 붕괴를 일으키며 최종적으로 납-206(^{206}Pb)이 될 때까지 연쇄적인 붕괴가 일어난다. 따라서 우라늄-238과 납-206의 상대적인 비를 통해 암석의 연대를 측정할 수 있다.

동식물로부터 유래하는 유기물의 경우 탄소연대 측정법을 이용하여 생성 시기를 파악할 수 있다. 지구상의 탄소는 모두 안정 동위원소이지만 대기권 밖에서 유입되는 중성자와 질소의 충돌 때문에 방사성 동위원소인 탄소-14(^{14}C)가 만들어진다. 이 과정에서 대기 중의 이산화 탄소로 유입되는데, 이산화 탄소에는 극히 미량이지만 일정한 농도의 탄소-14가 포함된다. 생물이 살아있는 동안에는 탄소 순환이 지속해서 일어나므로 일정한 농도의 탄소-14를 유지하지만, 생물이 죽고 나면 탄소의 순환은 정지되며 탄소-14의 양은 점차 감소하게 된다. 예를 들어, 탄소-14의 반감기가 5730년이므로 유기물 내에 탄소-14의 농도가 현재 살아있는 생물의 절반이라면 5730년의 유물이 되는 것이다. 탄소연대 측정법은 나무의 나이테를 이용한 연대측정법을 통해 보정 곡선이 얻어져 있으며 약 5만 년 정도까지는 매우 정확하게 연대를 측정할 수 있지만, 그 이상의 연대를 측정하기에는 남아 있는 동위원소의 양이 적어 부정확해진다.

앞서 라듐걸스 사건의 원인인 발광 시계의 도료(라듐)에 대해 서술한 바 있다. 현재도 방사성 동위원소를 이용한 발광체가 사용되고 있는데, 삼중

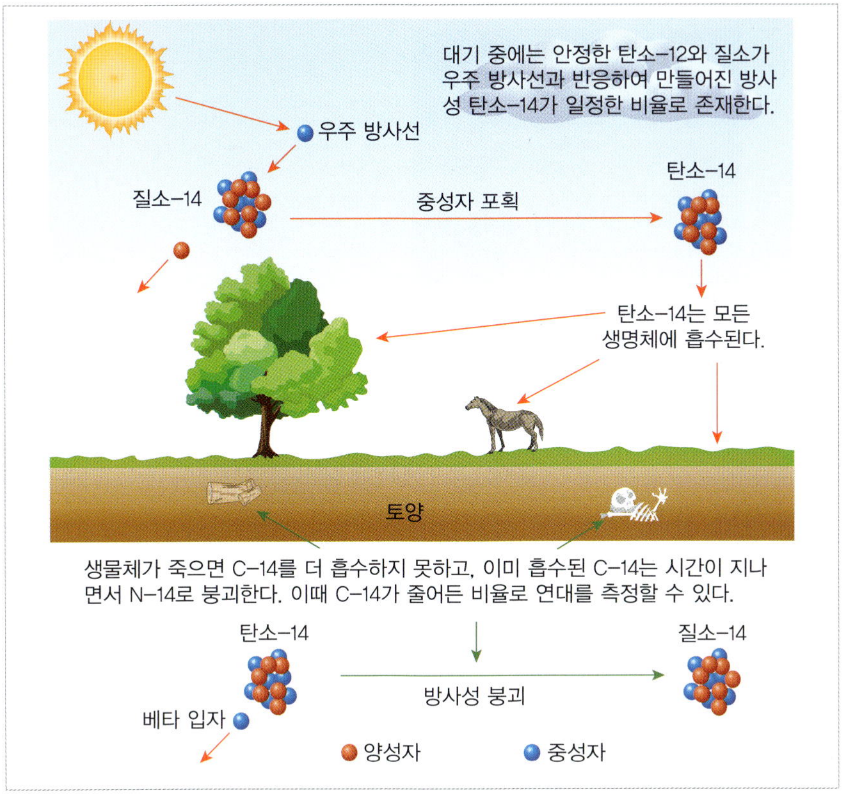

그림 9.15
방사성 동위원소를 이용한 연대 측정

수소는 반감기가 약 12.3년으로 비교적 약한 에너지의 방사선을 방출한다. 이런 삼중수소와 인광 물질을 혼합하면 삼중수소로부터 방출되는 방사선을 받아 인광 물질이 빛을 내게 된다(그림 9.16).

방사선은 농업 분야에서도 유용하게 이용된다. 식물의 종자나 묘목에 방사선을 쪼여 품종을 개량하거나 새로운 품종을 만들어 내기 위해 사용하는데, 오히려 식물에 유전자를 집어넣는 유전자변형기술(GMO)보다 안전하다고 여겨지고 있어서 곡물, 화훼, 과일 등의 신품종 개발에 활발하게 이용되고 있다. 이 밖에도 방사선은 멸균, 오염물질 제거, 폐수 처리 등의 환경 분야에서도 활용되고 있다.

그림 9.16
삼중수소를 이용한 야광 시계
자료: Shutterstock

$$^{3}_{1}H \longrightarrow {}^{3}_{2}He$$

베타 붕괴를 통해 전자선 방출
반감기 12.3년

핵무기의 개발

1932년 채드윅(James Chadwick, 1891~1974)이 중성자를 발견한 뒤, 이탈리아의 과학자 페르미(Enrico Fermi, 1901~1954)와 세그레(Emilio Segre, 1905~1989)는 다양한 원자에 중성자를 충돌시키는 실험을 진행하였다. 이를 통해서 새로운 합성 원소들을 얻을 수가 있었는데, 1934년 우라늄 원자에 중성자를 충돌시킨 결과 4가지의 방사성 물질이 생성되는 것을 확인하였다. 이후 오토 한(Otto Hahn, 1879~1968), 프리츠 슈트라스만(Fritz Straßmann, 1902~1980), 리제 마이트너(Lise Meitner, 1878~1968) 등에 의해 핵분열 반응으로 우라늄 원자가 쪼개졌다는 사실이 밝혀졌으며, 핵분열 과정에서 여러 개의 중성자가 방출된다는 사실을 확인하였다(그림 9.17).

1937년 미국으로 망명한 유대인 과학자 실라르드(Leo Szilard, 1898~1964)는 우라늄의 핵분열 과정에서 방출되는 중성자를 이용하여 다른 우라늄의 분열을 유발할 수 있다는 사실을 확인하였으며, 이를 이용하여 엄청난 위력의 폭발물을 만들 수 있음을 예측하였다(그림 9.18). 2차 세계대전 당시 핵물리학 분야에서는 가장 앞서 있었던 국가는 독일이었으므로 실라르드

오토 한

프리츠 슈트라스만

리제 마이트너

그림 9.17
원자 핵분열을 발견한 과학자들

는 독일에 의해 핵무기가 먼저 개발되는 것을 우려하여 아인슈타인을 설득하였고, 루스벨트에게 편지를 쓰게 하였다(그림 9.19). 이에 루스벨트 미국 대통령은 핵분열 에너지를 활용하기 위한 맨해튼 프로젝트를 극비리에 시작하였으며 여기에 수많은 물리학자들이 참여하게 되었다.

1942년 페르미는 최초의 핵융합 반응로인 시카고 파일-1(Chicago Pile-1)을 만들어 핵실험을 진행하였으며, 최초로 연쇄 핵분열 반응을 유지하는 데

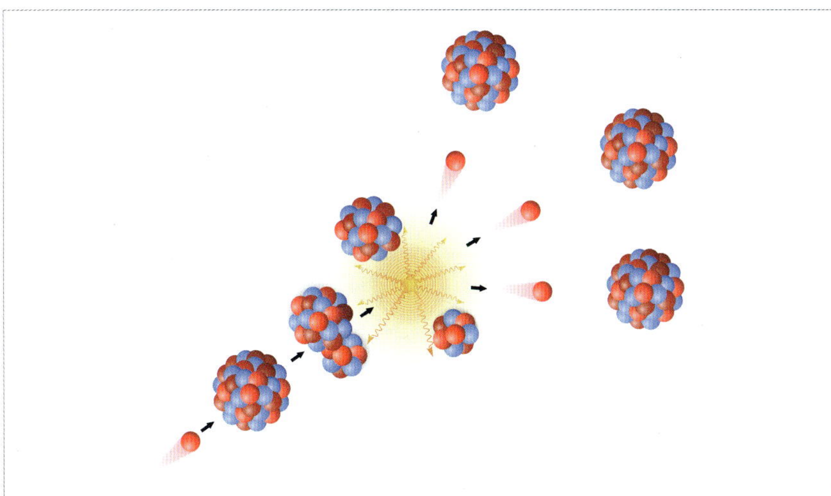

그림 9.18
연쇄 핵분열 반응

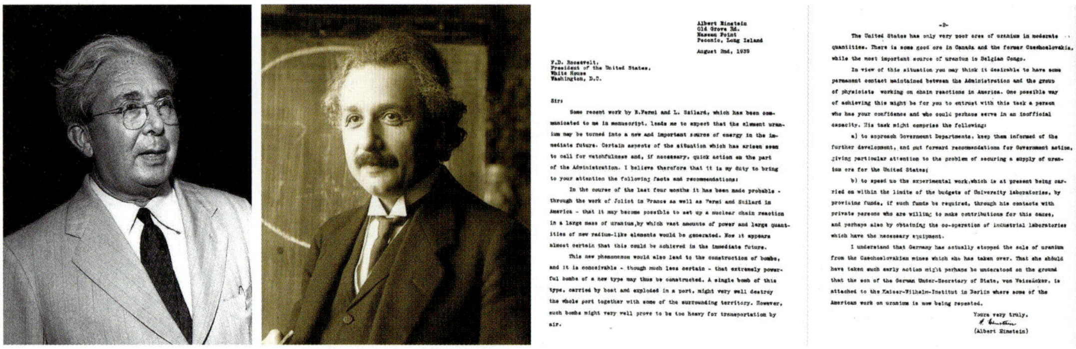

Albert Einstein
Old Grove Rd.
Nassau Point
Peconic, Long Island

August 2nd, 1939

F.D. Roosevelt,
President of the United States,
White House
Washington, D.C.

Sir:

Some recent work by E.Fermi and L. Szilard, which has been communicated to me in manuscript, leads me to expect that the element uranium may be turned into a new and important source of energy in the immediate future. Certain aspects of the situation which has arisen seem to call for watchfulness and, if necessary, quick action on the part of the Administration. I believe therefore that it is my duty to bring to your attention the following facts and recommendations:

In the course of the last four months it has been made probable - through the work of Joliot in France as well as Fermi and Szilard in America - that it may become possible to set up a nuclear chain reaction in a large mass of uranium,by which vast amounts of power and large quantities of new radium-like elements would be generated. Now it appears almost certain that this could be achieved in the immediate future.

This new phenomenon would also lead to the construction of bombs, and it is conceivable - though much less certain - that extremely powerful bombs of a new type may thus be constructed. A single bomb of this type, carried by boat and exploded in a port, might very well destroy the whole port together with some of the surrounding territory. However, such bombs might very well prove to be too heavy for transportation by air.

-2-

The United States has only very poor ores of uranium in moderate quantities. There is some good ore in Canada and the former Czechoslovakia, while the most important source of uranium is Belgian Congo.

In view of this situation you may think it desirable to have some permanent contact maintained between the Administration and the group of physicists working on chain reactions in America. One possible way of achieving this might be for you to entrust with this task a person who has your confidence and who could perhaps serve in an inofficial capacity. His task might comprise the following:

a) to approach Government Departments, keep them informed of the further development, and put forward recommendations for Government action, giving particular attention to the problem of securing a supply of uranium ore for the United States;

b) to speed up the experimental work,which is at present being carried on within the limits of the budgets of University laboratories, by providing funds, if such funds be required, through his contacts with private persons who are willing to make contributions for this cause, and perhaps also by obtaining the co-operation of industrial laboratories which have the necessary equipment.

I understand that Germany has actually stopped the sale of uranium from the Czechoslovakian mines which she has taken over. That she should have taken such early action might perhaps be understood on the ground that the son of the German Under-Secretary of State, von Weizsäcker, is attached to the Kaiser-Wilhelm-Institut in Berlin where some of the American work on uranium is now being repeated.

Yours very truly,
(Albert Einstein)

그림 9.19
살라드르와 아인슈타인 및 루스벨트에게 보낸 서신

성공했다(그림 9.20). 연쇄 핵분열 반응을 지속하기 위해서는 임계질량 이상의 핵물질이 필요하였다. 특히, 핵무기를 제조하기 위해서는 대량의 핵분열이 가능한 동위원소가 필요하였는데, 자연 상태의 우라늄은 99.27%가 핵분열을 일으키지 않는 우라늄-238로 구성되어 있다. 따라서 핵분열이 가능한 우라늄-235가 필요하지만, 자연 상태의 우라늄 원광에는 0.72%밖에 포함되어 있지 않아 동위원소를 분리하는 기술이 필요하였다. 이에 불화 수소를 이용하여 육불화 우라늄을 만들고, 이를 분리 및 농축하여 원자폭탄을 제조할 수 있는 분량의 우라늄-235를 확보하였다. 한편, 우라

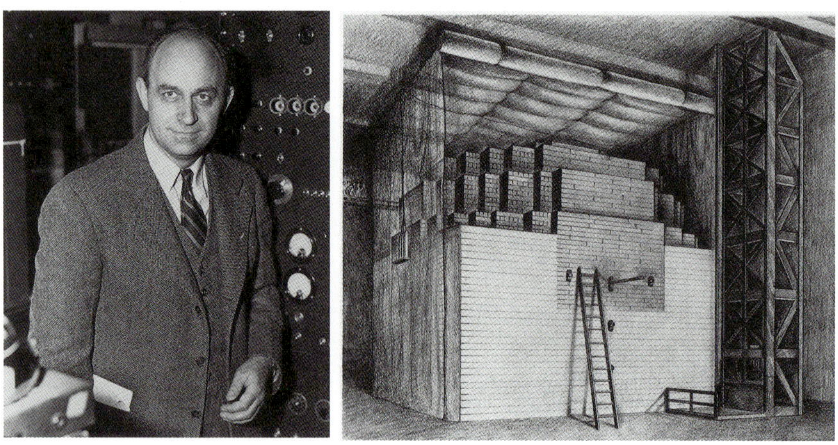

그림 9.20
페르미와 시카고 파일1

늄-238에 중성자를 충돌시키면 핵분열은 일어나지 않지만 방사성 붕괴를 거쳐 플루토늄(Pu)을 생성하는데, 플루토늄은 핵분열이 일어나는 원소로 원자폭탄을 제조하기에 적합하였다. 따라서 한쪽에서는 우라늄-238을 반응시켜 플루토늄을 생산하였다(그림 9.21).

오펜하이머(J. Robert Oppenheimer, 1904~1967)는 세 발의 원자폭탄을 제조하였는데, 한 발은 우라늄-235를 나머지 두 발은 플루토늄을 이용하여 제조하였다(그림 9.22). 원자폭탄의 제조에는 핵분열물질이 연쇄반응을 일으키지 않는 임계질량 이하의 조각으로 나누고 핵분열 반응이 시작될 수 있도록 중성자원을 함께 넣었으며, 정해진 시간에 TNT를 폭발시켜 전체

그림 9.21
우라늄-238의 핵반응
자료: Shutterstock

팻맨(플루토늄 폭탄)

리틀보이(우라늄 폭탄)

그림 9.22
오펜하이머와 원자폭탄의 모형

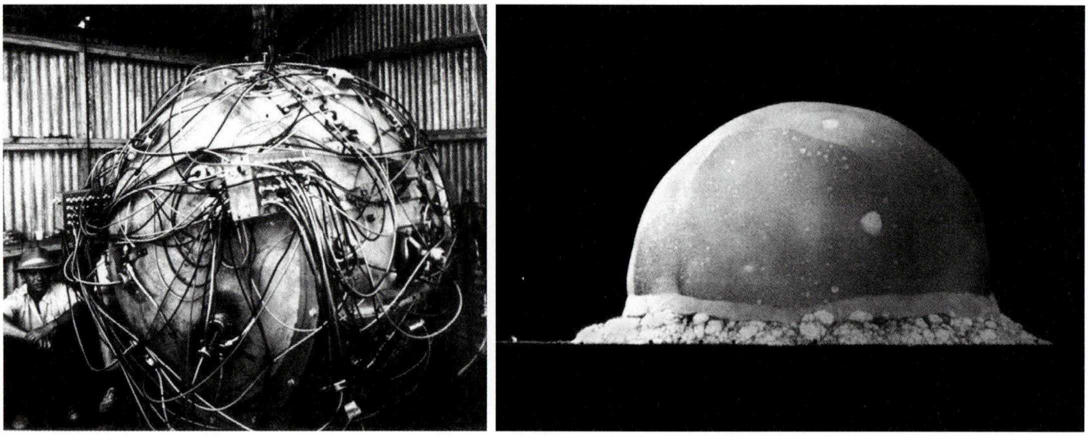

그림 9.23
1945년 뉴멕시코 사막에서 진행된 최초의 원폭 실험

핵분열물질이 한 덩어리가 될 수 있도록 하였다.

1945년 7월 뉴멕시코 사막에서 최초의 플루토늄을 이용하여 제조된 원자폭탄 실험을 진행하였으며 엄청난 파괴력을 확인하게 되었다(그림 9.23). 일부 과학자들은 엄청난 파괴력에 놀라 원자폭탄을 실전에 사용하는 것을 반대하기도 하였다.

2차 세계대전 당시 트루먼 미국 대통령은 일본의 침공으로 많은 사상자를 경험하였으며 연합군 상륙 시 입을 피해를 우려하여 원폭투하를 명령하였다. 1945년 8월 6일 '리틀보이'로 이름 붙여진 우라늄 폭탄이 히로시마에 투하되었으며, 3일 후에는 '팻맨'으로 이름 붙여진 플루토늄 폭탄이 다시 나가사키에 투하되어 예상보다 엄청난 피해와 사상자를 발생시켰다(그림 9.24). 1945년 8월 14일 일본의 무조건 항복으로 2차 세계대전이 종료되었다. '리틀보이'와 '팻맨' 이후 현재까지 실전에서 사용된 원자폭탄은 없다.

히로시마 원폭 당시 즉사한 사망자가 대략 7만 명이며, 히로시마 시내의 건물 2/3가 파괴된 것으로 보고되었다. 이후 방사능 낙진에 의해 피폭되어 암이나 백혈병 등의 질환으로도 수많은 사람이 목숨을 잃어 사상자는 20만 명에 이르는 것으로 추정된다. 히로시마와 나가사키의 원폭에 가장 큰 피

히로시마 원자폭탄 투하

나가사키 원자폭탄 투하

그림 9.24
히로시마·나가사키 원자폭탄 투하

해를 본 것은 일본이지만, 당시 조선인들의 피해도 엄청났다. 일본은 전범국이면서도 '핵무기에 의한 피해를 본 세계 유일의 국가'라며 주장하고 있다. 하지만 일제의 식민정책에 의해 수많은 조선인 피폭자가 발생하였으며, 현재에도 고통받고 있는 사람들이 있음에도 불구하고 어떠한 구제조치도 이루어지지 않았다. 한국원폭피해자협회는 히로시마에서 5만 명, 나가사키에서 2만 명 등 총 7만 명의 조선인이 피폭되었고, 그중 4만 명이 목숨을 잃은 것으로 추산하고 있다.

최초의 원폭투하 당시 미국은 방사능 오염에 대해 심각하게 고려하지 않았다. 전쟁이 종료된 이후에도 방사능 낙진에 의한 피해는 애써 외면하는 모습을 보였다. 하지만 방사능 낙진에 의한 오염은 예상외로 심각하였다. 핵폭발이 일어나면서 대기 중에 방출되는 방사성 물질은 수천 킬로미터까지 퍼지며 200여 종 이상의 분열 생성물이 만들어지게 된다. 이들 분열 생성물 또한 방사성 붕괴를 일으키게 되는데 반감기가 수 초에서 수십억 년에 이른다. 여러 가지 동위원소 중에서 스트론튬-90(^{90}Sr)은 반감기가

28.5년이며 체내에 흡수되어 뼈로 들어간다. 핵폭발 이후 대량으로 생성된 요오드-131(^{131}I)은 반감기가 8일 정도로 짧지만 갑상선에 축적된다. 세슘-137(^{137}Cs) 또한 매우 많은 양이 생성되었는데 반감기가 30년으로 매우 긴 편으로 체내에 축적될 수 있다. 이들 원소는 내부피폭을 통해 다양한 질병을 유발하며, 그중 세슘-137은 핵반응을 통해서만 생성되기 때문에 방사성 물질 오염에 대한 지표로 활용되는 원소이기도 하다.

2차 세계대전 종료 후 원자폭탄의 강력한 위력을 확인한 강대국들은 앞다투어 핵무기를 개발하기 시작하였다. 특히, 미국을 중심으로 하는 민주주의 진영과 구소련을 중심으로 한 공산주의 진영으로 나뉘어 냉전을 이어가면서 군비경쟁도 점차 심화하였다. 이에 따라 핵무기의 경쟁으로 인류의 멸망을 앞당길 수 있다는 공포가 대두되었으며 핵무기의 확산과 핵실험을 금지하는 국제조약을 체결하게 되었다. 하지만 기존의 미국, 러시아, 영국, 프랑스, 중국 5개 핵보유국은 그대로 핵을 유지할 수 있게 되었으며 그 이외의 국가는 핵 개발을 금지하고 있는 불공정한 형태의 조약이 되고 말았다. 그뿐만 아니라 핵확산금지조약에 가입하지 않은 인도, 파키스탄, 이스라엘 등은 이미 다수의 핵탄두를 보유하고 있으며, 최근 핵확산금지조약을 탈퇴한 북한에서도 여러 차례 핵실험을 진행하여 이미 십여 발의 핵탄두를 보유하고 있는 것으로 추정된다.

사실 원자폭탄의 개발은 지금의 기술력으로 그리 어려운 일은 아니다. 가장 중요한 부분은 연쇄 핵분열을 일으킬 수 있는 핵물질을 고농도로 농축하는 것과 임계질량 이상을 확보하는 것이다. 따라서 국제원자력기구에서는 핵물질의 농축기술을 감시하고 사찰하는 것에 초점을 맞추고 있다. 핵무기를 확보하고 있다고 해서 곧바로 전략 무기가 되기는 어렵다. 핵무기의 사용은 엄청난 방사능 낙진을 유발하며 피해 범위가 넓어서 근거리에서의 사용은 자신을 공격하는 것과 마찬가지의 결과를 낳게 된다. 따라서

그림 9.25
북한이 개발 중인 원거리 탄도미사일
자료: flickr, Stefan Krasowski

탄도미사일의 개발이 요구되기 때문에 미국은 북한의 원거리 탄도미사일의 개발을 더욱 경계하고 있다(그림 9.25).

원자력과 환경

원자폭탄을 통해 핵반응으로부터 엄청난 에너지를 생산할 수 있다는 사실이 확인되었다. 이후 원자력을 이용한 전력 생산에 관한 연구가 시작되었으며, 1951년 미국의 실험용 원자로에서 최초의 원자력발전이 시작되었다. 1954년 구소련의 오브닌스크 원자력 발전소에서 전력을 생산하기 시작하였고, 1970년대에 들어서면서 세계적으로 원자력 발전소의 건설이 급증하게 되었다.

1973년에 발생한 이스라엘과 아랍국가들 사이의 제4차 중동 전쟁으로 석유수출국기구(OPEC)는 원유가격을 인상하였고 이스라엘 지지국에 대한 원유 금수 조처를 하게 되었다. 이로 인해 '제1차 석유파동'이 발생하였으

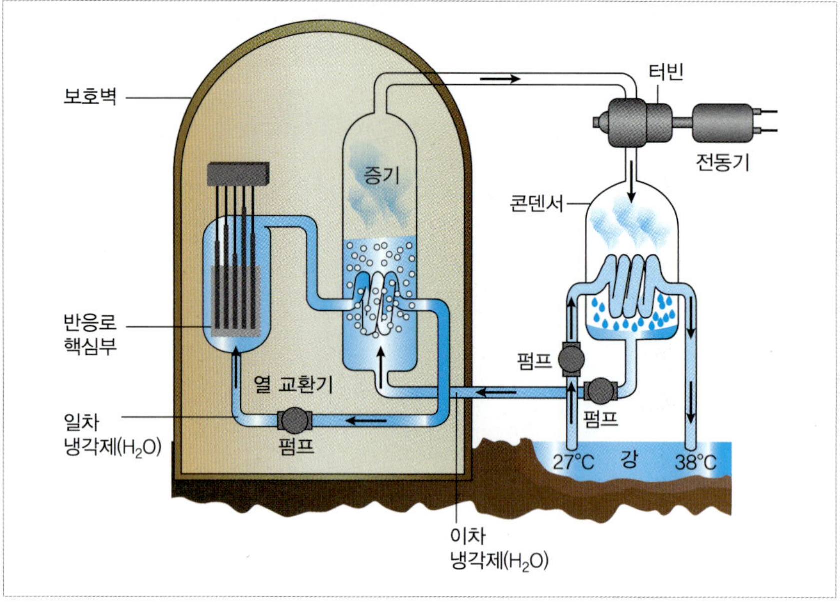

그림 9.26
원자력 발전소의 구조

며, 이를 계기로 세계 각국은 수급이 불안정한 원유에 대한 의존도를 낮추기 위해 앞다투어 원자력 발전소를 건설하였다. 우리나라에서도 1977년에 고리 원자력 발전소 1호기가 최초로 도입되었다. 당시만 하더라도 정부는 '꿈의 에너지'라고 원자력을 홍보하였다.

원자로는 기본적으로 원자폭탄의 원리와 같은 핵반응을 이용한다. 원자로 내에서 핵연료를 반응시키면서 핵반응의 속도를 제어하는 것이다. 핵반응 과정에서 발생하는 열로 증기터빈을 돌려 전력을 생산한다(그림 9.26). 발전용 핵연료는 원자폭탄의 경우처럼 고농도의 우라늄-235를 필요로 하지는 않는다. 발전용 원자로의 핵연료는 약 4%의 우라늄-235와 96%의 우라늄-238을 포함한다. 핵연료는 연료봉의 형태로 원자로 내에 주입되며 중성자를 잘 흡수하는 물질로 만들어진 제어봉을 이용하여 반응속도를 조절한다. 반응을 멈추고자 할 때는 연료봉을 제거하면 된다.

하지만 원자로 내에서의 핵분열 반응의 속도 제어에 실패하는 경우에는 엄청난 사고가 발생할 수 있다. 1979년 미국 펜실베이니아 스리마일섬에서 원전 사고가 발생했으며, 1986년 구소련(현 우크라이나)의 체르노빌에서도 원전 사고가 발생하였다(표 9.8). 스리마일섬의 경우 노심이 용융되는 단계까지 진행이 되었지만, 다행히 원자로가 완전히 파괴되는 상황에 이르지는 않았고 누출된 방사능도 최소한으로 억제할 수 있었다. 하지만 체르노빌의 경우에는 최고 레벨의 원전 사고로 원자로가 폭발하면서 히로시마 원폭의 400배에 해당하는 엄청난 양의 방사성 물질들이 누출되었다. 이 사고로 현재까지도 체르노빌 원전 주변에는 사람이 접근할 수 없는 지역이 되었다.

1980년대에 접어들면서 대형 원전 사고의 발생과 석유 가격의 안정화로 인해 일부 국가들이 탈원전을 표명하기 시작하였으며, 세계 각국의 원전 이용이 잠시 정체하였지만, 1990년대에 접어들면서 아시아 신흥국의 급

표 9.8 미국과 구소련에서 발생한 원전 사고

위치	미국 스리마일섬 원전	구소련 체르노빌 원전
사고 현장		
사고 원인	밸브 장치 이상과 오작동 계기판을 잘못 읽은 운전원의 실수	비정상적인 핵반응으로 인해 발생한 수소가 원자로 내부에서 폭발
피해 규모	노심용융 발생, 10만 명 대피, 손상된 2호기는 영구 폐쇄	원자로 폭발, 대량의 방사능 유출, 직간접적인 영향으로 인한 사망자 25,000명 추정

격한 경제 성장으로 에너지 수요가 급증하여 지구온난화의 문제가 다시 강조되기 시작하였다. 원전은 방사능의 위험성을 가지고는 있지만, 화석연료처럼 이산화 탄소를 발생하지는 않기 때문에 온실가스 배출의 억제를 위한 전략으로 주목을 받았다.

2011년 일본에서 대규모 지진이 발생하였는데, 이로 인해 발생한 쓰나미로 후쿠시마 원전이 파괴되는 사고가 발생하였다(그림 9.27). 처음에는 원전에 공급되는 전력이 완전히 끊어지면서 원자로를 냉각하기 위한 냉각수 공급도 중단되었고, 결국 원자로 내부의 온도가 증가하면서 노심이 녹기 시작하여 원자로 격납용기 내부에 축적되어 있던 수소의 폭발로 격납용기가 파손되었다. 이로 인해 엄청난 양의 방사능이 외부로 유출되었으며 후쿠시마 원전은 현재까지도 방사능 유출을 지속하고 있다. 원전의 냉각을 위해 사용된 물은 방사능에 오염된 상태로 보관되고 있는데, 최근에 일본 정부는 이 냉각수의 해양방류를 결정하였다.

후쿠시마 원전 사고를 경험한 이후 세계 여러 국가는 다시 탈원전 정책을 표명하였다. 그러나 지구온난화에 대한 대책과 에너지 안보를 위해 여

그림 9.27
2011년 일본 후쿠시마 원전 사고

전히 원전을 선택하고 운영하고자 하는 국가들이 다수이다. 일본의 경우 후쿠시마 원전 사고 이후 모든 원전의 운전을 멈췄지만, 현재 다수의 원전을 다시 가동하고 있다.

대한민국 정부는 2017년 '에너지 전환(탈원전) 로드맵'을 결정하였다. 신규 원전 건설 계획이 백지화되었고, 기존 원전의 운전 기간 연장도 금지되었다. 또한, 원전을 단계적으로 폐지하여 태양광이나 풍력 발전을 대폭 확대하는 것을 추구하고 있다. 하지만 여전히 탈원전에 따른 전력 부족과 전기 요금의 상승이 우려되고 있으며, 다시 화석연료를 사용하여 메꿀 수밖에 없는 구조이다. 세계 각국에서 화석연료를 대체할 수 있는 신재생에너지의 개발은 현재 선택이 아닌 필수가 되었다.

비록 원자력발전은 이산화 탄소의 발생을 줄일 수는 있지만, 원전을 운전한 후에 발생하는 방사성 폐기물은 또 다른 문제를 초래한다(그림 9.28). 수명을 다한 폐연료봉에는 핵분열 후에 만들어지는 다량의 방사성 동위원소들이 포함되어 있어서 강한 방사선과 열을 방출한다. 또한, 1% 정도의 우라늄-235와 0.9%의 플루토늄이 포함되어 있어서 임계질량 이상이 되면 연쇄 핵분열 반응을 다시 시작할 수도 있다. 따라서 사용이 종료된 연료봉은 장기간 수조에 보관해 두었다가 방사선을 차폐할 수 있는 장소에 저장

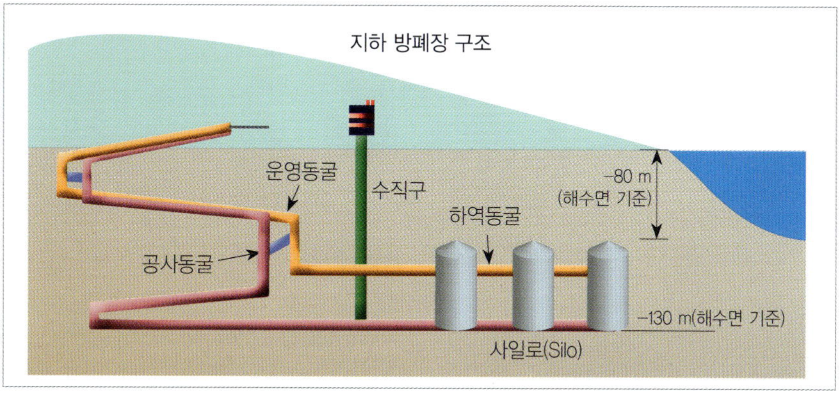

그림 9.28
방사능 폐기물의 처리
자료: 한국원자력연구원

한다. 그 외에도 원자력 발전소를 운영하면서 사용한 의류, 기계 부품 등도 방사성 폐기물로 별도로 보관해야 한다. 국내에서 발생하는 폐연료봉은 매년 750 t에 이르며 현재는 원자력 발전소 내의 임시 보관시설에 보관하고 있다. 하지만 원자력 발전소 내의 임시 보관시설은 거의 포화상태에 이르러 새로운 대책이 요구되고 있다. 폐연료봉에는 핵분열이 가능한 우라늄-235와 플루토늄이 포함되어 있어서 재처리 과정을 통해 핵연료로 재활용할 수 있다. 현재 유럽의 일부 국가와 일본에서는 핵연료의 재처리를 통해 플루토늄을 추출하고 있다.

현재 청정에너지로 이용 가능한 방안으로는 태양광, 풍력, 조력 등과 같은 방법 이외에 존재하지 않는다. 새로운 에너지원을 발굴하기 위한 노력

그림 9.29
한국의 인공태양 KSTAR
자료: 한국핵융합에너지연구원

으로 핵융합이 주목을 받고 있는데, 핵융합은 수소로부터 헬륨을 만들어 내기 때문에 핵분열 과정에서처럼 다량의 방사성 물질이 생성되지 않는 특징이 있다. 태양에서 일어나는 반응을 그대로 재현하는 것이기 때문에 인공태양이라고도 불린다. 하지만 핵융합을 위해서는 1억도 이상의 초고온 플라스마 상태를 유지해야 하며, 고도의 핵융합 반응 제어가 요구되므로 아직 완성된 기술이 아니다.

2020년 한국핵융합에너지연구원에서 초고온 플라스마 상태를 20초간 유지했다는 발표가 있었고, 2021년 11월에는 30초간 운전하는 것에 성공하였다(그림 9.29). 핵융합로를 성공적으로 개발하게 된다면 에너지 문제와 지구온난화의 문제를 동시에 해결할 가능성이 있다고 볼 수 있다.

과거 일부 학자들에 의해 저온 핵융합에 성공했다는 발표가 있었는데, 몇몇 연구그룹에 의해 발표된 저온 핵융합 사례는 당시에는 충격적인 소식이었으며 엄청난 상업적인 가치를 가진 것으로 포장되었다. 이에 따라 엄청난 연구비가 추가로 투입되었으며 전 세계 연구진들이 저온 핵융합 연구에 뛰어들었지만, 저온 핵융합 실험은 재현되지 않았으며 결국 실험 결과가 부정되었다. 현재 저온 핵융합과 관련된 일련의 결과들은 대표적인 연구 부정 사례로 남아 있다.

참고문헌

1. 3일만에 읽는 과학사, 공하린, 서울문화사, 2006.
2. 과학사 신론, 김영식, 임경순, 다산출판사, 2007.
3. 생명의 화학 삶의 화학, 김희준, 김병문, 김성근, 신석민, 자유아카데미, 2009.
4. 노벨상과 함께하는 지구환경의 이해, 김경렬, 자유아카데미, 2008.
5. Chemistry for changing times 11th edition, John W. Hill, Terry W. McCreary, Pearson, 2007.
6. Environmental chemistry 9th edition, Stanley E. Manahan, CRC press, 2010.
7. 만화로 읽는 주기율표, 사이토 가쓰히로(김소연 번역), 해나무, 2010.
8. 화학 그림과 사진으로 보는 주기율표의 역사, 톰 잭슨(김민정 번역), 원더북스, 2016.
9. 멘델레예프와 주기율표, 로빈 맥퀸(진정일, 박준우, 석원경 번역), 대한화학회, 2006.
10. 인류사를 바꾼 100대 과학사건, 이정임, 학민사, 2011.
11. 세계사를 바꾼 12가지 신소재, 사토 켄타로(송은애 번역), 북라이프, 2019.
12. 스모그, 대기환경학회, 2011.
13. 메틸수은의 독성과 미나마타병, 한국과학기술정보연구원 보고서, 2012.
14. 흙으로 빚는 미래, 경기문화재단, 2001.
15. 포틀랜드 시멘트 화학, 한국과학기술정보연구원 보고서, 2004.
16. 한국 고대 유리와 신라 오색영롱, 국립경주박물관 리플렛, 2020.
17. 불화수소 누출사고 사례연구, 안전보건공단, 2013.

18. 안전한 화학, 한국화학연구원, 안전성평가연구소, 동아에스엔씨, 2017.
19. 화약의 역사와 전망, 김희창, 화학공업과 기술, 17(2), 1999.
20. 공기로 빵을 만든다고요?, 여인형, 생각의힘, 2011.
21. 석면, 알면 대비할 수 있어요, 환경부, 2016.
22. 생활 속의 화학과 고분자, 정진철, 자유아카데미, 2010.
23. 화학으로 들여다본 첨단과학의 신소재, 전창림, 자유아카데미, 2009.
24. Chemistry for biologists, J. Fisher, J. R. P. Arnold, Taylor & Francis, 2004.
25. 유기신소재화학, 장우동, 자유아카데미, 2019.
26. 아세테이트 섬유의 개발 동향, 한국과학기술정보연구원 보고서, 2004.
27. CWC정보, 한국정밀화학산업진흥회, 2009.
28. 화학품 과학, 박외숙, 자유아카데미, 2010.
29. 역사 속의 색채, 김관수, 한국학술정보, 2020.
30. 실용염색의 화학3, 가공기술, 49(8), 2014.
31. 우라늄계열 연대측정법 및 인류 진화, 한국과학기술정보연구원 보고서, 2004.
32. 동위원소 활용 환경 모니터링 기술개발, 한국기초과학지원연구원 보고서, 2018.
33. 자연의 원자력에서 대량살상무기 '핵폭탄'되다, 서균렬, 과학과 기술, 2013.
34. 세계 핵폐기물 보고서 2019, https://worldnuclearwastereport.org/.
35. 후쿠시마 원전사고에 따른 방사성 물질 세슘·요오드·제논, 환경부 환경정책 자료.
36. 핵융합에너지, 여준석, 정예슬, KISTEP 기술동향브리프, 2020.

찾아보기

ㄱ

가소성 196
가소제 227
가습기 살균제 249
가시광선 55
가전자대(Valence Band) 162
감마선 33
거울상이성질체(enantiomer) 241
게르하르트 도마크(Gerhard Johannes Paul Domagk) 237
계면활성제(surfactant) 248
고령토(Kaolin) 148
고리 원자력 발전소 304
고무가황법 209
고밀도 폴리에틸렌(high density polyethylene, HDPE) 218
고어텍스(GORE-TEX) 169
고엽제 255
공유결합 38
공작석 257
광촉매 121
교토의정서 101
구리 107
구아노(guano) 173
구텐베르크(Gutenberg) 25
그레이엄 영 133
그뤼넨탈사 241
금속결합 38
금속활자 116
기후 변화에 관한 정부 간 협의체(Intergovernmental Panel on Climate Change, IPCC) 98
기후변화협약 95

ㄴ

나가사키 300
나이트로글리세린 181
나이트로셀룰로스(Nitrocellulose) 181
나침반 114
낙동강 페놀 오염 사건 75
남미 태평양 전쟁 174
납 123
내분비교란물질 227
내성균 238
네마틱(nematic) 265
네오프렌 213
네코오도리병 128
노킹(knocking) 125
녹조 75
농약 253
농업혁명 175
니콜라스 르블랑(Nicolas Leblanc) 247
니콜라 테오도르 소쉬르(Nicolas Théodore de Saussure) 172
닐스 보어(Niels Henrik David Bohr) 34

ㄷ

다이너마이트 181
다이오드 164

다이옥신 230
대기 80
대류권 80
대항해시대 115
댜오위다오 142
데모크리토스(Democritus) 24
데이비(Humphry Davy) 29
도금 112
도시광산 143
도자기 146
독가스 175
돌턴(John Dalton) 27
동위원소 36
동인도회사 203
드 브로이(Louis de Broglie) 35
디지털 정보 산업화 161

ㄹ

라돈 침대 사건 291
라돈(Rn) 288
라듐 282
라듐걸즈 사건 283
라이오트로픽(lyotropic) 265
러더퍼드(Ernest Rutherford) 32
런던형 스모그 85
레독스 흐름 전지 139
레오 베이클랜드(Leo Hendrik Baekeland) 215
레이온(rayon) 207
레이첼 카슨(Rachel Carson) 254
레지널드 오스왈드 깁슨(Reginald Oswald Gibson) 217
로만 시멘트 158
로저 베이컨(Roger Bacon) 179
뢴트겐(Wilhelm Conrad Röntgen) 30
루스벨트 214
루이스 비카트(Louis Vicat) 158
리제 마이트너(Lise Meitner) 296
리튬이온전지 135
리틀보이 300

ㅁ

마리 퀴리(Maria Skłodowska-Curie) 31, 282
마센질(Massengill) 240
마이셀(micelle) 247
마이크로파 55
맨틀 57
맨해튼 프로젝트 297
머큐로크롬 127
먹이사슬 127
메소겐(mesogen) 265
메틸고무 212
메틸수은 128
멘델레예프(Dmitri Mendeleev) 28
모나자이트(monazite) 290
모르타르(mortar) 156
모리셔스 76
모베인(mauvein) 261
무기안료 257
무연휘발유 125
뮤렉스 브란다리스(murex brandaris) 258
미나마타병 127
미세먼지(particulate matter, PM) 90

ㅂ

바스쿠 다가마(Vasco da Gama) 115
바이오 플라스틱 226
바퀴 194
반감기 280
반데르발스 힘(van der Waals force) 43
반도체 161
반합성 수지 204
방사능 낙진 301
방사성 붕괴 278
범용 플라스틱 220

베이루트 항에서 대규모 폭발사고 184
베이클라이트 215
베크렐선 281
베크렐(Antoine Henri Becquerel) 31, 281
베타선 33
벤조산 콜리에스테릴(cholesteryl benzoate) 265
보일(Robert Boyle) 26
본차이나 149
볼타(Alessandro Volta) 29
분리막 136
분자 화합물 38
불화 수소(HF) 165
비(非)가열 혈우병 치료제 242
비공유 전자쌍 62
비누 246
비소 132
비소 카레 사건 133
비스페놀A 228
비점오염원 72
빌라드(Paul Ulrich Villard) 33
빌헬름 오스트발트(Wilhelm Ostwald) 174

ㅅ

사린 232
사마르칸트(Samarkand) 199
사에틸 납 125
사카린 252
상정고금예문 117
상하수도 71
색소(colorant) 256
생물농축 130
생물학적 산소요구량(biological oxygen demand, BOD) 75
생분해성 고분자 226
서모트로픽(thermotropic) 265
석면 186
석면폐증 187
석유수출국기구(OPEC) 303
선스펙트럼 34
설파닐아마이드 240
성층권 80, 81
세그레(Emilio Segre) 296
세라믹 149
센카쿠 142
셀룰로스 아세테이트 206
소만 232
수도 설비 71
수소결합 43
수소연료전지 176
수소화 불화 탄소(HFC) 94
수소화 염화 불화 탄소(HCFC) 94
수소환원제철 110
수은 126
수직배향 방식 270
수지(resin) 196
슈뢰딩거(Erwin Schrödinger) 36
슈타우딩거(Hermann Staudinger) 217
스리마일섬 305
스멕틱 A(smectic A) 265
스멕틱 C(smectic C) 266
스모그(smog) 85
스테로이드제 244
스테인드글라스 153
스테인리스강 108
시라카와 히데키(Hideki Shirakawa) 223
시멘트 156
시버트 286
시카고 파일-1(Chicago Pile-1) 297
식품첨가물 251
신경작용제 232
실라르드(Leo Szilard) 296
실리콘 160
실리콘 밸리(Silicon Valley) 163
실크로드 115
쌍극자 힘 43

ㅇ

아나필락시스 240
아돌프 폰 바이어(Johann Friedrich Wilhelm Adolf von Baeyer) 216, 262
아리스토텔레스(Aristotleles) 24
아말감 113
아세틸콜린 232
아스카니오 소브레로(Ascanio Sobrero) 181
아스피린 235
아인슈타인(Albert Einstein) 278
아자이드화 나트륨 133
아타카마 사막 173
안드로겐(androgen) 245
안료(pigment) 256
알레르기 92
알렉산더 플레밍(Alexander Fleming) 235
알루미늄 110, 132
알리자린(alizarin) 259
알파입자 32
알프레드 노벨(Alfred Bernhard Nobel) 182
암모니아 172
앨런 맥더미드(Alan G. MacDiarmid) 222
앨런 히거(Alan J. Heeger) 222
약화사고 239
양성자(proton) 276
양자역학(quantum mechanics) 34
양잠기술 202
양전자방출단층촬영(positron emission tomography, PET) 292
에너지 간격(Band gap) 162
에릭 포셋(Eric Fawcett) 217
에스트로겐(estrogen) 245
엔지니어링 플라스틱 221
엠페도클레스(Empedocles) 24
연금술 25
연단술 179
연지벌레 260
열권 81
염료(dye) 256
염화 불화 탄소 93
오브닌스크 원자력 발전소 303
오비탈 32
오존층 66, 81
오토 레만(Otto Lehmann) 265
오토 한(Otto Hahn) 296
오펜하이머(J. Robert Oppenheimer) 299
온실효과 95
옴진리교 233
완충작용 68
요하네스 구텐베르크(Johannes Gutenberg) 117
용존산소(dissolved oxygen, DO) 74
원거리 탄도미사일 303
원유 유출 77
원자설 28
원자폭탄 299
원자핵 32
원진레이온 208
월리스 캐러더스(Wallace H. Carothers) 219
윌리엄 퍼킨(William Henry Perkin) 261
유기농 256
유기반도체 222
유기발광다이오드(OLED) 155, 271
유기안료 258
유리 150
유스투스 폰 리비히(Justus von Liebig) 173
유전자변형기술(GMO) 295
육불화 우라늄(UF6) 168
율리우스 빌브란트(Julius Wilbrand) 182
은거울 반응 153
은하계 52
음극선 30
음극선관을 이용한 디스플레이(cathode ray tube, CRT) 265
음양오행설 24
이리역 폭발사고 185

이온결합 38
이온 화합물 39
이타이이타이병 131
인공감미료 251
인공태양 309
인도항로 115
인디고(indigo) 260
인플레인 스위칭(in-plane switching, iPS) 270
일정 성분비의 법칙 27
임계질량 298

ㅈ

자기장 57
자연방사선 287
자외선 55
장뇌 205
재활용순위 225
저밀도 폴리에틸렌(low density polyethylene) 217
적외선 55
적조 74
전기음성도(electronegativity) 42
전도대(Conduction Band) 162
전도성 플라스틱 223
전문의약품 239
전자 32
전자기파 55
전지 135
전해질 136
점오염원 72
정화함대 115
제1차 석유파동 303
제네바 협약 232
제련 108
제어봉 304
제임스 와트(James Watt) 84
제임스 파커(James Parker) 158
제지공정 200
조면기 204
조셉 애스프딘(Joshph Aspdin) 159
존 보이드 던롭(John Boyd Dunlop) 212
존 스미톤(John Smeaton) 157
종이 197
주기율표 28
줄리오 나타(Giulio Natta) 218
중간권 80
중금속 123
중성자 33
중성자포획치료 293
중성자(neutron) 276
증기기관 84
증발 잠열 64
지각판 57
직지심체요절 117
진사 257
질량 보존의 법칙 27
질량에너지 등가원리 278
질소 산화물 88

ㅊ

찰스 굿이어(Charles Goodyear) 209
채드윅(James Chadwick) 33, 296
채륜(蔡倫) 198
천연섬유 200
철 108
청금석 257
청정에너지 308
체르노빌 305
초고온 플라스마 309
초석 전쟁 174
촉매 119
촉매 변환 장치 90
총유기탄소량(total organic carbon, TOC) 75
칠레초석 173
침묵의 봄(Silent Spring) 254

ㅋ

카드뮴 131
카를 보슈(Carl Bosch) 175
카를 치글러(Karl Waldemar Ziegler) 218
카이랄리티(chirality) 242
카제인나트륨 252
컴퓨터단층촬영(computer tomography, CT) 292
케르메스(kermes) 259
케모포비아(chemophobia) 252
케플러의 법칙 35
코르티솔 244
코치닐(cochineal) 260
코크스 108
콘테르간 241
콜럼버스(Christopher Columbus) 115
콜린에스테라아제 232
콜타르 261
퀴닌 261
크룩스(William Crookes) 30
크리스티안 쇤바인(Christian Friedrich Schönbein) 181
클링커 160

ㅌ

타분 232
타자기 118
타카타의 에어백 183
탄소연대 측정법 294
탄소 포집 및 저장(carbon capture and storage, CCS) 103
탈륨 132
탈리도마이드(thalidomide) 241
태아성 미나마타병 129
태양계 52
태양복사에너지 53
테프론(Teflon) 166
톈진 항 폭발사고 184
토기 146
토양 58
토양침식 60
톰슨(Joseph John Thomson) 31
트라이나이트로톨루엔 182
트랜지스터 164
트루먼 300
트위스트 네마틱 방식 268
티리언 퍼플(tyrian purple) 258

ㅍ

파라티온 254
파피루스(papyrus) 198
패러데이(Michael Faraday) 30
팻맨 300
펄프 200
페니실린 237
페니실린 쇼크 240
페르미(Enrico Fermi) 296
포도상구균 238
포졸라나 시멘트 156
포토레지스트 166
포틀랜드 시멘트 159
폴리스타이렌(polystyrene, PS) 219
폴리에틸렌테레프탈레이트(polyethylene terephthalate, PET) 219
폴리에틸렌(polyethylene, PE) 217
폴리염화비닐(polyvinyl chloride, PVC) 219
폴리테트라플루오로에틸렌(polytetrafluoroethylene, PTFE) 166
폴리프로필렌(polypropylene, PP) 219
폴 뮐러(Paul Hermann Muller) 253
폴 쉬첸베르거(Paul Schützenberger) 206
푸른곰팡이 238
프랑스대혁명 118
프레데릭스(Vsevolod Frederiks) 265
프로포폴 246
프론토실 237

프루스트(Joseph Louis Proust) 27
프리드리히 라이니처(Friedrich Reinitzer) 265
프리드리히 뵐러(Friedrich Wöhler) 47
프리츠 슈트라스만(Fritz Straßmann) 296
프리츠 하버(Fritz Haber) 174
플라스틱 205, 215
플랭크 사이벌링(Frank Seiberling) 212
플로지스톤 26
플루토늄 299
플리머스(Plymouth) 157

ㅎ

하버-보슈법 175
하얏트(John Wesley Hyatt) 204
한스 폰 페히만(Hans von Pechmann) 217
합금 41
항생제 237
핵결합에너지 277
핵분열 277
핵융합 53, 277
핵자(nucleon) 276
핵확산금지조약 302
향정신성약물 245
헤르만 빌파르트(Hermann Wilfarth) 173
헤르만 헬리겔(Hermann Hellriegel) 173
혈액작용제 232
호스트-게스트 방식(host-guest mode) 268
호프만(August Wilhelm von Hofmann) 261
화약 178
화장품 250
화통도감 180
화학무기금지조약 233
화학적 산소요구량(chemical oxygen demand, COD) 75
환경호르몬 228
후쿠시마 원전 306
휘발성 유기 화합물(volatile organic compounds, VOCs) 88
흑색화약 178
흑요석(obsidian) 150
희생 양극 113
희토류 금속 140
희토류 수출 금지조치 142
히로시마 300

기타

2차 전지 135
4원소설 24
ANFO 183
Blow 성형법 151
DDT(dichlorodiphenyltrichloroethane) 253
LA형 스모그 85
LCD 265
PM1.0 90
PM2.5 90
PM10 90
X선 31

화학자의 시각에서 바라본

물질 문명의 명암

저 자 장우동
발 행 인 김지영
발 행 처 자유아카데미
주 소 경기도 파주시 회동길 37-42
파주출판도시
전 화 031-955-1321
팩 스 031-955-1322
홈페이지 www.freeaca.com
전자우편 main@freeaca.com(대표)
editor@freeaca.com(편집)
crm@freeaca.com(영업)
등 록 제406-2003-017호, 1980. 7. 12
제1판1쇄 2022년 2월 25일 발행

ISBN 979-11-5808-343-4 93430